City-Maut

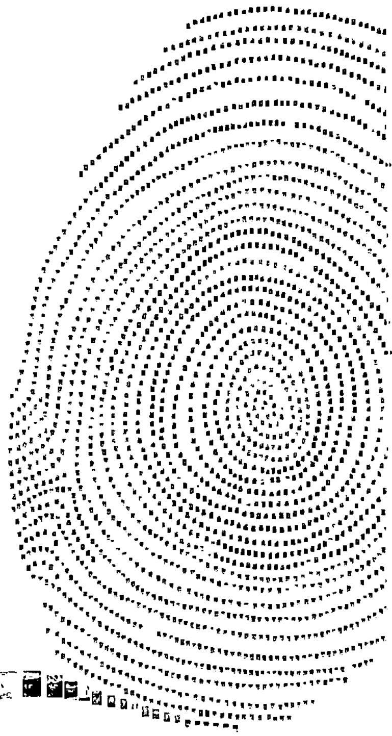

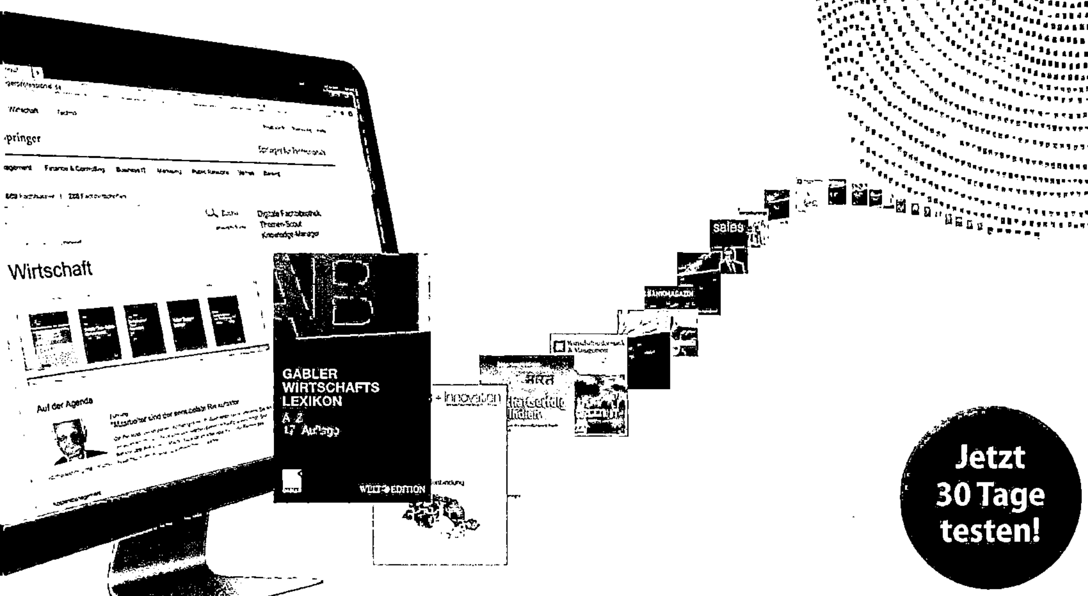

Dietrich Leihs · Thomas Siegl · Martin Hartmann

City-Maut

Nutzen und Technologien von Systemen zum Steuern der Zufahrt in Zonen

Springer Vieweg

Dietrich Leihs
Thomas Siegl

Wien
Österreich

Martin Hartmann
Karlsruhe
Deutschland

ISBN 978-3-658-03785-7
DOI 10.1007/978-3-658-03786-4

ISBN 978-3-658-03786-4 (eBook)

Die Deutsche Nationalbibliothek verzeichnet diese Publikation in der Deutschen Nationalbibliografie; detaillierte bibliografische Daten sind im Internet über http://dnb.d-nb.de abrufbar.

Springer Vieweg
© Springer Fachmedien Wiesbaden 2014

Springer Vieweg ist eine Marke von Springer DE. Springer DE ist Teil der Fachverlagsgruppe Springer Science+Business Media
www.springer-vieweg.de

Vorwort

In den vergangenen Jahren etablierte sich das Steuern der Zufahrt in städtische Zonen mit Hilfe intelligenter Verkehrssysteme zu einem wichtigen verkehrspolitischen Instrument, das andere Verkehrsmanagementmaßnahmen ergänzt bzw. in ihrem Wirkungsradius erweitert.

Dieses Buch soll die Thematik urbaner Zufahrtsmanagementsysteme ganzheitlich beleuchten:

Das *Eingangskapitel 1* behandelt die Einbettung derartiger Systeme in bestehendes Verkehrsmanagement sowie den technologischen Kontext intelligenter Verkehrssysteme;

Kapitel 2 beschreibt ausgewählte Teile des legistischen und institutionellen Kontextes, wobei ausschließlich der Europäische und nicht der nationalstaatliche Zusammenhang behandelt wird;

Kapitel 3 hat eine überblicksmäßige Beschreibung ausgewählter europäischer Implementierungsbeispiele mit den Effekten der Maßnahme zum Inhalt;

In *Kapitel 4* erfolgt eine knappe Beschreibung der gängigen bzw. infrage kommenden Technologien;

Kapitel 5 beschäftigt sich mit der volkswirtschaftlichen Modellbildung und Nutzenermittlung insbesondere von Stadtmaut. Im Zusammenhang damit wird in *Kap. 6* der empirisch ermittelte Nutzen ausgewählter Beispiele städtischer Zugangssysteme ausführlich beschrieben;

Kapitel 7 dient als Anhaltspunkt für eine zukünftige Planung und Auslegung einer Stadtmaut mithilfe der makroskopischen Modellbildung;

Kapitel 8 schließlich zeigt die praktische Anwendung der makroskopischen Modellierung aus Kap. 7 sowie der volkswirtschaftlichen Modellierung aus Kap. 5 anhand eines hypothetischen jedoch realen Beispiels, wobei an dieser Stelle angemerkt werden soll, dass keinesfalls beabsichtigt ist, den Weg zu einem derartigen System in der Modellregion zu ebnen sondern lediglich die Anwendung der Werkzeuge praktisch und realitätsnah vor Augen zu führen.

In jedem einzelnen Kapitel wurde versucht, dem beschreibenden Charakter dieses Buches gerecht zu werden, die inhaltliche Vollständigkeit würde den Rahmen eines einzelnen Buches jedoch sprengen. Dem interessierten Leser sei die weiterführende Literatur aus dem Quellenverzeichnis nahegelegt.

Zuletzt soll darauf hingewiesen werden, dass lediglich um der leichteren Lesbarkeit willen häufig die männliche Schreibweise verwendet wird; es ist dies keineswegs fehlender Respekt vor rund der Hälfte der Menschheit. Wir ersuchen bei den Leserinnen um Verständnis und bedauern gleichermaßen, dass die Verkehrswelt nur unzureichend durch weibliche Impulse bereichert wird.

Juli 2014   Dietrich Leihs
                                                                     Martin Hartmann
                                                                       Thomas Siegl

Inhaltsverzeichnis

Abkürzungsverzeichnis

ANPR	Automatic Number Plate Recognition
ARIB	Association of Radio Industries and Businesses
BIP	Bruttoinlandsprodukt
CCTV	Closed Circuit Television
CEN	Comité Européen de Normalisation
CO_2	Kohlendioxid
DSRC	Dedicated Short Range Communication
DTV	Durchschnittlicher Tagesverkehr
EETS	European Electronic Toll Service
EU	Europäische Union
FSM	Four Step Model
GNSS	Global Navigation Satellite System
GPS	Global Positioning Satellite System
GSM	Global System for Mobile Communication
GPRS	General Packet Radio Service
IKT	Informations- und Kommunikationstechnologie
IVS	Intelligente Verkehrssysteme
KFZ	Kraftfahrzeug
LKW	Lastkraftwagen
MEMS	Micro-Electro-Mechanical System
NO_x	Stickoxide
OBE	On Board Equipment (Fahrzeuggerät)
OBU	On Board Unit (Fahrzeuggerät)
ÖPNV	Öffentlicher Personennahverkehr
PM_{10}	Feinstaub mit Partikel kleiner als 10 µm
PKW	Personenkraftwagen
RFID	Radio Frequency Identification
RSE	Roadside Equipment (straßenseitige Infrastruktur)

SMS	Short Message Service
TfL	Transport for London
u. i. v.	unabhängig identisch verteilt
VCÖ	Verkehrsclub Österreich
VDF	Volume Delay Function
VoT	Value of Time (Zeitwert des Geldes)
V2I	Vehicle-to-Infrastructure
V2V	Vehicle-to-Vehicle

1.1 Die Rolle der Verkehrstelematik

Der nachfolgende Text ist ein Auszug aus den Leitlinien für Verkehrsmanagement der IVS-Expertengruppe für Urbane Bereiche [19].

Das Steuern von städtischem Straßenverkehr ist ein komplexer, vielschichtiger und multifunktionaler Prozess, der für gewöhnlich zahlreiche Institutionen einschließt. Wird Verkehr erfolgreich gesteuert, dann hat jede Institution eine klare Rolle, die sowohl eindeutig als auch komplementär zur Rolle der anderen Institutionen ist. Intelligente Verkehrssysteme (IVS) können eine Schlüsselrolle beim Unterstützen und Fördern jeder Institution einnehmen und gleichzeitig ein technologisches Werkzeug beim Erreichen der Ziele einer koordinierten Verkehrspolitik und der entsprechenden Projekte einnehmen.

1.1.1 IVS als Unterstützung für Entscheidungsträger

Eine wichtige Eigenschaft von IVS ist die Fähigkeit, dass erhebliche Vorteile beim Steuern von Verkehr bei relativ moderaten Kosten erreicht werden können. Dazu ist es allerdings nötig, dass die entsprechenden verkehrspolitischen Vorgaben und deren Ergebnis klar definiert sind.

Die Rolle Intelligenter Verkehrssysteme (und Verkehrsdienste) wurde durch die mit Stau einhergehenden Probleme sowie die Entwicklung neuer Informationstechnologien, Simulationstechniken, Echtzeitsteuerungen und Kommunikationsnetze bestimmt, wodurch städtische Verkehrssteuerung auf innovative Art und Weise erfolgen kann. Verkehrsstau wiederum verstärkte sich infolge vermehrter Nutzung von Kraftfahrzeugen, Bevölkerungswachstums und einer Änderung der Bevölkerungsdichte.

© Springer Fachmedien Wiesbaden 2014
D. Leihs et al., *City-Maut*, DOI 10.1007/978-3-658-03786-4_1

Eine stetige Verstädterung führte dazu, dass zahlreiche größere Städte eine Verkehrssituation zu bewältigen haben, in der sich die herkömmlichen Stoßzeiten zwischen 7:00 und 10:00 sowie 16:00 und 19:00 zu einer Stausituation auch zwischen den Stoßzeiten und nach 19:00 Uhr auswuchsen. In zahlreichen europäischen Städten befinden sich die Straßen nahezu ständig am Rande der Kapazitätsgrenze, wodurch der nachteilige Effekt von Stau steigt und die Notwendigkeit, gegen dessen negativen Folgen anzukämpfen, stärker ist denn je.

Stau verringert die Effizienz der Verkehrsinfrastruktur und wirkt sich auf Reisezeit und deren Zuverlässigkeit, Luftverschmutzung sowie Energieverbrauch negativ aus. Stau hat zudem einen ausgesprochen negativen Effekt auf die Wirtschaft und Verteilung von Dienstleistungen.

Die weitläufige Verwendung von Kraftfahrzeugen sowie die Verstädterung führten dazu, dass Verkehrspolitik immer wichtiger wurde. Zudem werden fossile Energieträger weniger nutzbar, insbesondere in städtischen Bereichen gilt es, den Ausstoß von Treibhausgasen und NOx drastisch zu reduzieren. Stau kann vielerorts nicht durch das Erweitern der Verkehrsinfrastruktur wie etwa dem Neubau von Straßen beseitigt werden. Als Herausforderung gilt allgemein, von fossilen Energieträgern unabhängig zu werden, eine moderne Verkehrsinfrastruktur mit multimodaler Mobilität zu schaffen sowie eine intelligente Verkehrssteuerung und Verkehrsinformation bereitzustellen. Ein Verkehrssystem kann dann als intelligent bezeichnet werden, wenn es mit neuen Situationen zurechtkommt, die sich aus den Anforderungen der Verkehrssicherheit, Stauvermeidung oder modalen Integrationen ergeben, indem etwa alle Datenquellen verknüpft werden um für Verkehrsnutzer und Verkehrsmanager wichtige Informationen zu erzeugen.

IVS stellen eine große Vielzahl an Anwendungen für die unterschiedlichen Verkehrsmoden bereit – sowohl für den Personenverkehr als auch für die Güterbeförderung – mit denen moderne Verkehrspolitikziele erreicht werden können. Dies betrifft nicht nur den Straßenverkehr, wo die IVS-Anwendungen elektronische Gebühreneinhebung, dynamisches Verkehrsmanagement einschließlich variabler Geschwindigkeitsbegrenzungen, Parkleitsysteme und – Reservierung, die Unterstützung von Echtzeit-Navigation, oder auch Echtzeitsysteme wie Fahrerunterstützung wie etwa Spurhalteassistenten einschließen; IVS können auch die Verknüpfung der unterschiedlichen Verkehrsmoden erleichtern, wie zum Beispiel durch integrierte Reiseplaner oder Gütersendungsverfolgung im ko-modalen Frachtverkehr. Derartige Lösungen sind schon weitläufig im Einsatz und unterstützen Entscheidungsträger beim Erreichen politischer Zielsetzungen in der ganzen Europäischen Union.

1.1.2 IVS-Anwendungen im Verkehrsmanagement

Ein Universalwerkzeug für städtisches Verkehrsmanagement ist bislang noch nicht bekannt, vielmehr wurde in den vergangenen Jahren eine Vielzahl an unterschiedlichen Anwendungen entwickelt. Variable Verkehrszeichen, Parkleitsysteme, Lösungen für ÖPNV und Frachtverkehr sowie Zufahrtsmanagement sind nur einige wenige Anwendungen, mit denen Verkehr in Städten gesteuert wird. Die Art und Weise wie das Straßennetz geregelt wird hängt sehr stark von den örtlichen Gegebenheiten sowie von örtlichen, nationalen und internationalen Gesetzen ab. Internationale Normen gelten für manche der Werkzeuge im Verkehrsmanagement, beispielsweise funktionieren Verkehrslichtsignalen in ganz Europa auf eine ähnliche Weise. Allerdings hat die lokale Politik den größten Einfluss darauf, wie der urbane Verkehr gesteuert und inwieweit IVS zum effektiven Steuern eingesetzt wird, um die Bedürfnisse und Erwartung der lokalen Interessensgruppen einschließlich Gewerbe und Touristen bestmöglich zu bedienen.

IVS nehmen beim Erreichen nachhaltiger städtischer Verkehrspläne eine klare Rolle ein. Während jede Stadt und jedes Stadtviertel seine eigene Verkehrspolitik hat, kann mittlerweile eine beträchtliche Übereinstimmung der verkehrspolitischen Zielsetzungen quer durch Europa festgestellt werden. Die nachfolgend angeführten Zielsetzungen [2] sind stellvertretend für jene, die in vielen europäischen Städten formuliert wurden:

- Verringern von Stau
- Verringern von Energieverbrauch und Emissionen im Verkehr
- Verbessern der Lebensqualität in Städten
- Erhöhen des Marktanteils von ökologisch günstigeren Fahrzeugen in öffentlichen und privaten Flotten
- Verbessern der Effizienz des Verkehrssystems
- Verbessern der Attraktivität und Ermuntern zur Benutzung des ÖPNV
- Erleichtern des Güterverkehrs
- Verbessern der Verkehrssicherheit
- Verringern des Parkdrucks

IVS können beim Erreichen verkehrspolitischer Zielsetzungen eine wichtige Rolle einnehmen und können dann ihre größte Wirkung entfalten, wenn sie innerhalb eines strategischen Rahmens mit einer klaren Rollenverteilung innerhalb der Interessensgruppen und Institutionen eingesetzt werden.

Infolge der steigenden Nutzung von Privatfahrzeugen wird städtisches Verkehrsmanagement zunehmend das Managen von Verkehr, das Verringern verkehrlicher Emissionen sowie das Unterstützen nachhaltiger Verkehrsmoden wie etwa Gehen, Radfahren oder ÖPNV. Viele der oben erwähnten verkehrspolitischen Zielsetzungen können nur dann effektiv erreicht werden, wenn das städtische Verkehrsmanagement einer klaren Strategie folgt, die durch IVS unterstützt wird.

1.1.2.1   Gegenwärtig verwendete Anwendungen und Technologien

Wahrscheinlich die am besten etablierte IVS-Anwendung im städtischen Verkehr ist die Verkehrslichtsignalanlage. Obwohl Ampeln ursprünglich nicht wirklich intelligent waren, wurden sie durch den Fortschritt von Mikrocontrollern in den 1980'er Jahren zunehmend komplexer. Mittlerweile sind sie mehr als nur ein Werkzeug um potenziell kollidierende

Fahrzeuge an Kreuzungen zu separieren: die Prozessoren ermöglichen verkehrsmoden-abhängige künstliche Intelligenz auf Basis einer umfassenden Detektion der Verkehrsla-ge mit Induktionsschleifen und anderen Sensoren. Damit wurden Anwendungen wie die Bevorrangung von Bussen oder die adaptive Steigerung des Durchsatzes auf einzelnen Kreuzungsästen möglich.

Im städtischen Straßennetz tritt häufig eine Konzentration von Verkehrslichtsignalanla-gen auf; eine zentrale Computersteuerung ermöglicht ein weitläufiges Netzmanagement. Die ersten städtischen Verkehrssteuerungssysteme basierten noch auf fixen Umlaufzei-ten im Verbund mit den benachbarten Kreuzungen um die Fahrdauer zu optimieren. Der Fortschritt in der Sensorentwicklung und Datenanalyse erlaubte die Optimierung ganzer Stadtviertel mit spezieller Steuerungssoftware wie z. B. SCOOT (Split Cycle Offset Opti-misation Technique) [3] oder UTOPIA [4].

Ein relativ neues Konzept ist die Einbindung von Floating Car Daten oder Mobilfunk-daten in die Verkehrssteuerung. Das Tracking von Fahrzeugen mit Satellitenempfängern gibt es zwar schon seit Längerem, sie wurde allerdings zumeist nur von Frachtführern für ihre eigene Flottensteuerung verwendet. Eine für die Verkehrssteuerung zugängliche Quelle für Floating Car Daten sind Busflotten und die Echtzeitinformationssysteme der ÖPNV-Betreiber sowie die Systeme, mit denen Autofahrer eine Routeninformation auf Basis ihres Satelliten-Tracks erhalten. ÖPNV-Informationssysteme sind grundsätzlich dafür geschaffen, Reisende über die Ankunft des nächsten Fahrzeuges zu informieren. Die Systeme für den Individualverkehr verwenden üblicherweise ein satellitengestütztes Tracking (GPS) oder DSRC, Bluetooth oder GSM zur Positionsbestimmung, mit der et-waige Verzögerungen der Reisezeit oder Stauungen ermittelt werden können. Mit derarti-gen Informationen erhält der lokale Verkehrsmanager einen Überblick über die Lage des Verkehrswegenetzes und wird in die Lage versetzt, Verkehrslichtsignale so umzuschalten, dass der Verkehr flüssig gehalten wird. In diesem Fall werden die Reisezeiten der Refe-renzfahrzeuge dazu verwendet, die Signalumlaufzeiten zu stellen, wodurch die Anzahl lokaler Sensoren verringert werden kann. Daten, die aus dem Nachverfolgen von Mobilte-lefonen gewonnen werden, werden in Europa auf die unterschiedlichste Weise gewonnen, wobei in manchen Ländern das Erzeugen derartiger Daten gesetzlich untersagt ist. In der Regel ist zum Erzeugen dieser Daten das Mitwirken des Mobilfunkbetreibers erforderlich, und es ist auch eine Aufbereitung der Rohdaten erforderlich um sie für verkehrstechnische Anwendungen nutzbar zu machen, es bietet sich aber die Chance, dass zum Sammeln von Verkehrsdaten keine straßenseitige Infrastruktur mehr erforderlich ist. Bluetooth-Empfänger können auf sehr einfache Art und Weise als Sensoren für Verkehrszählungen eingesetzt werden. Diese Technologie wurde durch die verbreitete Verwendung von 3G-und 4G-Mobiltelefonen nutzbar, wodurch eine schnellere und genauere Identifikation und Lokalisierung von Reisenden auf Basis der von ihnen mitgeführten Geräte erfolgen kann.

Automatische Nummernschilderkennung (Automatic Number Plate Recognition, ANPR) wird in einigen Europäischen Städten zum Ermitteln von Reisezeiten verwendet, in manchen Ländern ist allerdings die Verwendung derartiger Systeme gesetzlich unter-sagt. Mittels ANPR können Ort und Bewegung von Fahrzeugen auf Grundlage der gelesenen Nummernschilder ermittelt werden, das manuelle Korrigieren fehlerhaft gelesener Kennzeichen es stellt sich jedoch als arbeitsintensiv heraus.

Ein Werkzeug, mit dem ein visueller Überblick über das Straßennetz geboten wird ist CCTV (closed circuit television). CCTV wird schon seit vielen Jahren dazu verwendet um in Verkehrsleitzentralen insbesondere kritische Kreuzungen und Streckenabschnitte zu überwachen. Historisch gesehen konnte sich das Personal der Verkehrszentralen einen Überblick über das Verkehrsgeschehen verschaffen und manuell über die Verkehrslichtsignalanlagen eingreifen. Häufig konnten diese kreuzungsspezifischen Eingriffe zu einer lokalen Lösung von Verkehrsproblemen führen, dieser Nutzen lässt sich allerdings im Fall von Unfällen und anderen Ereignissen nur schwer auf einen größeren Bereich des Straßennetzes ausweiten. Vorzugsweise erhält die Steuerungssoftware die Daten aus einer Vielzahl an Quellen (Punktsensoren, ANPR, Floating Car Daten die auch Busse, Straßenbahnen und den Frachtverkehr einschließen) um das Management eines großflächigen Verkehrsnetzes zu ermöglichen.

Mannigfaltige Datenquellen, zentrale Steuerungs- und Managementsysteme sowie entsprechende Steuerungsstrategien sind erforderlich um Verkehrsstörungen rasch nach ihrem Entstehen zu beseitigen. Solche Einrichtungen bilden auch die Grundlagen für die Zufahrtssteuerung in Situationen, in denen Stau und verkehrsbedingte Luftverschmutzung bekämpft werden sollen. Fahrzeugerkennungssysteme können wie bereits erwähnt für eine Vielzahl an Anwendungen wie etwa das Management von Ladezonen für Just-in-Time-Lieferungen verwendet werden. Das Nutzenpotenzial von IVS im Zusammenhang mit dem Parkmanagement, sowohl am Straßenrand als auch in Parkhäusern, wird gemeinhin unterschätzt. Der Verdacht erhärtet sich zunehmend, dass Parksuchverkehr einen wesentlichen Beitrag zum städtischen Stau leisten. IVS haben in Einkunft eine Schlüsselrolle beim Verringern der negativen Folgen derartiger Verkehre in Form von Fahrerinformationssystemen über die Verfügbarkeit von freien Parkplätzen.

Mit Umweltmessstationen kann der Einfluss verkehrsbedingter Emissionen auf die städtische Luftqualität untersucht werden. Anhand der in Echtzeit in ein Verkehrsmanagementsystem übermittelten Daten werden Strategien unterstützt, mit denen durch die Steuerung von Lichtsignalanlagen das Verkehrsverhalten spezifisch so verändert wird, dass die Luftqualität zumindest nicht schlechter wird.

Variable Verkehrszeichen werden in Europäischen Städten verbreitet verwendet. Während sie hauptsächlich als Werkzeug verstanden werden, um Reisende auf der Straße mit Informationen zu versehen, dienen sie auch als wertvolle Komponente beim Verkehrsmanagement. Autofahrer werden direkt über Verkehrsprobleme und – Störungen sofort nach deren Auftreten informiert. Variable Verkehrszeichen werden auch dazu verwendet um über Kapazitätsengpässe im Straßennetz zu informieren, etwa wenn ein Ereignis dazu führt, dass öffentliche Verkehrsmittel priorisiert werden müssen, oder wenn Großereignisse wie Sportveranstaltungen oder Ausstellungen eine spezifische Verkehrsführung und Parkordnung benötigen. Nicht zuletzt kann die Öffentlichkeit über die durch den Verkehr verursachte Luftverschmutzung informiert werden.

Durch den Einsatz von CCTV und ANPR wird das Bekämpfen von Verkehrsübertretungen einfacher, gleichgültig ob es direkt von der Polizei oder von lokalen Behörden durchgeführt wird. Mit dieser Technologie wird auch das Einheben einer Straßenbenutzungsgebühr möglich, um die politische Zielsetzung einer Verringerung von Stau oder einer Verbesserung der Luftqualität zu unterstützen. Obwohl die politische Mehrheitsbildung beim Einführen einer Stadtmaut durchaus herausfordernd ist, hat sie sich als sehr effektives Instrument beim Verringern absoluter Verkehrszahlen und von Stau erwiesen. Umweltzonen zielen generell darauf ab, die Luftqualität innerhalb der Zone zu verbessern. Das gezielte Vorgehen gegen die schlimmsten Schadstoffemittenten ist einfach zu implementieren. Da Umweltzonen den Güterfrachtverkehr direkt betreffen, müssen deren Forderungen und Bedürfnisse gebührend berücksichtigt werden, beispielsweise durch Ausnahmen oder alternative Beladungskonzepte. Die von Zufahrtsmanagementsystemen stammenden Einnahmen können in weiterer Folge zweckgebunden zum Erreichen anderer verkehrspolitischer Zielsetzungen verwendet werden, wie etwa in Oslo, wo die Einnahmen aus dem Mautring ein wichtiger Beitrag beim Schaffen neuer Verkehrsinfrastruktur – sowohl Straße als auch Schiene – ist, sowie für die Betriebskosten des ÖPNV.

Verkehrsmanagementmaßnahmen betreffen alle Straßenfahrzeuge. Allerdings ist zu bedenken, dass die Wirtschaftskraft von Städten davon abhängt, dass der Warengüterverkehr effektiv betrieben werden kann. Die Folgekosten für die Wirtschaft durch Stau und Verkehrsbehinderungen steigen tendenziell, wodurch die Notwendigkeit entsteht, die Qualität des straßengebundenen Verkehrs zu verbessern. Lastfahrzeuge sind infolge ihres Einflusses auf die Luftqualität und dem Anliegen, die Verkehrssicherheit insbesondere für Fußgänger und Radfahrer zu verbessern, ein häufiges Ziel von Betriebseinschränkungen, sei es in geographischer Hinsichtlich oder die Tageszeit betreffend. Der Güterfrachtverkehr wird in der Folge mit spezifischen Maßnahmen getrennt vom allgemeinen Straßenverkehr gesteuert, etwa durch spezifische Routen, Zufahrts- und Lademöglichkeiten. In diesem Sinne wirken sich IVS auch in der urbanen Logistik aus um die Warenverteilung in Stadtzentren reibungsfrei zu gestalten.

1.1.2.2 Neue Technologien

Es liegt in der Natur von IVS dass sie sich ständig weiter entwickeln. Im Zusammenhang mit städtischem Verkehrsmanagement ist die Fahrzeug-Infrastruktur-Beeinflussung Gegenstand der Forschung und Technologieentwicklung (V2I – „Vehicle-to-Infrastructure"). Im Rahmen von Pilotprojekten wie beispielsweise simTD [5] mit seiner Flotte von 120 Fahrzeugen wird die Tauglichkeit verschiedener derartiger Systeme getestet und demonstriert, wie z. B. Informationssysteme für Straßenarbeiten, adaptive verkehrsabhängige Signalsteuerung oder Assistenten zum automatischen Lesen von Verkehrszeichen oder Ampeln.

Gelegentlich werden V2I-Daten durch den erweiterten Einsatz von Floating Car Daten ermittelt um Informationen über meteorologische Bedingungen oder freie Parkplätze zu erhalten.

Andere beispielhafte Forschungsprojekte der deutschen Automobilindustrie führten zu einem Pilotprojekt in London, in dem Autofahrer über den Signalstatus der Ampeln informiert wurden. Im niederländischen Spitsmijden-Projekt [6] und in EU-Projekten wie CVIS [7] spielte die Kommunikation zwischen Fahrzeug und Infrastruktur eine Schlüsselrolle um die Fahrer über Parkplätze, Verkehrsstörungen oder ÖPNV-Dienstleistungen zu informieren.

Die Kommunikation von Fahrzeugen untereinander (V2V, „vehicle-to-vehicle") ist zwar noch im Forschungsstadium, zeigt aber klar das Potenzial, im städtischen Verkehrsmanagement eine Rolle zu spielen. Durch diese Kommunikation dienen die Fahrzeuge als mobile Sensoren und Aktoren gleichermaßen. Die technische Interoperabilität von V2V-Systemen wird durch die Entwicklung des Kommunikationsstandards im Rahmen der M/453-Standardisierung [8] der EU sichergestellt.

Für beide, V2I- und V2V-Systeme besteht insgesamt ein beträchtliches Aufgabenpotenzial im Zusammenhang mit städtischem Verkehrsmanagement, indem Informationen über Ort und Geschwindigkeit auf der Ebene einzelner Fahrzeuge erzeugt werden und zwischen den Fahrzeugen untereinander, zwischen den Fahrzeugen und Verkehrslichtsignalanlagen oder der Verkehrsleitzentrale in Echtzeit ausgetauscht werden und Bestandteil der Verkehrssteuerung werden. Die Daten können bei Routineentscheidungen zum Flüssighalten des Verkehrs eine wichtige Rolle spielen. Das Umleiten von Verkehr bei Störungen gewinnt in diesem Zusammenhang an Bedeutung. Auch die Möglichkeit, direkt an die Navigationssysteme Nachrichten zu schicken könnte beispielsweise den Warengütertransport erheblich vereinfachen.

1.1.3   Der Einfluss von IVS auf städtisches Verkehrsmanagement

IVS bieten einen bedeutenden Mehrwert für städtische Verkehrsmanager. Dieser reicht von konventioneller Verkehrsflussregelung über städtisches Zufahrtsmanagement bis hin zur Steuerung von ÖPNV und Warengüterverkehr. Die Effektivität und Effizienz von konventionellem Verkehrsmanagement, das sich über die letzten Jahrzehnte etabliert hat, kann mit IVS gesteigert werden, indem Informations- und Kommunikationstechnologien gemeinsam mit Automation, neuen Ansätzen von Modellierung und Simulation sowie der (technischen) Interoperabilität eingebracht werden.

Verkehrsmanagement findet auf mehreren Ebenen statt – wie bei der KAREN Rahmenarchitektur [9] vorgestellt wurde – und IVS unterstützt alle Managementebenen:

- Verkehrspolitische Ebene: Zielsetzungen zum Beeinflussen von Lebensqualität, Arbeitsbedingungen, etc. in der ganzen Stadt;
- Verkehrsmanagement – Taktische Ebene: Regel- und Steuerszenarien anhand der örtlichen Gegebenheiten

- Verkehrsmanagement – Maßnahmen-Ebene: Explizite Maßnahmen zu jedem einzelnen Szenario sowie die Spezifikation des optimalen Zustandes
- Verkehrsmanagement – betriebliche Ebene: Technische Ausrüstung.

Der Beitrag von IVS zu jeder einzelnen Ebene kann folgendermaßen beschrieben werden:

1.1.3.1 Unterstützen der Verkehrspolitik

Beispiele für verkehrspolitische Zielsetzungen sind in Kap. 1.1.2 angeführt. Derartige Zielsetzungen können für das gesamte Stadtgebiet oder auch für einzelne Stadtviertel gelten. IVS liefern Werkzeuge und Methoden, mit denen verkehrspolitische Ziele effektiv innerhalb einer begrenzten Zeitspanne umgesetzt werden können.

1.1.3.2 Unterstützen der Taktischen Ebene

Die taktische Ebene konzentriert sich auf das Bilden der lokalen Rahmenbedingungen, innerhalb derer der Verkehr gesteuert wird. Szenarien, in denen die Möglichkeiten von IVS ausgenützt werden, werden in Abhängigkeit von den politischen Zielen entwickelt. Die Szenarien können die gesamte Stadt betreffen oder auch nur einzelne Stadtviertel oder einzelne Straßenabschnitte. Beispiele zu den oben angeführten Zielen sind:

- **Steuern der Verkehrsnachfrage (i)**: Die Zufahrt in das Stadtzentrum wird einer Gebühr unterworfen um die absoluten Verkehrszahlen zu verringern und privaten Autoverkehr in den ÖPNV zu verlagern, Stau zu verringern, die Erreichbarkeit des Stadtzentrums zu verbessern und Luftverschmutzung zu verringern.
- **Steuern der Verkehrsnachfrage (ii)**: Eine Umweltzone für die schlimmsten Luftverschmutzer könnte eingeführt werden; umweltfreundliche Fahrzeuge erhalten eine vergünstigte Zufahrt zum Stadtzentrum und entsprechende Parkmöglichkeiten.
  Harmonisierung des Verkehrsflusses: Gezieltes Schalten von Verkehrslichtsignalanlagen im Fall des Auftretens bestimmter Stausituationen, Wettersituationen oder großer Ereignisse die zu Verkehrsstörungen oder zu hohen Schadstoffkonzentrationen führen. Verlagern von Verkehrsstaus vom dicht besiedelten Gebiet in weniger dicht besiedelte oder weniger empfindliche Stadtviertel.
- **Parkordnung und gewerblicher Güterverkehr**: Park- und Ladezonenmanagement zum Vermeiden unnötiger Parksuchverkehre.
- **Alternativen bei der Stadtzufahrt**: Anbieten von Optionen für Radfahrer und Fußgänger in Kombination mit dem öffentlichen Verkehr; Erweitern der Attraktivität des ÖPNV mit Informations-, Buchungs- und Bezahlungs-Diensten auf interoperablen Kommunikationsplattformen, Navigations- und Informationssystemen.
- **Verringern von Unfällen**: Maßnahmen zum Erreichen eines sichereren städtischen Straßennetzes durch vermehrte Kommunikation mit den Verkehrsteilnehmen mittels variabler Verkehrszeichen, Rundfunk und elektronischer Endgeräte, Verbreiten von Echtzeitinformation und in Zukunft V2V-Kommunikation

1.1.3.3   Unterstützen der Maßnahmenebene

Nach dem Bestimmen der Szenarien können explizite Steuermaßnahmen geplant und umgesetzt werden. In dieser Ebene können IVS den größten Einfluss ausüben, indem die Maßnahmen effektiv, effizient und interoperabel werden. Beispiele zu den obigen Szenarien sind:

- **Verkehrsinformation**: Im Stadtverkehr ist die Information einer verlässlichen Reisezeit wichtiger als die Fahrgeschwindigkeit. IVS können einen Mehrwert leisten, indem Reisende – sowohl im Individualverkehr als auch im ÖPNV – besser informiert werden, sowie Optionen und Ausweichmöglichkeiten auf Basis der tatsächlichen Situation erhalten. Dazu müssen die Systeme direkt mit den Reisenden kommunizieren und für diese auch relevant sein, etwa in dem Navigationsgeräte oder Mobiltelefone als Kommunikationsmedien benützt werden. In Zukunft könnte dies durch den Einsatz von V2I und V2V erweitert werden. Die Endgeräte können sogar auf eine reziproke Weise verwendet werden, nämlich als Sensoren für Floating Car Daten, wodurch jedes Fahrzeug zum Verkehrslagebild beiträgt. IVS bieten diese Möglichkeiten nicht nur für Einzelreisende im Privatfahrzeug sondern auch für den ÖPNV durch Anzeige der Ankunft des nächsten Fahrzeugs.
- **Verstärkung des öffentlichen Verkehrs**: IVS können verwendet werden um den ÖPNV an Ampeln zu priorisieren. Mit Transpondertechnologie können die Brems-/ Beschleunigungszyklen der Fahrzeuge verringert, Reisezeiten verlässlicher und allgemein die Leistungsfähigkeit im Vergleich zum Privatverkehr gesteigert werden. Das Design und folglich die Attraktivität von Knotenpunkten einschließlich Park and Ride Einrichtungen kann erweitert werden.
- **Umweltzonen**: Die Zufahrt in die Stadt für Schadstoffe emittierende Fahrzeuge wird durch das Verhängen von Fahrverboten oder Einheben von Gebühren eingeschränkt. Beide Varianten funktionieren mit elektronischer Fahrzeugregistrierung mit Hilfe von Kennzeichenkameras und/oder Transpondern an den Zonengrenzen effektiv. Umweltfreundliche Fahrzeuge können automatisch von konventionellen Fahrzeugen unterschieden werden. Umweltzonen können als Anreizmechanismus zum Steigern des Marktanteils umweltfreundlicher Fahrzeuge verwendet werden. Schließlich können IVS die Information über eventuelle dynamische Zufahrtsbeschränkungen an die Reisenden vermitteln.
- **Stadtmaut**: Die Zufahrten in die ausgewiesenen Zonen werden automatisch registriert, ohne dass die Fahrzeuge die Geschwindigkeit verringern oder eine bestimmte Fahrspur benützen müssen. IVS sind nicht nur in der Lage, die Fahrzeuge automatisch zu registrieren und zu klassifizieren sondern unterstützen auch die Abläufe in der Zentrale wie Kundenregistrierung, Bezahlung oder die Behandlung von Übertretungen. Das Design eines Stadtmautsystems kann mit Hilfe von IVS den Warengüterverkehr gesondert steuern.

- **Modale Bevorrangung**: Die Notwendigkeit des Einhaltens von Fahrplänen im ÖPNV und Güterfrachtverkehr ist wichtig. Mit IVS können dem öffentlichen Personennahverkehr der Vorrang gegenüber dem privaten Verkehr gegeben werden.
- **Grüne Welle**: Koordinierte Signalisierung kann zur Harmonisierung des Verkehrsflusses bei Stau oder bei Immissionsüberschreitungen verwendet werden, um die Stop-and-Go-Zyklen und folglich die Emissionen entlang des harmonisierten Straßenabschnitts zu verringern. Mit aktuellen Umweltmessdaten kann die Harmonisierung abhängig von der augenblicklichen Luftverschmutzung geschaltet werden ohne dass das Verkehrssystem verzerrt wird.
- **Parkplatzmanagement**: Parksuchverkehr ist ein wesentlicher Beitrag zum innerstädtischen Stau. Mit IVS kann dieser Anteil signifikant verringert werden indem Fahrzeuge zu freien Parkplätzen in Parkhäusern oder am Straßenrand mit Hilfe von IKT und Satellitenortung geleitet werden. Damit können Autofahrer sowohl über freie Parkplätze informiert werden, sie können damit auch Parkplätze buchen und Parkgebühren entrichten. Mit Hilfe von Identifikations- und Authentifizierungstechniken erhalten registrierte Fahrzeuge Zugang zu Parkhäusern. Analog kann die Performance von Park and Ride Anlagen weitgehend optimiert werden.
- **Ladezonenmanagement**: Registrierte Lieferfahrzeuge können im Vorhinein eine Ladezone buchen, wodurch sichergestellt werden kann, dass im gewünschten Zeitraum Ladekapazität vorhanden ist. Fahrer können über Satellitennavigationsgeräte informiert werden, mit straßenseitigen Sensoren kann die ordnungsgemäße Verwendung der Ladezonen sichergestellt und Übertretungen vollautomatisch erkannt werden. Es können die Lieferzeiten systematisch außerhalb der Spitzenzeiten gelegt werden. Frachtbörsen sind eine wichtige stadtlogistische Einrichtung, bei denen IVS die „letzte Meile" unterstützen können. Mit einer effizienten Logistik werden Stadtzentren im Vergleich zu den ausschließlich an Privatfahrzeugen orientierten Einkaufszentren am Stadtrand konkurrenzfähiger.
- **Ereignisdetektion**: Kritische Straßenabschnitte können automatisiert überwacht werden um Störungen frühzeitig zu erkennen. Ein Verkehrslagebild kann eingeführt werden, das in Verkehrszentralen bei der zeitnahen Reaktion unterstützt. Schlüsseltechnologien sind CCTV und Entscheidungshilfen, mit denen die menschliche Einflussnahme auf ein Minimum reduziert wird. Außergewöhnliche Verkehrsbewegungen werden automatisch erkannt und dem Bedienpersonal automatisch zur Anzeige gebracht um gegebenenfalls Gegenmaßnahmen in die Wege zu leiten.
- **Entschärfen von Unfallhäufungsstellen**: An Stellen mit beispielsweise gehäuften Unfällen mit Radfahren kann mit Hilfe von Sensoren die Anwesenheit von Radfahrern erkannt werden, die auf ein grünes Lichtsignal warten. Mit variablen Verkehrszeichen können Lastwagenfahrer gezielt über die Anwesenheit der Radfahrer in der Nähe ihrer Fahrzeuge aufmerksam gemacht werden.

1.1.3.4   Unterstützen der betrieblichen Ebene

Die technologische Grundlage von IVS auf betrieblicher Ebene sind Sensoren, Aktuatoren, Kommunikationsmedien (drahtlos und drahtgebunden), Software, tragbare Geräte, Mensch-Maschine-Schnittstellen, Daten, Karten, Algorithmen, Modelle und vieles mehr. Technische Innovation findet auf dieser Ebene statt; Sensoren werden intelligenter, Algorithmen schneller, Geräte werden billiger und verbrauchen weniger Energie. Durch Innovation werden ständig neue Möglichkeiten für die Maßnahmen-Ebene, die taktische Ebene und die politische Ebene eröffnet. Die in diesen Ebenen festgesetzten Ziele bestimmen, wie Technologie eingesetzt wird.

1.1.3.5   Zusammenfassung

In Tab. 1.1 werden Intelligente Verkehrssysteme den Ebenen Politik, Taktik und Maßnahmen zusammenfassend gegenübergestellt. Auf der betrieblichen Ebene kommen alle Technologien- wie in Kap. 1.1.2.1 skizziert – zum Einsatz

1.2   Kollektives und individuelles Verkehrsmanagement

Im Kap. 1 wurde bereits angedeutet, dass das Steuern von Verkehr in Städten ambivalente Ziele verfolgt. Einerseits ist Verkehr und Mobilität die Grundlage von städtischem Wohlstand [10], somit ist bei einer drastischen Verkehrsverringerung auch ein Rückgang der Wirtschaftskraft zu befürchten. Andererseits ist überbordender Verkehr die Hauptursache für schlechte Lebensqualität infolge von Lärm oder Luftverschmutzung, sowie von schlechter Erreichbarkeit durch Stau und Parkplatzdruck, und auch die Hauptursache für sinkende Sicherheit, da die meisten Verkehrsunfälle in Städten passieren[1]. Welche Ziele städtisches Verkehrsmanagement auch immer verfolgt, die Ziele unterliegen zahlreichen und teilweise widersprechenden Kriterien.

Modernes Verkehrsmanagement verfolgt im Ansatz das Steuern der verfügbaren Infrastruktur. Dabei wird in der Regel versucht, die zur Verfügung stehende Infrastruktur auszuweiten oder effizienter zu nutzen, IVS-Beispiele dafür sind Verkehrsinformation – Reisende können Störungen vermeiden und tragen selbst nicht mehr zur Verschlimmerung bei, oder Grüne Wellen. Aber auch das Verlagern oder Verringern verfügbarer Verkehrsinfrastruktur wird methodisch aufgegriffen. IVS-Beispiele sind die Bevorrangung von ÖPNV an Kreuzungen – freie Infrastruktur wird vom Individualverkehr zum ÖPNV verlagert, oder Verkehrslichtsignalanlagen schlechthin – benachrangter Querverkehr bekommt eine freie Einfahrt zugewiesen. Dem Verständnis nach werden die Fahrtbedingungen für das Kollektiv der Reisenden gesteuert, ungeachtet der Herkunft des Reisenden, des Reisezwecks oder des benutzten Fahrzeuges. Plakativ gesprochen funktionieren Ampeln bei

---

[1] Entsprechend dem European Road Safety Observatory geschahen im Jahr 2009 rund 69 2009% aller Verkehrsunfälle im Stadtgebiet.

Tab. 1.1 Hierarchische Übersicht Intelligenter Verkehrssysteme im städtischen Verkehrsmanagement

Verkehrspolitische Ziele	Taktische Ebene	Maßnahmen-Ebene
Verringern von Stau	– Steuern der Verkehrsnachfrage (i) – Harmonisierung des Verkehrsflusses – Alternativen bei der Stadtzufahrt	– Stadtmaut – Ereignisdetektion – Parkraumbewirtschaftung
Verringern von Energieverbrauch und Emissionen	– Steuern der Verkehrsnachfrage (ii) – Harmonisierung des Verkehrsflusses – Alternativen bei der Stadtzufahrt	– Grüne Wellen – Verstärken des ÖPNV
Verbessern der Lebensqualität in Städten	– Steuern der Verkehrsnachfrage (i), (ii) – Harmonisierung des Verkehrsflusses	– Umweltzonen – Stadtmaut – Verstärken des ÖPNV
Steigern des Markanteils ökologischer Fahrzeuge	– Steuern der Verkehrsnachfrage (ii)	– Umweltzonen – Stadtmaut
Steigern der Effizienz des Verkehrssystems	– Harmonisierung des Verkehrsflusses	– Verkehrsinformation – Grüne Wellen – Parkraumbewirtschaftung – Ereignisdetektion
Modal Shift/ Steigern der Attraktivität des ÖPNV	– Steuern der Verkehrsnachfrage (i), (ii) – Alternativen bei der Stadtzufahrt	– Verkehrsinformation – Verstärken des ÖPNV – Bevorrangung von Busspuren
Vereinfachen des Güterfrachtverkehrs	– Dienstleistungen für den Warengüterverkehr	– Ladezonenmanagement – Parkplatzmanagement – Güterumschlagszentren – Verbessern der Betriebsführung von Flotten
Erhöhen der Verkehrssicherheit	– Verringern von Verkehrsunfällen	– Ereignisdetektion – Entschärfung von Unfallhäufungsstellen
Verringern des Parkdrucks	– Steuern der Verkehrsnachfrage (i), (ii)	– Parkplatzmanagement – Ladezonenmanagement – Güterumschlagszentren

modernen Elektrohybridfahrzeugen und stark umweltverschmutzenden alten Fahrzeugen mit konventionellem Antrieb gleichermaßen.

Seit dem Milleniumswechsel wurde allerdings durch die fortschreitende Technologieentwicklung ein neuer Steuerungsansatz ermöglicht. Insbesondere Technologien wie Kennzeichenkameras, die unter Echtzeitbedingungen die Nummernschilder vorbeifahrender Fahrzeuge automatisch lesen können, Transpondertechnologie und zuverlässige Satellitenortung ermöglichen mittlerweile, dass auch individuelle Gegebenheiten des Reisenden in das Verkehrsmanagement einfließen können. Es ist möglich, die Verkehrsmanagementstrategie auf das vom Reisenden verwendete Fahrzeug (Antriebsart, Emissionsklasse, Länge, etc.), den Beginn oder das Ziel der Reise, oder den Reisezweck wie beispielsweise Berufspendlerverkehr, Freizeitverkehr, Einkaufsverkehr etc. abzustimmen. Städte wie London oder Stockholm waren unter den ersten, die derartige Technologien zum Einführen einer Stadtmaut verwendeten, und zahlreiche andere Städte wie beispielsweise Mailand oder Amsterdam folgten mit einer elektronisch überwachten Umweltzone oder Zone mit beschränkter Zufahrt nach ökologischen oder anderen Gesichtspunkten. Insgesamt steuern mittlerweile einige hundert europäische Städte die Zufahrt von Kraftfahrzeugen, aus den vielerorts durchgeführten Begleituntersuchungen ergibt sich, dass städtisches Zufahrtsmanagement zu einem effektiven Instrument der Verkehrspolitik wurde, um Verkehr in absoluten Zahlen zu verringern und in seiner Art und Zusammensetzung zu beeinflussen, und das auch in großen Flächen.

2.1 Rechtlicher Hintergrund

In diesem Kapitel ist eine Auswahl der die für städtische Zufahrtsmanagementsysteme relevanten rechtlichen Europäischen Rahmenbedingungen angeführt. Die jeweiligen Quellen sind auszugsweise zitiert um die für die Fragestellung wesentlichen Inhalte darzustellen.

2.1.1 IVS-Richtlinie 2010/40/EU

Die IVS-Richtlinie [11] wurde 2010 erlassen, um den Rahmen für die Einführung intelligenter Verkehrssysteme im Straßenverkehr und für deren Schnittstellen zu anderen Verkehrsträgern zu regeln. In Randzahl 4 sind intelligente Verkehrssysteme definiert:

> IVS kombinieren Telekommunikation, Elektronik und Informationstechnologie mit Verkehrstechnik zu dem Zweck, Verkehrssysteme zu planen, zu konzipieren, zu betreiben, zu warten und zu steuern. Der Einsatz von Informations- und Kommunikationstechnologien im Straßenverkehrssektor und an dessen Schnittstellen zu anderen Verkehrsträgern wird einen wesentlichen Beitrag zur Verbesserung der Umweltleistung, der Effizienz, einschließlich der Energieeffizienz, der Straßenverkehrssicherheit, auch bei der Beförderung gefährlicher Güter, der öffentlichen Sicherheit sowie der Mobilität von Personen und Gütern leisten und gleichzeitig das Funktionieren des Binnenmarkts gewährleisten sowie für eine Zunahme der Wettbewerbsfähigkeit und der Beschäftigung sorgen. (...)

Dieser Definition zufolge ist die Richtlinie für städtische Zufahrtssysteme anwendbar, da Informations- und Kommunikationstechnologien im Straßenverkehrssektor zielgerichtet zu Einsatz kommen. Artikel 1 regelt Gegenstand und Geltungsbereich, der im Wesent-

© Springer Fachmedien Wiesbaden 2014
D. Leihs et al., *City-Maut*, DOI 10.1007/978-3-658-03786-4_2

lichen eine nahtlose und interoperable Nutzung von IVS und das Verfassen dazu notwendiger Normen zum Ziel hat:

> 1. Mit dieser Richtlinie wird ein Rahmen zur Unterstützung einer koordinierten und kohärenten Einführung und Nutzung intelligenter Verkehrssysteme (IVS)[...] geschaffen, und es werden die dafür erforderlichen allgemeinen Bedingungen festgelegt.
> 2. Diese Richtlinie sieht die Ausarbeitung von Spezifikationen für Maßnahmen in den vorrangigen Bereichen nach Artikel 2 und, soweit angemessen, von erforderlichen Normen vor.
> 3. Diese Richtlinie gilt für IVS-Anwendungen und -Dienste im Straßenverkehr und für deren Schnittstellen zu anderen Verkehrsträgern [...]

Artikel 2 regelt die vorrangigen Bereiche der Richtlinie:

> Für die Zwecke dieser Richtlinie gibt es bei der Ausarbeitung und Anwendung von Spezifikationen und Normen die folgenden vorrangigen Bereiche:
> 1. Optimale Nutzung von Straßen-, Verkehrs- und Reisedaten;
> 2. Kontinuität der IVS-Dienste in den Bereichen Verkehrs- und Frachtmanagement;
> 3. IVS-Anwendungen für die Straßenverkehrssicherheit;
> 4. Verbindung zwischen Fahrzeug und Verkehrsinfrastruktur.

Artikel 3 zeigt die vorrangigen Maßnahmen auf, die im Zuge dieser Richtlinie gesetzt werden sollen:

> Als [...] vorrangige Maßnahmen für die Ausarbeitung und Anwendung von Spezifikationen und Normen in den vorrangigen Bereichen gelten:
> a. die Bereitstellung EU-weiter multimodaler Reise-Informationsdienste;
> b. die Bereitstellung EU-weiter Echtzeit-Verkehrsinformationsdienste ;
> c. Daten und Verfahren, um Straßennutzern, soweit möglich, ein Mindestniveau allgemeiner für die Straßenverkehrssicherheit relevanter Verkehrsmeldungen unentgeltlich anzubieten;
> d. harmonisierte Bereitstellung einer interoperablen EU-weiten eCall-Anwendung;
> e. Bereitstellung von Informationsdiensten für sichere Parkplätze für Lastkraftwagen und andere gewerbliche Fahrzeuge;
> f. Bereitstellung von Reservierungsdiensten für sichere Parkplätze für Lastkraftwagen und andere gewerbliche Fahrzeuge.

Die Punkte (I), (II) und (IV) aus Artikel 2 sowie (a) und (b) aus Artikel 3 sind auf städtische Zufahrtssysteme anwendbar, wenn es darum geht, die Zufahrts-Schemata (Bedingungen, unter denen eine städtische Zone befahren werden darf) elektronisch verfügbar zu machen, eine Interoperabilität der Systeme unterschiedlicher Städte herzustellen, sowie im Fall dass ein Fahrzeuggerät verwendet wird (Transponder) – dieser Fall ist allerdings durch die Interoperabilitätsrichtlinie 2004/52/EG (Kap. 2.1.3) gesondert geregelt.

2.1.2   Wegekostenrichtlinie 2006/38/EG

Die Wegekostenrichtlinie 2006/38/EG [12] ist eine Novelle der älteren Richtlinie 1999/62/ EG [13], die erlassen wurde um einen EU-weiten Rechtsraum für die Einhebung von Maut und Straßenbenützungsgebühren von Schwerfahrzeugen zu bilden. Insbesondere wird deren Höhe bestimmt.

In der Fassung 2006/38/EG wurde unter Anderem Artikel 7 Absatz (1) novelliert:

> Die Mitgliedstaaten dürfen Maut- und/oder Benutzungsgebühren auf dem transeuropäischen Straßennetz oder auf Teilen dieses Netzes [...] einführen. Das Recht der Mitgliedstaaten, [...] Maut- und/oder Benutzungsgebühren auf nicht zum transeuropäischen Straßennetz gehörenden Straßen [...] zu erheben, bleibt hiervon unberührt, vorausgesetzt, die Erhebung von Maut- und/oder Benutzungsgebühren auf solchen Straßen diskriminiert den internationalen Verkehr nicht und führt nicht zu Wettbewerbsverzerrungen zwischen den Unternehmen.

Die Richtlinie hat dem ursprünglichen Gedanken nach lediglich auf dem transeuropäischen Straßennetz Gültigkeit. Wird allerdings eine Gebühr abseits dieses Netzes – also etwa auf Stadtstraßen – eingehoben, so gilt ein Diskriminierungsverbot, das heißt alle Straßenbenutzer müssen gleich behandelt werden. Diese Ungleichbehandlung wird insbesondere in Artikel 7 Absatz (4) detailliert geregelt:

> Maut- und Benutzungsgebühren dürfen weder mittelbar noch unmittelbar zu einer unterschiedlichen Behandlung aufgrund der Staatsangehörigkeit des Verkehrsunternehmers, des Landes oder Ortes der Niederlassung des Verkehrsunternehmers oder der Zulassung des Fahrzeugs oder des Ausgangs- oder Zielpunktes der Fahrt führen.

Beispiele für eine etwaige Ungleichbehandlung wären etwa, dass ortskundige (heimische) Verkehrsteilnehmer leichter einen Vertrag mit dem Mauterheber bekommen, bestimmte Nutzergruppen vom Erlangen eines Vertrages ausgeschlossen sind, oder bestimmte Nutzergruppen infolge ihrer Herkunft (z. B. Ausland) höhere Gebühren haben.

Artikel 7 Absatz (2) a) wurde ebenfalls novelliert:

> Ein Mitgliedstaat kann Maut- und/oder Benutzungsgebühren beibehalten oder einführen, die ausschließlich für Fahrzeuge mit einem zulässigen Gesamtgewicht von mindestens 12 Tonnen gelten. Beschließt ein Mitgliedstaat die Anwendung von Maut- und/oder Benutzungsgebühren auf Fahrzeuge mit einem niedrigeren zulässigen Gesamtgewicht, so gelten die Bestimmungen dieser Richtlinie.

Damit ist die Richtlinie, die ursprünglich nur für Schwerfahrzeuge gedacht ist, im Grunde für alle Fahrzeuge anwendbar.

2.1.3 Interoperabilitätsrichtlinie 2004/52/EG

Das Ziel der Richtlinie 2004/52/EG [14] ist insbesondere das Herstellen von Interoperabilität der elektronischen Mautsysteme innerhalb des Binnenmarkts. Artikel 1 regelt Ziel und Anwendungsbereich der Richtlinie, Absatz (1) erstreckt den Anwendungsbereich dieser Richtlinie auf das gesamte Straßennetz im Gemeinschaftsgebiet:

> In dieser Richtlinie werden die Voraussetzungen für die Gewährleistung der Interoperabilität der elektronischen Mautsysteme in der Gemeinschaft festgelegt. Sie gilt für die elektronische Erhebung aller Arten von Straßenbenutzungsgebühren im gesamten gemeinschaftlichen Straßennetz einschließlich aller städtischen und außerstädtischen Straßen, Autobahnen, übergeordneten und nachgeordneten Straßen sowie Bauwerke wie Tunnel und Brücken sowie Fähren.

Artikel 1 Absatz (2) legt Ausnahmen fest:

> Diese Richtlinie gilt nicht für:
> a. Mautsysteme ohne elektronische Einrichtungen für die Mauterhebung;
> b. elektronische Mautsysteme, die einen Einbau fahrzeugseitiger Geräte nicht erforderlich machen;
> c. kleine, rein lokale Mautsysteme, bei denen die Kosten für eine Anpassung an die Anforderungen dieser Richtlinie außer Verhältnis zum erzielten Nutzen stehen würden.

Ein häufiger Fall für eine Ausnahme nach Unterpunkt (b) von Artikel 1 (2) ist ein rein auf Kennzeichenkameras basierendes Zufahrtsmanagement, wie es häufig in Italien verwendet wird, oder beispielsweise die London Congestion Charge.

In Artikel 2 werden die technischen Lösungen zum Herstellen von Interoperabilität benannt, Absatz (1) schränkt die nutzbaren Basistechnologien ein:

> Alle neuen elektronischen Mautsysteme, die ab dem 1. Januar 2007 in Betrieb genommen werden, nutzen zur Mautabwicklung eine oder mehrere der folgenden Techniken:
> a. Satellitenortung;
> b. Mobilfunk nach der GSM/GPRS-Norm (GSM TS 03.60/23.060);
> c. Mikrowellentechnik (5,8 GHz).

Artikel 2 Absatz (2) regelt die Herausgabe etwaiger Fahrzeuggeräte. Demnach müssen die Betreiber von Gebühreneinhebungssystemen Fahrzeuggeräte zur Verfügung stellen, die auch in den Systemen anderer Betreiber eingesetzt werden können:

> [...] Die Betreiber stellen den [...] Nutzern [...] Erfassungsgeräte für ihre Fahrzeuge bereit, die sich für alle in den Mitgliedstaaten eingesetzten elektronischen Mautsysteme, bei denen die in Absatz 1 genannten Techniken zum Einsatz kommen, und für alle Fahrzeugarten eignen. Diese Geräte müssen zumindest interoperabel und in der Lage sein, mit allen in den Mitgliedstaaten betriebenen Systemen, bei denen eine oder mehrere der in Absatz 1 genannten Techniken eingesetzt werden, zu kommunizieren. [...].

Artikel 2 Absatz (3) empfiehlt bei neuen Systemen den Einsatz von Satellitentechnologie:

Es wird empfohlen, bei neuen elektronischen Mautsystemen, die nach Annahme dieser Richtlinie in Betrieb genommen werden, die Satellitenortungs- und die Mobilfunktechnik gemäß Absatz 1 einzusetzen [...].

2.1.4 EETS-Entscheidung 2009/750/EG

In der Einleitung der EETS-Entscheidung 2009/750/EG [15] wird EETS (European Electronic Toll Service) kurz umrissen:

> Ein einziger Vertrag mit einem EETS-Anbieter sollte es den EETS-Nutzern [...] ermöglichen, ihre Maut in allen EETS-Gebieten des europäischen Straßennetzes zu bezahlen, unter anderem mittels eines einzigen Bordgeräts (OBE – On-board Equipment), das in allen EETS-Gebieten verwendet werden kann.

Demnach wird dem Straßenbenutzer ein Dienst angeboten der es ihm erlaubt, die Straßenbenutzungsgebühren aller Mautbetreiber zu entrichten, ohne mit den entsprechenden Mautbetreibern direkt ein Vertragsverhältnis einzugehen.

Artikel 2 der Entscheidung enthält Begriffsbestimmungen; Unterpunkt (a) legt fest dass die geografische Gültigkeit der Entscheidung identisch mit jener der Interoperabilitätsdirektive und somit das gesamte Gemeinschaftsgebiet ist:

> [Ein] „EETS-Gebiet" [ist] ein Mautgebiet, für den die Richtlinie 2004/52/EG gilt;

Artikel 5 regelt die Rechte und Pflichten der Mauterheber. Nach Absatz (5) haben Mauterheber bereits existierende EETS-kompatible Fahrzeuggeräte als Komponente im eigenen System anzunehmen:

> Mauterheber akzeptieren in ihren EETS-Gebieten von den EETS-Anbietern, mit denen sie einen Vertrag geschlossen haben, alle funktionsfähigen Bordgeräte, die gemäß Anhang IV zertifiziert [...] sind.

Anhang II legt die Aufgaben aller EETS-Beteiligten sowie die verwendeten Schnittstellen fest. Absatz (3) betrifft die Schnittstelle zwischen Fahrzeuggerät und den ortsfesten Installationen:

> Die standardisierten straßenseitigen Schnittstellen zwischen den OBE und der ortsfesten oder mobilen Ausrüstung der Mauterheber müssen mindestens Folgendes ermöglichen:
> a. DSRC (Dedicated Short-Range Communication)-Mauttransaktionen;
> b. Transaktionen zur Konformitätsprüfung in Echtzeit;
> c. gegebenenfalls die Übermittlung zusätzlicher Lokalisierungsdaten
> In den OBE der EETS-Anbieter müssen alle drei Schnittstellen implementiert sein. Die Mauterheber können entsprechend ihren Vorgaben einige oder all diese Schnittstellen in ihre ortsfeste oder mobile straßenseitige Ausrüstung integrieren.

2.2 Initiativen der EU

2.2.1 Aktionsplan zur Einführung intelligenter Verkehrssysteme

Der 2008 veröffentlichte Aktionsplan [16] dient dazu, die Einführung intelligenter Verkehrssysteme (IVS) im Straßenverkehr, einschließlich Schnittstellen zu anderen Verkehrsträgern, zu beschleunigen und zu koordinieren. Er umfasst unter anderem die folgenden vorrangigen Aktionsbereiche:

- Aktionsbereich 2: Kontinuität von IVS-Diensten für das Verkehrs- und Gütermanagement in europäischen Verkehrskorridoren und Ballungsräumen
- Aktionsbereich 6: Europäische Zusammenarbeit und Koordinierung im Bereich intelligenter Verkehrssysteme

Aktionsbereich 2 hat die Verwirklichung der Interoperabilität elektronischer Mautsysteme – Richtlinie 2004/52/EG [14] – als Zielsetzung. Aktionsbereich 6 bereitet die die Schaffung einer spezifischen IVS-Kooperationsplattform unter Beteiligung von Mitgliedstaaten und Gebietskörperschaften zur Förderung von IVS-Initiativen im Bereich der städtischen Mobilität vor.

2.2.2 Aktionsplan Urbane Mobilität

Der 2009 erlassene Aktionsplan [17] bildet einen abgestimmten Rahmen für EU-Initiativen auf dem Gebiet der urbanen Mobilität unter Wahrung des Grundsatzes der Subsidiarität. Der Plan sieht vor, dass Strategien für die nachhaltige urbane Mobilität unterstützt werden, *„die beispielsweise durch den erleichterten Austausch bewährter Verfahren und die Bereitstellung finanzieller Mittel dazu beitragen, die Gesamtziele der EU umzusetzen. Der Kommission ist bewusst, dass Stadtgebiete in der EU je nach ihrer geografischen Lage, ihre Größe und ihres jeweiligen Wohlstands unterschiedlichen Herausforderungen gegenüberstehen. Mit dem Aktionsplan sollen keine Standard- oder Topdown-Lösungen vorgeschrieben werden. In dem Aktionsplan werden praktische kurz- und mittelfristige Aktionen vorgeschlagen, die bis 2012 schrittweise umgesetzt werden können und sich auf integrierte Art und Weise mit besonderen Fragen zur urbanen Mobilität befassen.“*
Unter anderem wurden die folgenden Aktionen vorgeschlagen:
Aktion 1 – Beschleunigung der Einführung von Plänen für die nachhaltige urbane Mobilität

Die Kommission wird kurzfristig lokale Behörden bei der Aufstellung von Plänen unterstützen, die die nachhaltige urbane Mobilität in städtischen und stadtnahen Gebieten zum Gegenstand haben. Sie wird Informationsmaterial zur Verfügung stellen, den Austausch bewährter Verfahren unterstützen, Benchmarks ermitteln und Fortbildungsmaßnahmen für Fachleute auf dem Gebiet der urbanen Mobilität fördern. Längerfristig könnte die Kommission weitere Schritte ergreifen, etwa durch Anreize und Empfehlungen.

Ferner wird die Kommission in den Bürgermeisterkonvent [24] die Frage der urbanen Mobilität einbringen, um einen integrierten Ansatz zu fördern, der die Themen Energie und Klimaschutz mit dem Thema Verkehr verknüpft.

Aktion 2 – Nachhaltige Mobilität in den Städten und zur Regionalpolitik

Um die Finanzierungsmöglichkeiten, die Strukturfonds, Kohäsionsfonds und Europäische Investitionsbank bieten, besser bekannt zu machen, beabsichtigt die Kommission, auf der Grundlage der derzeit in der Gemeinschaft und in den Mitgliedstaaten bestehenden Rahmenbedingungen im Jahr 2011 Informationen zu den Beziehungen zwischen einer nachhaltigen urbanen Mobilität und den Zielen der Regionalpolitik herauszugeben. Dieser wird sich mit dem größeren Zusammenhang der nachhaltigen Stadtentwicklung sowie mit den Berührungspunkten zwischen dem Stadtverkehr und dem transeuropäischen Verkehrsnetz befassen. Die Kommission wird auch die Fördermöglichkeiten darlegen und die Regeln für staatliche Beihilfen und die öffentliche Auftragsvergabe erläutern.

Aktion 7 – Zugang zu Umweltzonen

Die Kommission wird eine Studie in Auftrag geben, die sich mit den verschiedenen Zugangsvorschriften für unterschiedliche Arten von Umweltzonen in der EU befassen soll, um mehr Erkenntnisse darüber zu gewinnen, wie die unterschiedlichen Systeme in der Praxis funktionieren

Aktion 12 – Studie zu urbanen Aspekten der Internalisierung externer Kosten

[...] Die Kommission [wird] unter Berücksichtigung der Schlussfolgerungen aus der von ihr eingeleiteten Debatte über die nachhaltige Zukunft des Verkehrs, eine methodische Studie zu den urbanen Aspekten der Internalisierung in Auftrag geben. Die Studie soll sich mit der Wirksamkeit und Effizienz verschiedener Lösungen für die Kostenanlastung befassen sowie mit Umsetzungsfragen, wie öffentliche Akzeptanz, soziale Auswirkungen, Kostendeckung, Verfügbarkeit von intelligenten Verkehrssystemen und der Frage, wie sich urbane Strategien der Kostenanlastung und andere Vorkehrungen für Umweltzonen wirksam kombinieren lassen.

Aktion 13 – Informationsaustausch über städtische Gebührensysteme

Die Kommission wird den Informationsaustausch über urbane Systeme der Kostenanlastung in der EU zwischen den Sachverständigen und politischen Entscheidungsträgern erleichtern. [...] Es geht um Informationen über Konsultationsverfahren, Ausgestaltung der Systeme, Informationsangebote für Bürger, öffentliche Akzeptanz, Betriebskosten und Einnahmen, technologische Aspekte und Auswirkungen auf die Umwelt. Die Schlussfolgerungen werden in die Arbeiten der Kommission zur Internalisierung externer Kosten einfließen.

In der zweiten Jahreshälfte 2012 wurde seitens der Europäischen Kommission eine öffentliche Erhebung zu den Initiativen 31, 32 und 33 des Weißbuchs für Verkehr (siehe 2.2.3) durchgeführt. Dazu kam folgendes zu Tage:

Initiative 31 Städtische Mobilitätspläne: Es sollte der Inhalt eines „Benchmark"-Mobilitätsplans sowie der Alternativen für die Politik definiert werden, wobei hinsichtlich Inhalt und Vorgehensweise des Benchmarks Minimal- und Maximalkriterien festgelegt werden sollen. In der Minimalvariante sollte der Mobilitätsplan die folgenden Punkte ansprechen:

- Öffentlicher Personennahverkehr
- Nicht-motorisierter Verkehr
- Städtische Güterlogistik
- Mobilitätsmanagement
- Multimodale Integration
- Straßennetz und motorisierter Verkehr einschließlich ruhender Verkehr.

In der Maximalvariante sollen die folgenden Punkte angesprochen werden:

- Umweltzonen
- Stadtmaut
- Parkraumbewirtschaftung
- Preisgestaltung im ÖPNV

Gegenwärtig ist noch nicht klar, ob – wenn überhaupt – die Minimal- oder Maximalvariante verbindlich werden soll, und wenn ja, ab welcher Stadtgröße.

Initiative 32 – Zufahrtsmanagement Städtisches Zufahrtsmanagement inklusive Parkraumbewirtschaftung ist gegenwärtig nicht harmonisiert, wodurch erhebliche gesellschaftliche Kosten entstehen. Weiters werden die Folgen hinsichtlich der verwendeten Daten und eingesetzten Methoden unzureichend bewertet. Insbesondere bei der Parkraumbewirtschaftung gibt es keine Sammlung an Referenzfällen. Insbesondere der Harmonisierung wird eine tragende Rolle zugeschrieben, nämlich hinsichtlich der Emissionsstandards, der eingesetzten Technologien (wie z. B. Vignetten, Fahrzeuggeräte, Zahlungsmethoden, IT-Plattformen usw.), der Informationsbereitstellung und der Bewertung und Überwachung der Ergebnisse.

2.2.3 Weißbuch für Verkehr

Bei der Ausgabe von 2011 handelt es sich um die zweite Ausgabe des Weißbuchs für Verkehr der Europäischen Kommission. Der Fahrplan zu einem einheitlichen europäischen Verkehrsraum – Hin zu einem wettbewerbsorientierten und ressourcenschonenden Verkehrssystem [18] beschreibt die Vision der Europäischen Kommission für den Verkehr und skizziert die Schlüsselmaßnahmen zu deren Erreichung. Das Weißbuch hat keinerlei verbindlichen Charakter sondern zeigt die Ausrichtung der Politik der Europäischen Kommission (Abb. 2.1).

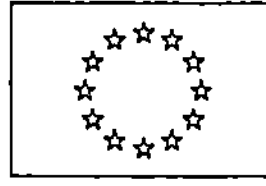

EUROPÄISCHE KOMMISSION

Brüssel, den 28.3.2011
KOM(2011) 144 endgültig

WEISSBUCH

**Fahrplan zu einem einheitlichen europäischen Verkehrsraum – Hin zu einem
wettbewerbsorientierten und ressourcenschonenden Verkehrssystem**

SEK(2011) 359 endgültig
SEK(2011) 358 endgültig
SEK(2011) 391 endgültig

DE   **DE**

Abb. 2.1 Deckblatt des Weißbuchs für Verkehr der Europäischen Kommission. (deutschsprachige
Version)

Eine der Themenstellungen ist umweltfreundlicher Stadt- und Pendelverkehr, als Ziel (Ziel 1) wird etwa formuliert:

> Halbierung der Nutzung „mit konventionellem Kraftstoff betriebener PKW" im Stadtverkehr bis 2030; vollständiger Verzicht auf solche Fahrzeuge in Städten bis 2050; Erreichung einer im Wesentlichen CO_2-freien Stadtlogistik in größeren städtischen Zentren bis 2030

In der Fußnote zu diesem Ziel wird auf den Nebeneffekt einer erheblichen Verringerung anderer schädlicher Emissionen verwiesen. Der erste Halbsatz hat keinerlei Einschränkung der Stadtgröße sondern meint Stadtverkehr als Ganzes. Insofern ist dieses Ziel ausgesprochen ambitioniert.

Randzahl 58 hat durch seinen Bezug auf die Festsetzung verkehrsbezogener Entgelte und Steuern auch für Städte Bedeutung, da etwa die Einhebung einer City-Maut als Maßnahme zur Verringerung von Luftschadstoffen eine offensichtliche Preisdifferenzierung nach der Schadstoffklasse des Fahrzeuges oder der zurückgelegten Wegstrecke nach sich ziehen soll. Der letzte Satz erwähnt, dass verkehrsbezogene Entgelte als Anreizmechanismus zur Verhaltensänderung gesehen werden:

> Preissignale spielen bei vielen Entscheidungen, die lang anhaltende Auswirkungen auf das Verkehrssystem haben, eine ausschlaggebende Rolle. Verkehrsbezogene Entgelte und Steuern müssen umgestaltet werden und mehr dem Prinzip der Kostentragung durch die Verursacher und Nutzer angenähert werden. Sie sollten die Rolle des Verkehrs bei der Förderung der europäischen Ziele für Wettbewerbsfähigkeit und Zusammenhalt stützen, während die Gesamtbelastung des Sektors die Gesamtkosten des Verkehrs einschließlich der Infrastrukturkosten und externen Kosten widerspiegeln sollte. Umfassendere sozioökonomische Vorteile und positiver externe Effekte rechtfertigen ein gewisses Maß an öffentlicher Finanzierung, aber in Zukunft ist davon auszugehen, dass die Verkehrsnutzer für einen höheren Teil der Kosten aufkommen als bisher. Wichtig ist, dass die Nutzer, Betreiber und Investoren korrekte und konsistente monetäre Anreize erhalten.

Randzahl 61 präzisiert das Verringern von Schadstoffen über die Einhebung eines Infrastrukturbenutzungsentgelts, allerdings explizit nur für Schwerfahrzeuge und außerhalb der Städte. Bemerkenswert ist die Einführung eines „harmonisierten Internalisierungssystems", von dem auch zu erwarten ist, dass es für Stadtverkehre zur Anwendung kommen kann:

> Die Kosten lokaler externer Effekte, wie Lärmbelastung, Luftverschmutzung und Staus, könnten durch Entgelte für die Infrastrukturnutzung internalisiert werden. Der vor kurzem von der Kommission vorgelegte Vorschlag zur Änderung der so genannten „Eurovignetten-Richtlinie" stellt einen ersten Schritt hin zu einer stärkeren Internalisierung der durch LKW verursachten Kosten dar, doch werden sich die jeweiligen nationalen Regelungen für Straßenbenutzungsentgelte weiterhin unterscheiden. Mit weiteren Maßnahmen wird die schrittweise Einführung eines verbindlichen harmonisierten Internalisierungssystem für Nutzfahrzeuge im gesamten Fernstraßennetz geprüft, mit dem die jetzige Situation beendet werden soll, dass internationale Spediteure die Eurovignette, fünf nationale Vignetten und acht verschiedene

Mautsender und Mautverträge haben müssen, um die europäischen Mautstraßen ungehindert befahren zu können.

Die Randzahlen 62 und 63 schließlich kündigen Maßnahmen der Kommission zur Harmonisierung verkehrsbezogener Entgelte aller Fahrzeuge im gesamten Straßennetz als Maßnahme zur Verkehrs- und Schadstoffverringerung an:

Bei PKW werden Straßenbenutzungsgebühren immer mehr als Alternative zur Generierung von Erträgen und zur Beeinflussung des Verkehrs- und Reiseverhaltens angesehen. Die Kommission wird Leitlinien für die Anwendung von Internalisierungsentgelten auf alle Fahrzeuge und für alle wesentlichen externen Effekte ausarbeiten. Langfristig ist das Ziel, Nutzerentgelte für alle Fahrzeuge und das gesamte Netz zu erheben, um mindestens die Instandhaltungskosten der Infrastruktur, Staus, Luftverschmutzung und Lärmbelastung anzulasten.

Gleichzeitig wird die Kommission vor 2020 einen gemeinsamen Ansatz für die Internalisierung der Kosten der Lärmbelastung und lokalen Luftverschmutzung im gesamten Eisenbahnnetz ausarbeiten.

In Anhang I des Weißbuchs werden die geplanten Initiativen der Kommission aufgelistet, Kap. 2.3 trägt den Titel *„Integrierte Urbane Mobilität"*. Initative 31 legt das Schwergewicht auf städtische Verkehrsplanung. Bemerkenswert ist, dass Mobilitätspläne gegebenenfalls sogar zertifiziert werden sollen:

[...] Gewährung von Mitteln aus dem Fonds für regionale Entwicklung und dem Kohäsionsfonds unter der Voraussetzung, dass die betreffenden Städte und Regionen eine gültige, von unabhängiger Seite validierte Bescheinigung über ein Leistungs- und Nachhaltigkeitsaudit für urbane Mobilität vorgelegt haben. [...]

Initiative 32 in Kap. 2.3 hat einen EU-Rahmen für die Innenstadt-Maut zum Ziel:

Entwicklung und Validierung von Rahmenbedingungen in Bezug auf Straßenbenutzungsgebühren und Zufahrtsbeschränkungen für Innenstädte und deren Anwendung, einschließlich eines rechtlichen und validierten operationellen und technischen Rahmens für Fahrzeug- und Infrastrukturanwendungen.

Kapitel 3.3 trägt den Titel „Richtige Preissetzung und Vermeidung von Verzerrungen". Initiative 39 soll bis 2016 durchgeführt werden und ist hinsichtlich der Verkehrsnetze nicht eingeschränkt, sie gilt somit auch für Stadtverkehre:

[...] Bewertung bestehender Regelungen zur Pkw-Maut und ihre Vereinbarkeit mit den EU-Verträgen. Ausarbeitung von Leitlinien im Hinblick auf die Erhebung von Internalisierungsgebühren für Straßenfahrzeuge zur Anlastung der Kosten, die der Gesellschaft durch Verkehrsüberlastung, CO2-Emissionen (falls nicht in der Kraftstoffsteuer enthalten), lokale Umweltverschmutzung, Lärm und Unfälle entstehen. Anreize für Mitgliedstaaten, die im Rahmen von Pilotprojekten an solchen Leitlinien ausgerichtete Regelungen einführen.

Weitere Internalisierung externer Kosten bei allen Verkehrsträgern, wobei gemeinsame Grundsätze angewandt und die Besonderheiten der einzelnen Verkehrsträger berücksichtigt werden.

Schaffung eines Rahmens im Hinblick auf die zweckgebundene Verwendung von Verkehrseinnahmen für die Entwicklung eines integrierten effizienten Verkehrssystems. [...]

2.2.4 IVS-Expertengruppe für Urbane Bereiche

Ausgehend vom Aktionsplan Urbane Mobilität und dem Aktionsplan zur Einführung intelligenter Verkehrssysteme wurde im Dezember 2010 die „IVS-Expertengruppe für Urbane Bereiche" (Expert Group on ITS for urban areas) [19] für die Dauer von 24 Monaten ins Leben gerufen um die Europäischen Kommission in ihrer Arbeit im Zusammenhang mit den beiden Aktionsplänen zu unterstützen. Die Expertengruppe war multimodal und breit aufgesetzt und deckte auch die Schnittstellen zwischen urbaner und interurbaner Mobilität ab. Sowohl Passagier- als auch Güterverkehr waren Gegenstand des Dialogs der Mitglieder der Expertengruppe, die sich aus dem öffentlichen und privaten Segment rekrutierte.

Die Aufgaben der Expertengruppe beinhaltete drei Ziele: das Erstellen einer Anleitung für den Einsatz von IVS in Stadtgebieten, dem Sammeln von Musterlösungen [20] sowie das Identifizieren eines eventuellen Standardisierungsbedarfs. Die Gruppe entwickelte spezifische Leitfäden und zeige die Vorteile der Nutzung von IVS in städtischen Gebieten entlang der Mobilitätskette von Einzelreisenden. Obwohl die Leitfäden keinerlei verbindlichen Charakter haben zielen sie darauf ab, Interoperabilität und Kontinuität der Dienste innerhalb Europas zu fördern. Sie sollen Entscheidungsträger bei der technischen Umsetzung von IVS auf lokaler Ebene unterstützen. Für jedes Schlüsselgebiet urbaner IVS wurden separate Leitfäden herausgegeben (Abb. 2.2):

- Verkehrsinformation
- Smart Ticketing
- Verkehrsmanagement [19]

Im Dokument für Verkehrsmanagement wird etwa über Umweltzonen vermerkt: „Die Beschränkung des Zugangs zu den städtischen Gebieten für umweltschädliche Fahrzeuge kann durch Fahrverbote oder Gebühren erreicht werden. Beide Varianten arbeiten effektiv wenn Fahrzeuge vollelektronisch an den Zonengrenzen mit Kennzeichenkameras und/ oder Transpondern registriert werden. Umweltfreundliche Fahrzeuge können von herkömmlichen Fahrzeugen automatisch leicht unterschieden werden. Mit Umweltzonen können Anreize gesetzt werden, den Marktanteil weniger umweltschädlicher Fahrzeuge zu erhöhen. Darüber hinaus kann IVS dazu verwendet werden, um Informationen über eventuelle dynamische Zugangsbeschränkung und Regelungen an Reisende weiterzuleiten." Umweltzonen werden als effektives Mittel kategorisiert, die Lebensqualität in Städten zu erhöhen und den Marktanteil von umweltfreundlichen Fahrzeugen zu steigern. Die generelle Zielsetzung von Umweltzonen ist das Verbessern der Luftqualität innerhalb der Zone, wobei sie offensichtlich einfacher eingeführt werden kann, wenn lediglich die schlimmsten Luftverschmutzer aus der Zone ferngehalten werden. Da Umweltzonen den Frachtverkehr direkt betreffen müssen die Bedürfnisse der Frächter etwa durch Ausnahmen oder alternative Beladungsarrangements etc. befriedigt werden.

Über *Stadtmaut* vermerkt das Dokument: „Reisen in oder innerhalb einer bestimmten Zone werden automatisch und ohne die Notwendigkeit, dass Fahrzeuge die Geschwindig-

Abb. 2.2 Deckblatt des Leitfadens für Verkehrsmanagement der IVS-Beratergruppe für Urbane Bereiche

keit verringern oder die Spur einhalten müssen, registriert. Es können nicht nur einfahrende Fahrzeuge zuverlässig registriert und anschließend klassifiziert werden, sondern es existiert auch Back-Office-Funktionalität wie Customer Relation Management, Bezahlung oder die Verwaltung von Übertretungen. Die Auslegung einer Stadtmaut soll den notwendigen Güterverkehr berücksichtigen." Stadtmaut wird als effektives Mittel kategorisiert, Stau zu verringern, die Lebensqualität in Städten zu erhöhen und den Marktanteil von umweltfreundlichen Fahrzeugen zu steigern. Die Einführung einer Stadtmaut kann politisch sehr herausfordernd sein, hat sich allerdings als sehr effektiv beim Erreichen der vorrangigen Ziele von Städten wie London oder Stockholm, nämlich dem Verringern der Verkehrsstärke und von Stau, erwiesen.

Die Einnahmen einer eventuellen Zufahrtsgebühr, sowohl von Umweltzonen als auch von Stadtmaut, können bei der Verwirklichung weiterer Mobilitätszielsetzungen investiert werden, wie etwa in Oslo wo die Einnahmen aus dem Mautring für Investitionen in neue Infrastruktur (Straße und Schiene) als auch zum Decken der Betriebskosten des ÖPNV verwendet werden (Abb. 2.3).

In der Sammlung der Musterlösungen befindet sich ein Verweis auf das Zufahrtsmanagementsystem der Stadt Bologna, das als Umweltzone ausgeführt ist, auf Basis von Kennzeichenkameras betrieben wird, einen Verkehrsrückgang von 23 bis 31 % bewirkte und sich einer allgemeinen Akzeptanz erfreut. Einfahrtstickets können käuflich erworben werden, etwa an bestimmten Verkaufsstellen in der Stadt [21].

2.2.5 SUMP Leitfaden

Eine Folge des Aktionsplans Urbane Mobilität war die Forderung nach verstärkter Planung nachhaltiger Mobilität in europäischen Städten. Dazu wurde ein Leitfaden [22] veröffentlicht, in dem die Herstellung nachhaltiger städtischer Mobilitätspläne erläutert wird. Er erklärt die wichtigen Schritte, die zur Entwicklung eines derartigen Planes notwendig sind und beinhaltet eine Sammlung an bewährten Beispielen, Werkzeugen und Referenzen, mit denen jeder Schritt untermalt wird. Die Zielgruppe des Leitfadens sind alle Akteure im Zusammenhang mit städtischer Mobilität und insbesondere Planer, die mit der Vorbereitung und Durchführung eines Mobilitätsplans betraut sind (Abb. 2.4).

Im Leitfaden wird die Zielsetzung nachhaltiger urbaner Mobilitätsplanung skizziert:

Ein nachhaltiger urbaner Mobilitätsplan versucht, ein nachhaltiges städtisches Verkehrssystem aufzubauen, indem er:
- Zugang zu Jobs und Dienstleistungen für alle gewährleistet;
- Sicherheit verbessert;
- Umweltverschmutzung, Treibhausgasemissionen und Energieverbrauch reduziert;
- Effizienz und Wirtschaftlichkeit des Transports von Menschen und Gütern erhöht;
- Attraktivität und Qualität der städtischen Umgebung steigert.

URBAN ITS EXPERT GROUP

3.40   IT – Bologna – SIRIO, Access to Controlled Areas

URBAN ITS KEY APPLICATION	☐ Traffic & Travel Information ☒ Traffic & Access Management ☐ Smart Ticketing ☐ Urban Logistics ☐ Other:

1. GENERAL DESCRIPTION

Problems to solve / Objectives	Issue(s) encountered: Traffic Calming Objective(s) of the measure/service: Calm car traffic in the down town city
Start of system/service	2008
Location	☐ single road/line ☒ city district ☐ whole city ☐ urban region
Transport mode(s) concerned	☒ public transport ☐ rail ☒ road ☐ car-sharing ☐ bicycles ☐ pedestrians ☐ other:
Implementing organisation	Kapsch Italia
System / service description	Drivers who want to access the zone with their private cars need to find an access permit. Whether or not a driver gets an a permit depends on his status (resident, taxi, handicapped person, etc.) on the type of vehicle (hybrid, etc.) or on special application (i.e. temporarily for hotel guests or short term access). All vehicle passages are enforced electronically.
Technologies	ANPR, central systems
Standards	

2. IMPLEMENTATION

Partners involved	☒ Public authorities: Commune di Bologna ☐ Private stakeholders: ☐ Others:
Organisational model	☐ Management body: ☒ Operating body: Commune di Bologna ☐ Financing body:
Business model	☒ Public investment: ☐ Private / commercial framework ☐ Public-private partnership
Investment costs	€ ~1.4 mio
Operating costs	€ / year: 200.000 operations, 220.000 maintenance person / year: 10

3. RESULTS

Technical performance	Average ANPR performance
Implementation of Innovation	no
Safety impacts	Reduction of access to traffic count (-25%...-31%)

ITS Action Plan – Best Practices Collection of projects

Abb. 2.3 Verweis auf das Zufahrtsmanagementsystem der Stadt Bologna in der Sammlung an Musterlösungen der IVS-Beratergruppe für Urbane Bereiche

Abb. 2.4 Deckblatt des Leitfadens für Pläne für nachhaltige urbane Mobilität

Der Planungsprozess wird entsprechend Abb. 2.5 dargestellt.

Das Dokument gibt keinerlei Hinweise, mit welchen Maßnahmen (Punkt 6.1 in Abb. 2.5) die oben erwähnten Zielsetzungen erreicht werden – dazu überwiegen die lokalen Besonderheiten zu stark, städtische Zufahrtsmanagementsysteme und deren Begleitmaßnahmen spielen dabei allerdings eine Rolle.

2.2.6 Der Konvent der Bürgermeister

Im Zuge des 2008 vorgelegten Integrierten Energie- und Klimapakets der EU rief die Europäische Kommission den Konvent der Bürgermeister ins Leben, um Kommunen bei der Umsetzung einer nachhaltigen Energiepolitik zu unterstützen, nicht zuletzt wegen des

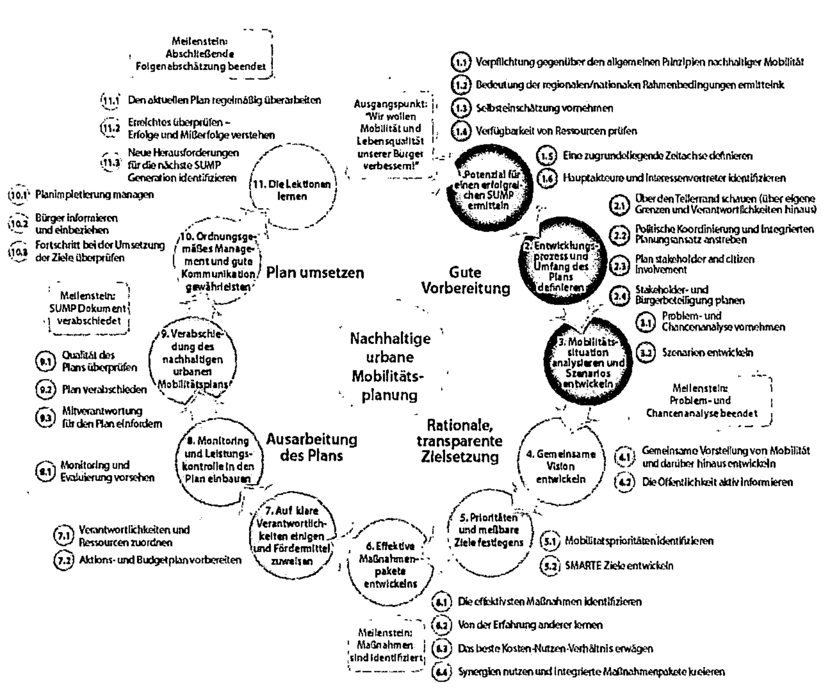

Abb. 2.5 Prozess nachhaltiger urbaner Mobilitätsplanung [23]

Umstandes dass 80 % des gesamten Energieverbrauchs und CO_2-Ausstoßes dem städtischen Leben zugeschrieben werden.

Der Konvent der Bürgermeister [24] ist nach eigener Darstellung „eine offizielle europäische Bewegung, im Rahmen derer sich die beteiligten Städte und Gemeinden freiwillig zur Steigerung der Energieeffizienz und Nutzung nachhaltiger Energiequellen verpflichten. Selbst auferlegtes Ziel der Unterzeichner des Konvents ist es, die energiepolitischen Vorgaben der Europäischen Union zur Reduzierung der CO_2-Emissionen um 20 % bis zum Jahr 2020 noch zu übertreffen." Unter den Unterzeichnern des Konvents finden sich sowohl kleine Gemeinden als auch große Metropolregionen wie London oder Paris. Unterzeichner des Konvents verpflichten sich dazu, innerhalb eines Jahres nach Unterzeichnung einen Aktionsplan für nachhaltige Energie für ihr Gebiet vorzulegen und umzusetzen; Ziel ist die Senkung der CO_2-Emissionen um mindestens 20 % bis zum Jahr 2020.

„Benchmarks für Exzellenz" sind Beispiele für relevante lokale Initiativen, die einzelne Unterzeichner des Konvents in ihren Gebieten umgesetzt haben, und die sie anderen Kommunen zur Nachahmung empfehlen. Auf dem Gebiet des städtischen Zufahrtsmanagements sind etwa die City-Maut in Stockholm (Schweden) oder das Schaffen einer Umweltzone in Loures (Portugal) angeführt. Fallstudien wiederum präsentieren erfolg-

Congestion charge for a clean city

Milan, Italy

Mayor: Giuliano Pisapia

Drivers entering the 'Cerchia dei Bastioni' (city centre also referred to as 'Area C') of Milan with certain categories of vehicles will from mid-January 2012 onwards be required to pay a fee. The revenue collected will finance the city's sustainable transport facilities.

The congestion charge is part of Milan's Sustainable Energy Action Plan, an ambitious roadmap charting the city's progress towards CO_2 emission reductions and adopted as part of its commitment to the Covenant of Mayors. With 76.6% of the vote in favour of the scheme at a local referendum, public acceptance is already secured and will allow inhabitants and visitors to directly benefit from a safer and cleaner city centre.

> "Milan is the first city in Italy to introduce the congestion charge as a concrete step towards a more sustainable, safer and healthier life for all its citizens. It is an important tool for us to achieve the 20% CO_2 emission reduction target which we are committed to in the framework of the Covenant of Mayors."
> Giuliano Pisapia, Mayor of Milan

Surveillance cameras have been installed at access points around the city centre to detect entering vehicles and transmit the collected data to a computer system which recognises the vehicles, their classification (residents, duty vehicles, free access vehicles) and the corresponding charge. Residents and duty vehicles are charged reduced fees.

Vehicles exempt from charge are bicycles, scooters, electric cars, vehicles for disabled people and until 31 December 2012, also hybrid, methane powered, lpg and biofuel cars.

Abb. 2.6 Fallstudie des Bürgermeisterkonvents zur City-Maut in Mailand. (Italien)

reiche Initiativen und Strategien, die von Unterzeichnerstädten des Konvents der Bürgermeister umgesetzt wurden und zeigen konkrete Ergebnisse in Form von nachhaltigen, kommunalen Entwicklungen. Hier wird z. B. die City-Maut in Mailand (Italien) [25] angeführt (Abb. 2.6).

Dieses Kapitel stellt zunächst die allgemein gültigen Grundlagen und typischen Parameter der Systemvarianten der Verkehrsnachfrage vor, ehe Beispiele aus Europa, die auf eben jenen Grundlagen basieren, im Detail beschrieben werden.

3.1 Systemvarianten der Verkehrsnachfrage

Die Verkehrsnachfrage in Städten kann mithilfe unterschiedlicher Maßnahmen geregelt werden. Zu diesen Maßnahmen zählen einerseits Regulierungen, die beispielsweise die Einfahrt in Innenstadtzentren beschränken, und andererseits das sogenannte Enforcement, das sicherstellt, dass die eingeführten Regulierungen eingehalten werden.

3.1.1 Regulierungsmaßnahmen

Regulierungsmaßnahmen definieren, wie der Verkehr reguliert werden soll. Die in diesem Buch näher erläuterten Maßnahmen beziehen sich jeweils auf die Steuerung der Verkehrsnachfrage. Da jede Regulierungsmaßnahme unterschiedlich wirkt, müssen vor der Festlegung einer Maßnahme erst die folgenden Rahmenbedingungen geklärt werden:

1. Wen soll die Maßnahme betreffen?
   Maßnahmen können entweder personen- oder fahrzeugbezogen wirken. Bei Personen können beispielsweise Anrainer oder Menschen mit Behinderung von Regulierungen ausgenommen werden. Bei Fahrzeugen kann nach Fahrzeugtyp (PKW, LKW, Autobus, Taxi, Motorrad, etc.), EURO-Emissionsklasse, Anzahl der Achsen oder Gewicht unterschieden werden. Auch die Anzahl der gefahrenen Kilometer kann eine Rolle spielen. Dadurch lassen sich bestimmte Personen bzw. Fahrzeuge gezielt adressieren.

© Springer Fachmedien Wiesbaden 2014
D. Leihs et al., *City-Maut*, DOI 10.1007/978-3-658-03786-4_3

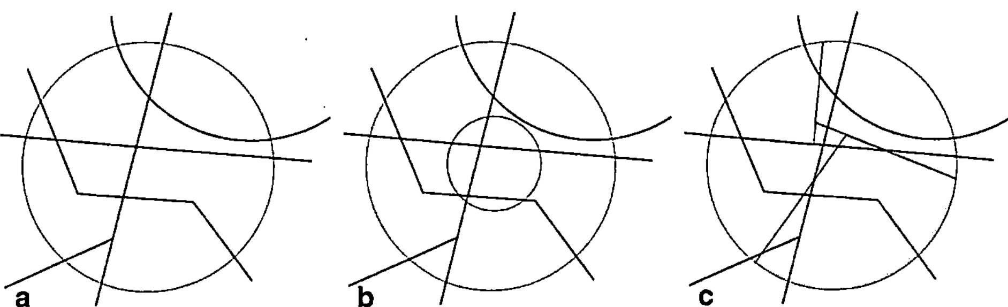

Abb. 3.1 Darstellung eines a Zonenmodells, b konzentrischen Zonenmodells, und c wabenförmigen Zonenmodells, wobei die Linien exemplarische Straßenzüge darstellen

2. Wann soll die Maßnahme wirken?

   Maßnahmen können zeitlich entweder statisch oder dynamisch definiert werden. Statische Maßnahmen beziehen sich typischerweise auf Jahreszeiten (z. B. die Wintermonate), Wochentage (z. B. Arbeitstage) oder Tageszeiten (z. B. Spitzenverkehrszeiten). Dynamische Maßnahmen ändern sich beispielsweise aufgrund des derzeitigen Stau- oder Emissionslevel; so wird zum Beispiel die Zufahrt in eine Zone nur bei niedrigem Verkehrsaufkommen erlaubt. Aber auch die Aufenthaltsdauer kann zeitlich begrenzt oder an einen Geldwert gebunden sein [36].

3. Wo soll die Maßnahme wirken?

   Maßnahmen können für einzelne Straßensegmente wie z. B. Fußgängerzonen oder Autobahnen ebenso wie für größere Zonen eingeführt werden. Bei Zonen kann zwischen der Ein- bzw. Ausfahrt in die Zone und der Passage der Zonengrenze unterschieden werden. Zonen können auch konzentrisch oder in Wabenform angeordnet sein um den Verkehr gezielter zu lenken; so könnte bei konzentrischen Zonen beispielsweise ein Fahrverbot in der Innenstadt herrschen und in einer umliegenden Zone eine Gebühr eingehoben werden. Ein wabenförmiges Zonensystem wurde 2010 vom VCÖ für Wien vorgeschlagen [26], wobei jede Passage in eine andere Wabe/Zone mit einer Gebühr versehen wäre. Abbildung 3.1 stellt die verschiedenen Zonenvarianten schematisch dar.

Jede dieser Rahmenbedingungen hat Einfluss auf die Systemarchitektur und bewirkt unterschiedliches Fahrerverhalten. So können zeitliche Maßnahmen dazu führen, dass die Gesamtanzahl an Fahrzeugpassagen nur geringfügig abnimmt, da Fahrzeuge anstatt zur Spitzenverkehrszeit nun zu Nebenverkehrszeiten fahren. Auch großräumigere Umfahrungen eines Straßensegments oder einer Zone können die Folge von neuen Zonen sein. Grundsätzlich zeigen die Beispiele in Kap. 3.2 allerdings, dass die Systemarchitektur anhand dieser Rahmenbedingungen so gestaltet werden kann, dass die gewünschten Ziele trotz unterschiedlichster lokaler Anforderungen erreicht werden können.

Typische Regulierungsmaßnahmen der Verkehrsnachfrage werden in den folgenden Unterkapiteln genauer erläutert.

3.1.1.1 Zufahrtsbeschränkung

Bei der klassischen Zufahrtsbeschränkung wird allen Fahrzeugen die Zufahrt in eine bestimmte Straße oder Zone untersagt. Oftmals ist die Zufahrt auch nur bestimmten Fahrzeuggruppen (z. B. Schwerverkehr) verwehrt oder umgekehrt gewissen Fahrzeuggruppen (z. B. Zulieferer, Taxis) erlaubt. Doch auch hier gibt es bereits innovativere Ansätze wie zum Beispiel in Bologna, wo gegen Entrichtung einer Administrationsgebühr einer limitierten Anzahl an Fahrzeugen pro Tag die Einfahrt in die Zone erlaubt wird. Diese Systemvariante kann allerdings bereits als eine Art von City-Maut Variante gesehen werden, da eine Zahlung zur legalen Einfahrt notwendig ist.

Typischerweise werden Zufahrtsbeschränkungen in historischen Altstadtzentren oder Teilen davon eingeführt. Dort bewirken diese sehr starken Rückgänge des Verkehrs, wodurch die Lebensqualität beträchtlich erhöht wird. Aus verkehrsplanerischer Sicht bieten Zufahrtsbeschränkungen heutzutage durch solch innovative Ansätze wie der Erlaubnis einer limitierten und geregelten Anzahl an Einfahrten auch mehr Spielraum als noch vor einigen Jahren.

3.1.1.2 Umweltzonen

Die Zufahrt in Umweltzonen ist typischerweise durch die EURO-Emissionsklasse der Fahrzeugtypen geregelt, wobei die EURO-Emissionsklasse alle Fahrzeugtypen basierend auf ihren Abgaswerten in aufsteigende Klassen einteilt. Somit kann Fahrzeugen mit hohen Abgaswerten (und somit niedrigen EURO-Emissionsklassen) die Einfahrt in Umweltzonen untersagt werden, während umweltfreundlichere Fahrzeuge (mit hohen EURO-Emissionsklassen) weiterhin in die Umweltzone einfahren dürfen. Andere Systemvarianten erlauben Fahrzeugen mit hohen Abgaswerten weiterhin die Einfahrt, allerdings nur nach Bezahlung einer Einfahrtsgebühr; auch Varianten wie in Mailand mit gestaffelten Einfahrtsgebühren je nach EURO-Emissionsklasse sind möglich. Diese Systemvarianten könnte man auch wieder als eine Art von City-Maut verstehen.

Umweltzonen reduzieren die Anzahl von ausgestoßenen Abgasen auf zweierlei Wege: einerseits wird das Verkehrsvolumen innerhalb der Zone reduziert und andererseits die Fahrzeugflotte der Stadt erneuert, da viele Autofahrer die Umweltzone als Anlass zum Kauf eines neuen, umweltfreundlicheren Fahrzeugs nehmen, um somit dem Einfahrverbot bzw. den höheren Tarifen entgegenzuwirken.

3.1.1.3 City-Maut

Eine City-Maut ist nichts anderes als eine Zufahrtsbeschränkung oder Umweltzone mit dem Zusatz, dass die Zufahrt in die Zone oder die Passage der Zonengrenzen mit einem Tarif verbunden sind. In den vergangenen Jahren wurde über immer dynamischere Zonen- und Tarifgestaltungen diskutiert, um Verkehrsziele noch konkreter zu erreichen. So soll unter anderem die Tarifhöhe durch die EURO-Emissionsklassen und Uhrzeit festgelegt werden oder die tatsächlich gefahrene Distanz in bestimmten Zonen bezahlt werden können.

Letztendlich hängt die Tarifgestaltung von den zuvor genannten Rahmenbedingungen und den gewünschten Verkehrszielen ab. Ein- und dieselbe City-Maut kann über eine Ver-

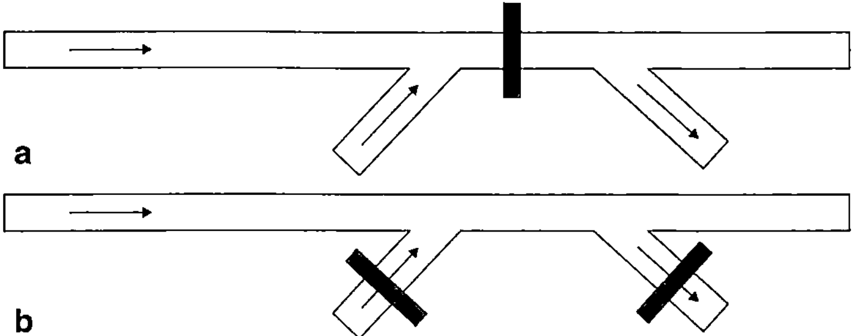

Abb. 3.2 Exemplarische Darstellung eines **a** offenen und **b** geschlossenen Mautsystems, wobei die schwarzen Balken die Position der straßenseitigen Infrastruktur kennzeichnen

kehrsreduzierung hinaus auch die Luftqualität oder Verkehrssicherheit deutlich erhöhen, wenn das System dementsprechend entworfen ist. Interessant ist auch der Ansatz einiger Städte, wie zum Beispiel in der Region Utrecht, in denen Autofahrer belohnt werden, wenn sie weniger fahren, wodurch ein positiver Anreiz zum Wenigfahren entsteht (siehe auch Kap. 3.2.7.2) [53].

3.1.1.4 Bemautete Straßensegmente

Bei bemauteten Straßensegmenten werden Straßenzüge in Straßensegmente unterteilt und diese mit Tarifen versehen. Wie in Abb. 3.2 dargestellt, wird hier zwischen offenen und geschlossenen Systemen unterschieden. Dieses Konzept wird typischerweise für Autobahnen verwendet, aber auch bei City-Maut Konzepten ist eine solche Bemautung immer wieder im Gespräch. So können beispielsweise Fahrten auf stark befahrenen Straßen innerhalb einer Zone höher bemautet werden oder die Zonengrenzen selbst bemautet werden, falls die Zonengrenze etwa durch eine Ringstraße definiert ist. Dabei ist zu beachten, dass der Verkehr durch solche Maßnahmen zumindest teilweise auf das nahegelegene niederrangige Straßennetzwerk verlagert und das Gesamtverkehrsaufkommen dementsprechend weniger reduziert wird.

3.1.2 Enforcement

Jede Regulierung benötigt auch Enforcement, um ihre Einhaltung sicherzustellen. Dabei lässt sich zwischen manuellem und automatischem Enforcement unterscheiden.

3.1.2.1 Manuelles Enforcement

Beim manuellen Enforcement kontrolliert ausgebildetes Personal, ob sich die Fahrzeuge an die Regulierung halten oder nicht und stellt bei Nichteinhaltung Strafen aus. Während diese manuelle Kontrolle bei manchen Regulierungen ohne jegliche Hilfsmittel möglich ist (z. B. Unterscheidung zwischen PKW und LKW im Falle von LKW Fahrverboten), werden für viele Regulierungen zusätzliche Hilfsmittel, wie zum Beispiel Plaketten oder

Vignetten, benötigt. Diese Plaketten liefern zusätzliche Informationen, wie beispielsweise die EURO-Emissionsklasse im Falle der deutschen Umweltzonen. Details, wie beispielsweise die Ablaufzeit von Plaketten, sind oft kleingedruckt und somit schwer erkennbar, wodurch die Überprüfung solcher Plaketten maximal an sehr langsam fahrenden Fahrzeugen durchgeführt werden kann. Auch lässt sich nur eine limitierte Anzahl an Informationen auf einer solchen Plakette abbilden.

Manuelles Enforcement kann entweder durch patrouillierendes Personal durchgeführt werden, wodurch die Überprüfung auf den ruhenden Verkehr eingeschränkt ist, oder durch an strategisch wichtigen Stellen positioniertes Personal, wodurch der Verkehrsfluss stark behindert wird, da Fahrzeuge solche Stellen nur sehr langsam passieren können, damit das Personal die Konformität des Fahrzeugs überprüfen kann. Während der erste Ansatz noch immer in vielen europäischen Städten praktiziert wird (z. B. Parkraumüberwacher oder Kontrolle der Umweltzonen-Plaketten), wird der zweite Ansatz in Europas Städten kaum noch angetroffen; in Bergen (Norwegen) mussten Fahrzeuge bis 2001 solche Kontrollstellen im Schritttempo passieren, falls sie ohne Fahrzeuggerät unterwegs waren.

Dadurch, dass sich ein Großteil der überprüften Fahrzeuge regulierungskonform verhält, ist manuelles Enforcement sehr ineffizient. Nur ein Bruchteil der Arbeitszeit wird mit der Ausstellung von Strafen verbracht. Je größer die Zone und somit die zu überprüfende Fläche, desto mehr Personal wird benötigt. In Wien werden beispielsweise rund 400 Parkraumüberwacher beschäftigt [111]. Wird das Personal nicht entsprechend eingestellt, ist das manuelle Enforcement noch ineffektiver, da dadurch bestimmte Zonen nur sehr selten überprüft werden können.

3.1.2.2 Automatisches Enforcement

Für automatisches Enforcement werden Kennzeichenkameras eingesetzt, die die Kennzeichen aller passierenden Fahrzeuge lesen. Je nach Gesetzesgrundlage kann zur Beschaffung des notwendigen Beweismaterials das vordere oder hintere Kennzeichen gelesen und ein weiteres Fahrzeugfoto angefertigt werden, auf dem der Autofahrer wahlweise erkenntlich oder nicht erkenntlich ist. Mehr Details zu der automatischen Kennzeichenerfassung sind in Kap. 4.1 enthalten.

Um zu erkennen, ob eine Fahrzeugpassage regulierungskonform ist, wird das extrahierte Kennzeichen einer Liste erlaubter Kennzeichen gegenübergestellt. In Systemen, in denen Fahrzeuggeräte verpflichtend verwendet werden müssen, können von der straßenseitigen Infrastruktur auch Fahrzeuge ohne Fahrzeuggerät automatisch identifiziert werden, wenn die Kennzeichenkameras mit den entsprechenden DSRC Sende- und Empfangseinheiten kombiniert sind. Je nach Notwendigkeit des Systems können auch weitere Merkmale wie zum Beispiel die Fahrzeugklasse, die Anzahl der Achsen oder das Gewicht durch zusätzliche Sensoren automatisch überprüft werden.

Die Kennzeichenkameras sind an allen Ein- und Ausfahrten der Zone und unter Umständen auch innerhalb der Zone installiert. Falls sich Fahrzeuge innerhalb der Zone nur mit zeitlicher Befristung aufhalten dürfen, ist unter Umständen zusätzliches manuelles Enforcement innerhalb der Zone notwendig. Dieses manuelle Enforcement kann aber mithilfe von Handlesegeräten oder von Fahrzeugen, die mit Kennzeichenkameras ausgestattet sind, zumindest teilweise automatisiert werden, so dass die Anzahl kontrollierter Fahrzeuge zunimmt.

Automatisches Enforcement bewirkt somit, dass die Anzahl von nicht-regulierungskonformen Fahrzeugen sehr gering bleibt und diejenigen, die sich nicht konform verhalten, bei einer Passage der Zonengrenze automatisch identifiziert werden. Dadurch werden die operativen Kosten gering gehalten und die Effizienz des Systems erhöht.

3.2 Beispiele aus Europa

Die folgenden Unterkapitel beschreiben umgesetzte Regulierungsmaßnahmen der Verkehrsnachfrage aus ganz Europa und geben somit einen aktuellen Überblick über Zufahrtsbeschränkungen, Umweltzonen, City-Mauten, etc. Die Beschreibungen versuchen die folgenden drei Kernfragen für jede Regulierungsmaßnahme zu beantworten:

1. Weshalb wurde die Regulierungsmaßnahme eingeführt und welche Ziele sollten damit erreicht werden?
2. Welche Systemvariante wurde eingeführt und wie sieht diese im Detail aus?
3. Wurden die vorgegebenen Ziele erreicht bzw. welche erwarteten oder unerwarteten Effekte wurden erzielt?

3.2.1 Schweden

Schweden gehört zu den Vorreitern Europas in Bezug auf City-Maut Maßnahmen. Das Modell Stockholms ist weltweit bekannt und wurde 2013 auch als Basis für die City-Maut Göteborgs verwendet. Anders als in anderen Städten Europas, wird die City-Maut in Schweden als staatliche Steuer bezahlt. Der entsprechende Entschluss der schwedischen Regierung von 2003 kann auch als Startschuss zur Einführung der Stockholmer City-Maut gesehen werden, nachdem daraufhin die Untersuchungen bezüglich einer Einführung Fahrt aufnahmen und die City-Maut schließlich im Jahr 2007 auch realisiert wurde.

Die bestehenden Umweltzonen Schweden sind weniger bekannt, haben aber ebenfalls zur Reduktion der Fahrzeugemissionen während der letzten Jahre beigetragen. Die ersten Umweltzonen entstanden im Gefolge einer Gesetzesänderung von 1996, welche Städten die Regulierung von Einfahrten bestimmter Fahrzeuge in besonders betroffene Zonen erlaubte.

Die folgenden Unterkapitel stellen zunächst ebendiese Umweltzonen dar und gehen später detaillierter auf die City-Maut Systeme Stockholms und Göteborgs ein.

3.2.1.1 Umweltzonen

Die Emissionspegel in Schweden sind ebenso wie in den meisten anderen Ländern Europas besonders in den Städten über die letzten Jahre immer weiter angestiegen. Deshalb entschieden sich die Städte Stockholm, Göteborg und Malmö bereits 1996 dafür, Umweltzonen für dieselbetriebene Fahrzeuge mit einem Gesamtgewicht von mehr als 3,5 t einzuführen. 1999 folgten zunächst Lund und dann noch Mölndal und Uppsala, sowie ab 1. April 2014 auch Umeå. Die nationalen und regionalen Vorschriften wurden seit der ersten Einführung 1996 mehrere Male überarbeitet. Die letztgültige Grundlage für die Umweltzonen bildet die schwedische Verkehrsverordnung SFS 1998:1276. Diese Verkehrsverordnung legt fest, dass dieselbetriebene Fahrzeuge mit einem Gesamtgewicht von mehr als 3,5 t grundsätzlich zumindest 6 Jahre nach deren Erstzulassung in die Zonen einfahren dürfen. Ausnahmen gibt es für Fahrzeuge, die mit einem Partikelfilter ausgestattet sind. Alle anderen Fahrzeuge dürfen nicht mehr in die Zone einfahren. So dürfen bereits jetzt keine Fahrzeuge mit EURO-Emissionsklasse 2 mehr in die Zonen einfahren und auch die neuesten Fahrzeuge mit EURO-Emissionsklasse 3 dürfen nur noch bis 2015 gefahren werden. Fahrzeuge mit EURO-Emissionsklasse 4 und 5 dürfen unabhängig von deren Erstzulassung noch bis 2016 bzw. 2020 in die Zonen einfahren [109].

Zur Kontrolle der Einhaltung werden Stichprobenkontrollen von der Polizei anhand der Kennzeichen der Fahrzeuge durchgeführt. Resultate aus Stockholm zeigen, dass sich zwischen 4 und 15 % aller Fahrzeuge nicht regulierungskonform verhalten und trotz älterer EURO-Emissionsklasse weiter in die Zone einfahren. Eine höhere Regulierungskonformität könnte mittels automatischem Enforcement erreicht werden (vgl. die Ergebnisse aus den Niederlanden in Kap. 3.2.7.1) [108]. Weitere Resultate aus Stockholm zeigen, dass PM_{10} Emissionen in der Zone um 13 bis 19 % und NO_x Emissionen um 3 bis 4 % nach Einführung der Umweltzone zurückgingen [109]. Die Umweltzonen bewirken also einen Rückgang der Emissionen und eine Fahrzeugflottenerneuerung. Mit automatischem Enforcement könnten die erzielten Resultate allerdings noch verbessert werden. In Stockholm und Göteborg könnte man hierfür beispielsweise die bereits vorhandene straßenseitige Infrastruktur der jeweiligen City-Maut verwenden, auch wenn deren Zonengrenzen nicht zur Gänze mit jenen der Umweltzonen übereinstimmen.

3.2.1.2 Stockholm

Stockholm begannen im Herbst 2005, nachdem die erste Fassung des Gesetzes 2004:629 im schwedischen Parlament beschlossen wurde, detaillierte Untersuchungen zur Einführung einer City-Maut. Bereits zuvor wurde im Juni 2003 festgelegt, dass eine Testphase mit darauffolgendem Referendum durchgeführt werden sollte. Gleichzeitig wurden bereits erste Maßnahmen zur Verbesserung des öffentlichen Verkehrs getroffen. Im Jänner 2006 startete dann wie anfangs geplant eine siebenmonatige Testphase mit monatlichen Berichten, bevor am 17. September 2006 darüber abgestimmt wurde, ob eine City-Maut permanent eingeführt werden sollte oder nicht. Während in Stockholm eine knappe Mehrheit von 53 % für die Einführung war, stimmten alle an der Umfrage teilnehmenden umliegenden Gemeinden, die ebenfalls eine Umfrage – jedoch mit negativ formulierter Fragestellung – abhielten, gegen die Einführung [103]. Trotz der großen Ablehnung im Umfeld Stockholms entschied sich die kurz nach der Umfrage neu gewählte Regierung für eine Einführung der City-Maut. Im Juni 2007 wurde das dementsprechend adaptierte Gesetz 2004:629 vom Parlament abgesegnet und nur zwei Monate später die City-Maut bereits permanent in Stockholm eingeführt. Ziel war es, den Verkehr um 10–15 % zu reduzieren, die Erreichbarkeit Stockholms zu verbessern, Emissionen zu reduzieren, den öffentlichen Verkehr auszubauen und generell die Lebensqualität zu erhöhen. Einnahmen aus der City-Maut sollten zunächst nur zur Finanzierung von Projekten des öffentlichen Verkehrs verwendet werden; nach der Umfrage von 2006 entschloss sich die neue Regierung, die Einnahmen auch zur Finanzierung neuer Projekte des motorisierten Individualverkehrs zu verwenden [100].

Bei der City-Maut Stockholms muss jede Passage in oder aus der Zone bezahlt werden, wobei die maximal zu zahlende Gebühr mit 60 SEK pro Tag gedeckelt ist. Die Zone deckt alle zentralen Inseln Stockholms ab, wodurch die Anzahl der Zonengrenzen mit nur 18 Stück relativ gering gehalten werden konnte. Die Zonengrenzen sind mit Kennzeichenkameras und 5,8 GHz CEN DSRC Lese- und Empfangseinheiten ausgestattet, wobei die Lese- und Empfangseinheiten nur während der Testphase verwendet wurden [110]. Seit der permanenten Einführung werden nur noch Kennzeichenkameras zur Bemautung und zum automatischen Enforcement eingesetzt. Die Kennzeichenkameras werden von Laserscannern getriggert, um eine möglichst hohe Fahrzeugdetektionsrate zu erreichen. Zusätzlich ist jeweils ein Wechselverkehrszeichen an der straßenseitigen Infrastruktur angebracht, welches anzeigt, ob derzeit bemautet wird und falls ja, wie hoch die momentane Gebühr pro Passage ist. Die Mautgebühr wird zwischen 06:30 und 18:30 an Werktagen eingehoben; ausgenommen sind Werktage vor Urlaubstagen sowie der gesamte Monat Juli. Passagen zu den Hauptverkehrszeiten sind mit 20 SEK doppelt so hoch wie Passagen zu Randzeiten. Die zu entrichtende Mautgebühr wird den schwedischen Bürgern am Ende jedes Monats per Post zugeschickt. Ausländische Fahrzeuge sind von der City-Maut ausgenommen, da diese im Gesetz als Steuer festgelegt ist. Weiters sind Motorräder, Einsatzfahrzeuge, Militärfahrzeuge, Fahrzeuge von Menschen mit Behinderung, etc. ausgenommen. Bis 2012 mussten auch Fahrzeuge mit alternativen Treibstoffen keine Gebühr für Passagen der Zonengrenzen bezahlen. Eine Sonderregel gilt für Passagen von und zur Insel Lidingö, welche nur mittels Passagen durch die Zone erreichbar ist; wenn innerhalb von 30 min eine der Zonengrenzen zu Lidingö sowie eine weitere Zonengrenze passiert wurden, muss keine Gebühr entrichtet werden. Weiters ausgenommen sind Passagen durch die Zone auf der Essingeleden E4 Autobahn, da es für diesen Abschnitt keine geeigneten Umfahrungen gibt; fährt man jedoch innerhalb Stockholms Zone von der Autobahn ab, wird die City-Maut eingehoben [58].

Bereits die Resultate der siebenmonatigen Versuchsphase zeigten das Potenzial der City-Maut auf, indem die Anzahl der Passagen an den Zonengrenzen im Vergleich zum Vorjahr um 21 % zurückging. In den restlichen nicht bemauteten Monaten des Jahres 2006 und 2007 (ohne Juni und Juli 2007, in denen es viele Baustellen gab, die den Verkehr reduzierten) blieb der Verkehr rund 8,6 % niedriger als im Jahr 2005 ohne City-Maut. Das lässt

Tab. 3.1 Erreichte Reduktionen in Stockholms Innenstadt durch Einführung der City-Maut während der Testphase (2006) und dem permanenten System (2008). (Quelle: [100–102])

	DTVw (%)	PM_{10} (%)	CO_2 (%)	NO_x (%)
Innenstadt 2006	−22	−13	−13	−8,5
Innenstadt 2008	−18	−4	−3	−13

sich einerseits darauf zurückführen, dass Stockholms Bevölkerung erkannt hatte, dass sich viele Fahrten auch mit anderen Verkehrsmodi gleich schnell oder günstiger zurücklegen ließen und dass der öffentliche Verkehr in dieser Zeit stark ausgebaut wurde und somit neue Optionen zur Verfügung stellte. Seit der permanenten Einführung der City-Maut ist die Anzahl der Passagen im Vergleich zum Referenzjahr 2005 jährlich um 18–20 % niedriger, obwohl die Bevölkerung Stockholms stetig wächst und die Tarife trotz ansteigender Inflation seit Einführung nicht erhöht wurden. Somit scheinen die Langzeiteffekte der City-Maut stärker als die Kurzzeiteffekte zu wirken [100]. Auch der Verkehr auf den beiden ausgenommen Strecken entlang Essingeleden und Lidingö sowie der Verkehr innerhalb der Zone nahm nicht zu, wie anfangs von vielen Meinungsbildnern befürchtet. Die City-Maut bewirkte außerdem, dass in Stockholm vermehrt Fahrzeuge mit alternativem Treibstoff gefahren wurden [100]. Die bessere Erreichbarkeit konnte durch diese Verkehrsreduktionen ebenfalls gewährleistet werden; so gingen die Stauzeiten in und um die Innenstadt zu den Hauptverkehrszeiten um 30–50 % zurück. Eine leichte Verlagerung des Verkehrs auf kurz vor bzw. nach den Hauptverkehrszeiten ließ sich ebenfalls beobachten [101]. Die Benutzung des öffentlichen Verkehrs nahm seit Einführung der City-Maut leicht zu. Der Ausbau des öffentlichen Verkehrs alleine hätte einen wesentlich geringeren Modal Shift erreicht [103]. Die Auswirkungen der City-Maut auf die Verkehrssicherheit und den Lärm wurden in der Literatur nur kurz beleuchtet, sollten sich aber durchwegs positiv auswirken [101] (Tab. 3.1).

Seit der permanenten Einführung der City-Maut ist die öffentliche Akzeptanz in der Bevölkerung Stockholms inklusive den umliegenden Gemeinden auf rund 70 % gestiegen. Die Umfrage-Ergebnisse Stockholms bestätigen die These von Abb. 3.3, wonach die öffentliche Akzeptanz vor der Einführung (im Falle Stockholms vor der Testphase) am geringsten ist und ab dem Zeitpunkt der Einführung ansteigt. Dieser Anstieg lässt sich im Falle Stockholms auf die positiven Effekte durch den reduzierten Verkehr zurückführen [100].

3.2.1.3 Göteborg

2009 wurde die westschwedische Vereinbarung zwischen der schwedischen Transport-Administration, Göteborg, der Region Göteborg und einigen weiteren Akteuren zur Umsetzung neuer Verkehrsprojekte geschlossen. Diese Verkehrsprojekte sollen dazu beitragen, dass die Beschäftigungsrate der Region weiter ansteigt, während die Lebensqualität erhöht und der öffentliche Verkehr ausgebaut wird. Ebenfalls Teil der Vereinbarung ist die Einführung einer City-Maut in Göteborg, die die Erreichbarkeit und Lebensqualität der Stadt erhöhen und gleichzeitig die weiteren Verkehrsprojekte der Vereinbarung mitfinan-

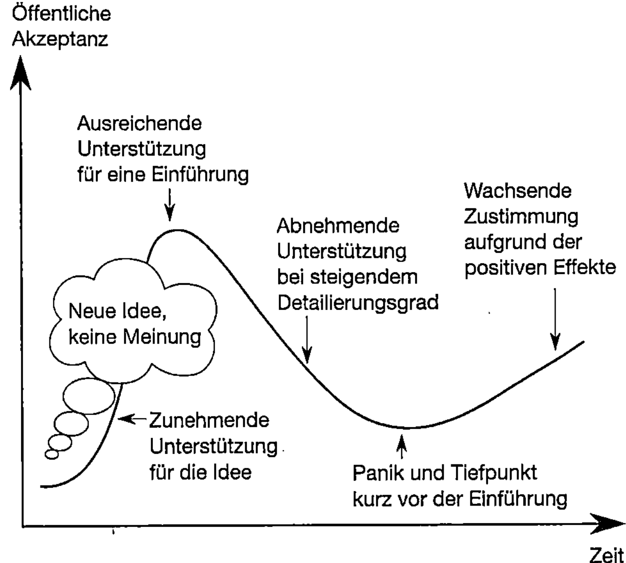

Abb. 3.3 Öffentliche Meinung zur Einführung einer City-Maut. (Angepasst nach Quelle: [76])

zieren soll. Die westschwedische Vereinbarung hat eine Laufzeit von 17 Jahren [104]. Das Gesetz 2004:629 (siehe vorhergehende Kapitel) wurde dementsprechend adaptiert und vor der Einführung der City-Maut vom Parlament beschlossen. Am 1. Jänner 2013 wurde schließlich die City-Maut nach Stockholm auch in Göteborg eingeführt. Neben den oben genannten Zielen soll die City-Maut auch die geplanten Verkehrsprojekte der westschwedischen Vereinbarung mitfinanzieren.

Die City-Maut Göteborgs ist jener von Stockholm sehr ähnlich. Auch in Göteborg muss für jede Ein- und Ausfahrt in die Zone rund um Göteborgs Innenstadt eine Gebühr bezahlt werden, wobei die Tarife innerhalb der Hauptverkehrszeiten mit 18 SEK mehr als doppelt so hoch wie in den Randzeiten (8 bzw. 13 SEK in der Zeit zwischen Hauptverkehrs- und Randzeit) sind. Maximal müssen 60 SEK pro Tag bezahlt werden. Die Mautgebühr wird zwischen 06:00 und 18:30 an Werktagen eingehoben; ausgenommen sind Werktage vor Urlaubstagen sowie der gesamte Monat Juli. Außerdem müssen Fahrzeuge, die innerhalb einer Stunde mehr als eine Zonengrenze passieren, nur jene Passage mit dem höchsten Tarif bezahlen. Die zu entrichtende Mautgebühr wird den schwedischen Bürgern am Ende jedes Monats per Post zugeschickt. Die Ausnahmen sind ident mit jenen von Stockholm; somit müssen ausländische Fahrzeuge auch in Göteborg derzeit nicht zahlen. Auch in Göteborg werden mittels Laserscanner getriggerte Kennzeichenkameras zur Bemautung und zum automatischen Enforcement eingesetzt, wobei auch 5,8 GHz CEN DSRC Sende- und Empfangseinheiten an der straßenseitigen Infrastruktur installiert wurden, um zukünftig auch mittels Fahrzeuggeräten bemauten zu können. Zusätzlich ist jeweils ein Wechselverkehrszeichen an der straßenseitigen Infrastruktur angebracht, welches anzeigt, ob derzeit bemautet wird und falls ja, wie hoch die momentane Gebühr pro Passage ist. Insgesamt gibt es 37 Zonengrenzen, an denen die straßenseitige Infrastruktur installiert wurde [105].

Den ersten Berichten zu den Ergebnissen der City-Maut Göteborgs zufolge wurden Verkehrsreduktionen an den Zonengrenzen, den Zufahrtsstraßen sowie in den Straßen der Innenstadt gemessen. Während die Reduktionen an den Zonengrenzen und in der Innenstadt im Jänner 2013 noch bei 20 % lagen, betragen die erreichten Reduktionen im September nur noch 11 %. An den Zufahrtsstraßen ließ sich ein ähnlicher Trend beobachten, wobei die Verkehrsreduktionen hier 9 % im Jänner bzw. 4 % im September betrugen. Im öffentlichen Verkehr gab es in den ersten neun Monaten seit der Einführung der City-Maut einen Anstieg der Passagierzahlen. Zusätzlich sind die Reisezeiten aller Verkehrsteilnehmer gesunken und die Pünktlichkeit des öffentlichen Verkehrs gestiegen [106]. Auch Reduktionen von NOx, besonders in der Innenstadt mit einem Minus von rund 16 %, und PM10 zeichnen sich ab; allerdings ist es hier noch zu früh, bereits gültige Aussagen zu treffen [107].

3.2.2 Großbritannien

Großbritannien hat sich bereits in den Sechzigerjahren mit Regulierungsmaßnahmen der Verkehrsnachfrage auseinandergesetzt, als die Regierung eine Studie zu den ökonomischen und technologischen Machbarkeiten einer Straßenbenützungsgebühr in Auftrag gab. In dieser Studie (auch Smeed-Report nach dem Hauptautor R.J. Smeed genannt) wurde bereits festgehalten, dass Autofahrer für ihre externen Kosten bezahlen sollten. Auch die weiteren Anforderungen, die der Smeed-Report an Regulierungsmaßnahmen stellt, sind heute noch gültig und wurden mitunter in den hier vorgestellten Regulierungsmaßnahmen berücksichtigt [57].

Die gesetzlichen Rahmenbedingungen zur Einführung einer City-Maut wurden 1999 mit dem „Greater London Authority Act" für London und 2000 mit dem „Transport Act" für alle weiteren Städte in England und Wales geschaffen [61], [62]. Zusätzlich wurde 2005 der Transport Innovation Fund von der Regierung Großbritanniens begründet, um innovative Transportpläne zu fördern, die Regulierungsmaßnahmen der Verkehrsnachfrage mit Verbesserungen für den öffentlichen Verkehr kombinierten [78].

Großbritannien hat sowohl gute als auch schlechte Erfahrungen mit den Regulierungsmaßnahmen der Verkehrsnachfrage gemacht. So steht einerseits mit der City-Maut Londons eine der wichtigsten Erfolgsgeschichten in Bezug auf City-Maut zu Buche, doch wurde andererseits in den letzten Jahren die Möglichkeit weiterer Regulierungsmaßnahmen der Verkehrsnachfrage durch Unschlüssigkeit in der Verkehrspolitik großteils „auf Eis gelegt". Die folgenden Unterkapitel beschreiben diese Erfolgs- und Misserfolgsgeschichten Großbritanniens.

3.2.2.1 Durham

Durham, eine historische Stadt im Nordosten Englands, entschied sich 2002 als erste Stadt Großbritanniens dafür, eine Regulierungsmaßnahme der Verkehrsnachfrage einzuführen. Einer der Hauptgründe war der zusätzlich entstandene Verkehr durch Touristen, die sich das UNESCO Weltkulturerbe von Durham ansehen möchten. Die Ziele der City-Maut waren, den Verkehr auf den engen Straßen der Halbinsel Durham um rund 50 % zu reduzieren und somit die Begegnungen (und Unfallgefahr) zwischen Fahrzeugen und Fußgängern zu reduzieren. Außerdem sollte die Maßnahme auch davor bewahren, den einst so guten Ruf des lokalen Weltkulturerbes zu zerstören [58].

Die in Durham eingeführte Regulierungsmaßnahme kann als City-Maut verstanden werden, da die Ausfahrt aus der definierten Zone bezahlt werden muss. Diese Zone beinhaltet die Weltkulturstätten Durhams und ist auf einer Halbinsel gelegen, die nur durch eine einzige Straße zugänglich ist. Somit konnte Durham eine sehr effektive Regulierungsmaßnahme einführen, in der lediglich ein Poller die Ausfahrt von Montag bis Samstag zwischen 10:00 und 16:00 versperrt und eine Passage nur dann gestattet, wenn der zu entrichtende Betrag von 2 Pfund per Automat bezahlt wurde [58]. Im Jahr 2011 wurde der Poller durch eine Kennzeichenkamera und automatische Kennzeichenerfassung ersetzt, wodurch Fahrzeuge nicht mehr anhalten müssen und der Verkehr flüssiger geworden ist. Die zu entrichtende Gebühr kann seitdem bis 18:00 des Folgetages in einem bestimmten Geschäft bezahlt werden. Anrainer, öffentlicher Verkehr sowie Einsatzfahrzeuge sind von der Bemautung ausgenommen [60].

Die City-Maut erfüllte alle Ziele, da sie die Anzahl der Passagen in die Zone um rund 85 % reduzierte und auch sehr gut von der Bevölkerung aufgenommen wurde. Während das UNESCO Weltkulturerbe innerhalb der Zone nun für Fußgänger sicher erreichbar ist, wurde auch die Erreichbarkeit für ältere Menschen durch einen mit Einnahmen der City-Maut finanzierten Shuttlebus vereinfacht [59].

3.2.2.2   Londons City-Maut

Londons City-Maut wird gemeinsam mit Stockholm meist als Vorzeigebeispiel für Europas Regulierungsmaßnahmen der Verkehrsnachfrage präsentiert. Die Maßnahme wurde nach zahlreichen Studien, insbesondere der „Road Charging Options for London (ROCOL)" Studie, im Jahr 2003 von Bürgermeister Ken Livingstone eingeführt [63]. Dieser hatte bereits zu Amtsantritt die Einführung einer City-Maut basierend auf den Ergebnissen der ROCOL Studie angekündigt und hatte dank des „Greater London Authority Act" von 1999 auch alle dazu notwendigen Rechte [61]. Seit Einführung der City-Maut wurde die ursprünglich 22 km² große Zone im Jahr 2007 um eine 17 km² große Zone im Westen („Western Extension") ergänzt. Nach mehreren Umfragen und der Ernennung Boris Johnsons zum neuen Bürgermeister Londons, der es sich zum Ziel setzte die westliche Zone aufzuheben, wurde diese schließlich Anfang 2011 wieder aufgelassen.

Das Ziel vor der Einführung der City-Maut in London war es, durch diese Maßnahme den Verkehr in der Innenstadt zu reduzieren. Dadurch sollten primär der Stau bzw. die Fahrzeiten reduziert und indirekt auch die PM_{10}, CO_2 und NO_X Emissionen, Lärm und Anzahl bzw. Schweregrad der Verkehrsunfälle gesenkt werden. Spezieller Fokus wurde auch auf die Verbesserung des öffentlichen Busverkehrs gelegt [64], [69].

Die City-Maut funktioniert wie ein Tagesticket, das für die Einfahrt in die Zone, die durch Londons innere Ringstraße eingekreist ist, bezahlt werden muss. Mit diesem Tages-

Tab. 3.2 Erreichte Reduktionen von Londons City-Maut nach Einführung der zentralen (2003) bzw. westlichen Zone (2007). (Quelle: [65–68])

Zone	DTVw	PM_{10} (%)	CO_2 (%)	NO_X (%)
Zentrale Zone	-14% (2003) -16% (2007)	$-15,5$	$-16,4$	$-13,4$
Westliche Zone	-13%	$-12,2$	-11	-12

ticket darf an dem bezahlten Tag beliebig oft in die Zone ein- und ausgefahren werden. Die Tarife, die über die Jahre von ursprünglich 5 Pfund auf nun 10 Pfund gestiegen sind, gelten von Montag bis Freitag von 07:00 bis 18:00 (ursprünglich bis 18:30). Außerhalb dieser Zeiten sowie an öffentlichen Urlaubstagen, kann gratis in die Zone eingefahren werden. Zusätzlich gibt es eine Vielzahl an Ausnahmen für Anrainer, Einsatzfahrzeuge, Taxis, Busse, Motorräder sowie besonders umweltfreundliche Fahrzeuge, die keine oder eine reduzierte Maut zu entrichten haben. Auch die Zahlungsarten wurden über die Jahre überarbeitet; so gibt es mittlerweile neben einer Vielzahl an Vorauszahlungsvarianten (Call Center, Webseite, SMS, Post) auch die Möglichkeit, einen Nachzahlungsvertrag abzuschließen. Bei einem Nachzahlungsvertrag ist die Einfahrtsgebühr aufgrund der geringeren Bearbeitungsaufwände um einen Pfund günstiger ist. Dem steht die aufgrund der höheren Bearbeitungsaufwände um 2 Pfund teurere Variante gegenüber, wenn man die City-Maut erst am Folgetag begleicht.

Jede Ein- und Ausfahrt der Zone ist mit Kennzeichenkameras ausgestattet, die Kennzeichenbilder und Übersichtsbilder aufnehmen, um Überprüfungen zu ermöglichen, ob ein Fahrzeug die City-Maut bereits entrichtet hat oder nicht. Um zu verhindern, dass sich Fahrzeuge nur innerhalb der Zone aufhalten, sind auch einige Kameras innerhalb der Zone installiert und mobile Einheiten unterwegs. Aufgrund der Vielzahl von Bezahlungsmöglichkeiten kann die endgültige Entscheidung, ob sich ein Fahrzeug nicht regulierungskonform verhält, erst im Zentralsystem getroffen werden. Für nicht bezahlte Passagen werden Strafen ausgestellt, die sich erhöhen, falls nicht innerhalb von 14 bzw. 28 Tagen bezahlt wird [69]. Weitere Details zur automatischen Kennzeichenerfassung sind in Kap. 4.1 beschrieben.

Um den öffentlichen Busverkehr zu verbessern, wurde die Busflotte vor Einführung der City-Maut um 300 Fahrzeuge erweitert. Zusätzlich wurden Busspuren eingeführt und die Ampelanlagen so geschaltet, dass Busse Vorrang erhalten. Diese Maßnahmen wurden später durch die Einnahmen der City-Maut finanziert [69].

Tabelle 3.2 stellt die Rückgänge des durchschnittlichen Werktagverkehrs, der in die Zone einfährt, sowie von PM_{10}, CO_2 und NO_X Emissionen ein Jahr nach Einführung der zentralen wie westlichen Zone dar. Zusätzlich lässt sich erkennen, dass der Verkehr in der ursprünglichen Zone mit der Zeit noch weiter zurückgegangen ist, obwohl nach Einführung der westlichen Erweiterung mit einem Verkehrsanstieg von 2 % gerechnet wurde [68].

Die Befürchtung, dass Fahrzeuge, die in die Zone einfahren, mehr Kilometer zurücklegen, hat sich ebenso wenig bewahrheitet, wie die Furcht, dass der Verkehr durch Ausweichen auf Randzeiten nicht so stark wie erwartet zurückgeht. Die Anzahl der Bus-Pas-

sagiere in den Morgenstunden ist im ersten Jahr nach Einführung der City-Maut um 18 %
und im Folgejahr um weitere 12 % angestiegen [67]. Die Reisezeiten der Busse konnte allerdings nicht wie erwünscht reduziert werden, was sich einerseits auf die erhöhte Anzahl
der Passagiere und die somit längeren Aufenthaltszeiten in den Haltestellen zurückführen
ließ, andererseits aber auch an der hohen Anzahl von Baustellen innerhalb der Zone lag.
Die Anzahl der Verkehrsunfälle mit Personenschaden ist seit Einführung der City-Maut
deutlich zurückgegangen; dieser Rückgang lässt sich aber großteils durch verbesserte Sicherheitsmaßnahmen für Verkehrsteilnehmer seitens der Straßeninfrastruktur und Fahrzeuge erklären und wurde nur indirekt von der City-Maut beeinflusst [67].

Es lässt sich daher zusammenfassen, dass das System alle Erwartungen in Bezug auf
Verkehrs- und Emissionsreduktionen erfüllt hat. Einziger Wermutstropfen des Systems
bleibt, dass die operativen Kosten von Londons City-Maut höher als die dadurch generierten Einnahmen sind [70]. Der Hauptgrund für die hohen operativen Kosten ist, dass die
analogen Kennzeichenkameras alle Kennzeichenbilder in das Zentralsystem übertragen
und erst dort die Algorithmen zur optischen Zeichenerkennung angewandt werden. Dadurch müssen die Netzwerkinfrastruktur und das Zentralsystem sehr leistungsfähig sein;
außerdem müssen im Zentralsystem eine hohe Anzahl von Bildern überprüft, bearbeitet
und aufbewahrt werden. Bei der Erweiterung der westlichen Zone hatte man bereits digi-
tale Kennzeichenkameras eingesetzt, welche deutlich geringere operative Kosten verur-
sachten. Zusätzlich komplizieren und verteuern die vielen unterschiedlichen Zahlungs-
möglichkeiten die Prozesse des Zentralsystems weiter.

3.2.2.3 Groß-Londons Umweltzone

Das Verwaltungsgebiet Groß-London wird seit dem „Greater London Authority Act" aus
dem Jahr 2000 ebenfalls vom Bürgermeister Londons regiert. Die gesamte Fläche von
Groß-London umfasst 1572 km² und ist seit 2008 die weltweit größte Umweltzone. Londons Bürgermeister Ken Livingstone führte diese Umweltzone ein, um die Emissionswerte in und um London, die innerhalb Europas zu den Höchstwerten zählen, zu reduzieren
und die Lebensqualität zu erhöhen [73].

Das Schema fokussierte sich zu Beginn auf Lastkraftwagen mit mehr als 12 t Gesamtgewicht; also jene Fahrzeuge, die die Umwelt am meisten belasten. Seit 2012 gelten noch
strengere Kriterien für eine noch größere Fahrzeuggruppe: so sind mittlerweile – unabhängig von der Nationalität – auch Lastkraftwagen mit einem Gesamtgewicht von mehr
als 3,5 t, Busse, größere Vans und Minibusse von der Umweltzone betroffen. Während
Lastkraftwagen und Busse zumindest EURO-Emissionsklasse 4 erfüllen müssen, müssen
größere Vans und Minibusse zumindest EURO-Emissionsklasse 3 einhalten, um in der
Umweltzone fahren zu dürfen. Fahrzeuge, die die erforderte EURO-Emissionsklasse nicht
erreichen, können entweder ein Tagesticket um 100 bzw. 200 Pfund (je nach Fahrzeugtyp)
kaufen oder ihr Fahrzeug mit einem Partikelfilter ausstatten. Da die Umweltzone rund um
die Uhr an jedem Tag des Jahres gilt, gibt es für nicht-regulierungskonforme Fahrzeuge
keine erlaubten Möglichkeiten zu Randzeiten doch in die Umweltzone einzufahren. Ausnahmen gelten nur für Spezialfahrzeuge, Militärfahrzeuge und historische Fahrzeuge, die

vor 1973 konstruiert wurden. Um nicht-regulierungskonforme Fahrzeuge, die dennoch in die Umweltzone einfahren, zu identifizieren und zu bestrafen, werden Kennzeichenkameras an der Grenze und innerhalb der Umweltzone eingesetzt [71]. Die Preise des Tagestickets wurden ebenso wie die Strafen für nicht-regulierungskonforme Fahrzeuge bewusst sehr hoch angesetzt, um einen Anreiz zur Fahrzeugerneuerung zu schaffen.

Die ersten Resultate Mitte 2008 zeigten bereits, dass der Großteil der betroffenen Fahrzeugflotte erneuert wurde, um regulierungskonform in die Umweltzone einfahren zu können. Mit rund 90 % aller Passagen nach Einführung der Regulierungsmaßnahme war der Anteil der regulierungskonformen Passagen in der Umweltzone dementsprechend hoch [72]. Ähnliche Effekte konnten auch Anfang 2012 festgestellt werden, nachdem die Regulierungsmaßnahme auf weitere Fahrzeuggruppen ausgeweitet und die Kriterien verschärft wurden. Abgesehen von der Erneuerung der Fahrzeugflotte hat die Umweltzone auch eine Reduktion der Feinstaub- und Dieselruß-Emissionswerte innerhalb Groß-Londons erreicht, obwohl der Verkehr mit dieselbetriebenen Fahrzeugen innerhalb der letzten Jahre konstant angestiegen ist. Interessanterweise lässt sich dieser Effekt verstärkt an Straßenzügen, die vermehrt von den betroffenen Fahrzeuggruppen befahren werden, feststellen [73]. Alles in allem konnte die Umweltzone von Groß-London also alle erwarteten Ziele erfüllen und somit zu einer erhöhten Lebensqualität für die rund 8 Mio. Bewohner Groß-Londons beitragen.

3.2.2.4   Edinburgh

Edinburgh ist nicht nur Schottlands Hauptstadt und nach London zweitmeist bereiste Stadt Großbritanniens, sondern hat ebenso wie Durham mit seiner Innenstadt auch ein UNESCO Weltkulturerbe zu bieten. Doch diese Beliebtheit bei Touristen gepaart mit dem zusätzlichen Wachstum der Stadt wirkt sich negativ auf den Verkehr aus. Aus diesen Gründen wurde bereits 1998 zum ersten Mal über Änderungen laut nachgedacht und 1999 und 2002 erste Umfragen durchgeführt, aus denen hervorging, dass der Großteil der Bevölkerung den Stau reduzieren und den öffentlichen Verkehr stärken wollte [74]. Zu den unterstützen Maßnahmen galt auch die Einführung einer City-Maut. Zur selben Zeit wurde der Transport Schottland Act beschlossen, der Edinburgh dieselben Möglichkeiten wie London und den anderen Städten aus England und Wales gab (vgl. Transport Act). Neben den typischen Anforderungen für die Einführung einer City-Maut, wie der Reduktion von Stau, Lärm und Emissionen, erwartete sich Edinburgh auch zusätzliches Einkommen, faire Behandlung aller Einwohner und die Stärkung des öffentlichen Verkehrs vor Einführung der City-Maut. Zusätzlich forderte das Ministerium eine breite Unterstützung der Einwohner für die vorgeschlagene City-Maut; zu diesem Zweck sollte vor einer Einführung eine öffentliche Abstimmung durchgeführt werden [74].

Das letztendlich vorgeschlagene City-Maut Schema war ein konzentrisches Zonenmodell mit einer äußeren Zone rund um das städtische Gebiet und einer inneren Zone, die die Innenstadt und somit auch das UNESCO Weltkulturerbe Edinburghs umfasste. Beide Zonen sollten von montags bis freitags gelten, wobei Passagen in die äußere Zone nur während der Morgenverkehrszeit zwischen 07:00 und 10:00 und Passagen in die innere

Zone zwischen 07:00 und 18:30 zahlungspflichtig waren. Für das Ausfahren aus den Zonen sollte keine Gebühr bezahlt werden. Die zu bezahlende Gebühr wurde auf zwei Pfund festgelegt; dies war gleichzeitig auch die maximal zu bezahlende Gebühr, gleichgültig wie oft die Zonengrenzen passiert würde, ob sowohl in die äußere als auch innere Zone oder nur in eine dieser Zonen eingefahren würde. Neben den üblichen Ausnahmen für Einsatzfahrzeuge oder Taxis, sollten auch die Bewohner Edinburghs, die außerhalb der äußeren Zone wohnten, ausgenommen werden, was zu Unmut bei den anderen benachbarten Gemeinden führte [74].

Die erwarteten Effekte der City-Maut hätten alle Anforderungen Edinburghs erfüllt. In der finalen öffentlichen Abstimmung im Jahr 2005 stimmten jedoch 74,4 % der Bürger gegen die Einführung der geplanten Verkehrsmaßnahmen einschließlich City-Maut. Für diese starke Ablehnung des Schemas gibt es mehrere Gründe. Eines der Hauptprobleme war, dass die Einführung zweier Straßenbahnlinien ursprünglich Bestandteil der geplanten Verkehrsmaßnahmen war, über die gemeinsam mit der City-Maut abgestimmt werden sollte, die dann aber doch unabhängig von der Abstimmung eingerichtet werden sollten [74]. Dadurch wurden die zusätzlichen Verkehrsmaßnahmen abgesehen von der City-Maut nur noch als marginal und eher als finanzielle Belastung für die Bevölkerung angesehen. Zusätzlich war das konzentrische Modell zwar verkehrsplanerisch bestens für Edinburgh geeignet, doch für die Bevölkerung schwer nachvollziehbar [77]. Es zeigte sich, dass viele Einwohner bis zuletzt das Schema nicht vollends verstanden hatten, was sich negativ auf das Resultat der Abstimmung auswirkte; so dachten beispielsweise rund 37 %, dass auch beim Verlassen der Zone bezahlt werden müsse oder auch, dass die maximal zu zahlende Gebühr mehr als zwei Pfund betragen könnte [77]. Auch die Ausnahmeregelung für Bewohner Edinburghs außerhalb der äußeren Zone sowie die spärliche Informationskampagne wirkten sich negativ auf das Ergebnis aus. Ein weiteres Problem war der für die Abstimmung gewählte Zeitpunkt. Studien zeigen, dass bezüglich der öffentlichen Befürwortung einer City-Maut eine Kurve ähnlich wie in Abb. 3.3 zu erwarten ist und somit die öffentliche Befürwortung innerhalb der Bevölkerung kurz vor einer möglichen Einführung am Tiefpunkt ist [75], [76]. Diese Kurve hat sich auch bei den positiven Abstimmungen in London, wo die Details der City-Maut während der Bürgermeisterwahl noch nicht bekannt waren, und in Stockholm bewahrheitet, wo erst sieben Monate nach der Einführung abgestimmt wurde und seitdem die Zustimmung weiter ansteigt (siehe auch Kap. 3.2.2.2 und 3.2.1.1) [76].

Die Aussage dieser Kurve wird auch durch Abb. 3.4 unterstützt, in der zu erkennen ist, dass

1. mit Bekanntwerden neuer Details die öffentliche Zustimmung abnahm,
2. das komplexere Modell mit konzentrischen Zonen weniger Zustimmung fand und
3. bei der finalen Abstimmung kurz vor der Einführung die Ablehnung der City-Maut am größten war.

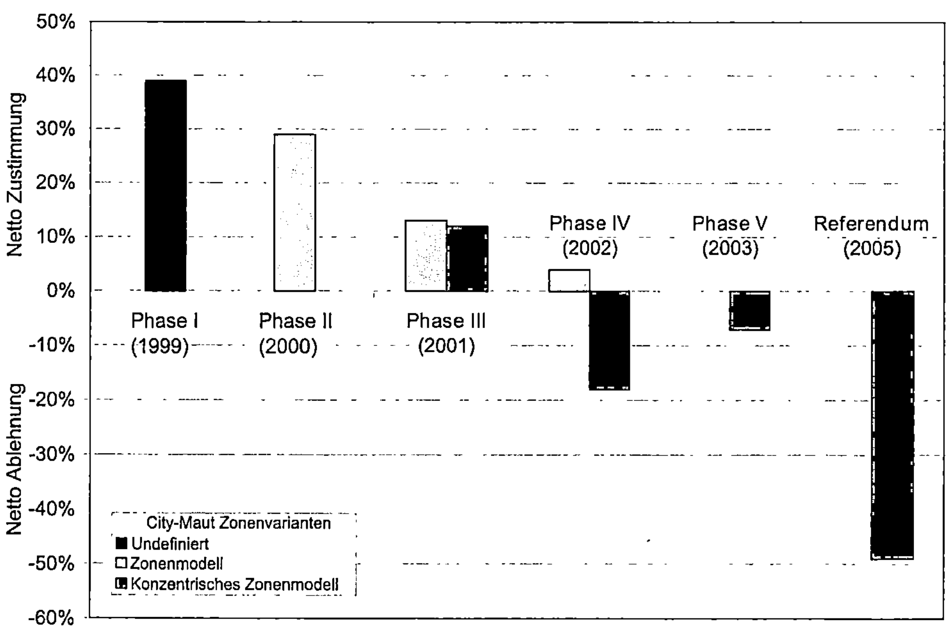

Abb. 3.4 Öffentliche Meinung zur Einführung der City-Maut in Edinburgh. (Angepasst nach Quelle: [74])

Aufgrund der deutlichen Abneigung gegenüber den geplanten Verkehrsmaßnahmen und der City-Maut, wurden diese Maßnahmen nicht umgesetzt. Was zurückbleibt, ist ein verkehrsplanerisch gut durchdachtes Konzept, das den Bewohnern Edinburghs zusätzlich zu den zwei garantierten Straßenbahnlinien viele Vorteile gebracht hätte, aber nicht dementsprechend präsentiert wurde. Die daraus gewonnenen Erfahrungen gelten für alle Städte und sollten bei Einführung einer Regulierungsmaßnahme der Verkehrsnachfrage unbedingt beachtet werden.

3.2.2.5 Manchester

Der Großraum Manchester ist nicht nur die Region Großbritanniens mit der drittgrößten Bevölkerungsdichte, sondern auch eine der wirtschaftlich erfolgreichsten. Für den Raum Manchester wird auch weiteres Wachstum vorhergesagt. Doch bereits jetzt kommt es vermehrt zu Staubildungen im Straßenverkehr und überfüllten öffentlichen Verkehrsmitteln. Somit ist es nur wenig verwunderlich, dass auch dort über Verbesserungen der Transportsysteme und die Einführung einer City-Maut nachgedacht wurde. Manchester wollte das dafür notwendige Budget mittels des Transport Innovation Funds lukrieren, der den Rekordbetrag von 1,5 Mrd. Pfund bereitgestellt hätte. 318 Mio. Pfund dieses Fonds wären für die City-Maut bestimmt gewesen [75]. Zusätzlich sollten weitere 1,2 Mrd. Pfund ausgeliehen werden, die durch die Einnahmen der City-Maut über einen Zeitraum von 30 Jahren zurückbezahlt worden wären. Für den Erhalt des Fonds war allerdings eine Mehrheitszustimmung der Bevölkerung des Großraum Manchesters erforderlich. Zu den geplanten Maßnahmen gehörten zunächst Verbesserungen des öffentlichen Verkehrs, bevor eine City-Maut eingeführt worden wäre. Die Einnahmen aus der City-Maut sollten außerdem zweckgebunden zur Finanzierung weiterer Maßnahmen zur Verbesserung des öffentlichen Verkehrs beitragen. Dementsprechend waren auch die Ziele des Transportplans einerseits den Stau zu reduzieren und andererseits den öffentlichen Verkehr weiter auszubauen [58].

Das vorgeschlagene City-Maut-Schema ähnelt stark jenem von Edinburgh; es sollte zwei konzentrische Zonen geben, wobei die äußere Zone das städtische Umfeld Manchesters beinhaltete und die innere Zone das Zentrum Manchesters einschloss. Dabei sollten die Autofahrer an Werktagen bei einer Einfahrt in eine der Zonen innerhalb der Morgenhauptverkehrszeit (von 07:00 bis 09:30) zwei Pfund (Einfahrt in die äußere Zone) bzw. einen Pfund (Einfahrt in die innere Zone) bezahlen; in den Abendhauptverkehrszeiten (von 16:00 bis 18:30) sollte eine Gebühr von einem Pfund bei der Ausfahrt aus der inneren und äußeren Zone bezahlt werden. Die Zonengrenze konnte nach Bezahlung in der jeweiligen Hauptverkehrszeit beliebig oft passiert werden, so dass die maximal zu zahlende Gebühr pro Tag fünf Pfund betrug. Zur Bemautung sollten 5,8 GHZ DSRC Sende- und Empfangseinheiten und Kennzeichenkameras an den Zonengrenzen eingesetzt werden. Autofahrer, die häufig die City-Maut bezahlen müssten, könnten sich für ein Fahrzeuggerät registrieren; dieses Fahrzeuggerät hätte die Oyster-Card, welche auch zur Bezahlung für den öffentlichen Verkehr genutzt wird, zur Bezahlung verwenden sollen. Alle anderen Autofahrer hätten sich vorab registrieren müssen. Neben den üblichen Ausnahmen wären auch LKWs über 3,5 t zu Beginn des Schemas für ein Jahr ausgenommen gewesen, bis eine Studie die sich daraus ergebenden Vorteile auf die Reisezeit den zusätzlichen Kosten gegenübergestellt hätte. Zusätzlich würden Bewohner der Industriezone Trafford Park bis zum Ausbau des öffentlichen Verkehrsnetzes in diese Region, das bis 2016 erwartet wurde, von der Bezahlung der äußeren Zone ausgenommen sein. Zu Mindestlöhnen beschäftigte Arbeiter sollten außerdem pro Passage einen Rabatt von 20 % über die ersten zwei Jahre erhalten, bis die Auswirkungen der City-Maut auf diese Bevölkerungsgruppe besser ausgewertet werden könnten [58].

Letztendlich wurde der gesamte Plan zur Verbesserung des Transportsystems, zu dem auch die spätere Einführung einer City-Maut gehörte, mit einer überwiegenden Mehrheit von 78,8 % in allen 10 Regionen des Großraum Manchesters im entsprechenden Referendum 2008 abgelehnt [79]. Die Gründe für diese starke Abneigung wurden hauptsächlich mit der City-Maut, die lediglich ein geringer Bestandteil des vorgeschlagenen Transportsystems gewesen wäre, begründet. Tatsächlich wurden im Großraum Manchesters mehrere Lobbygruppen gegründet, die sich als einziges Ziel gesetzt hatten, die City-Maut zu verhindern. Als Folge dessen wurden die öffentlichen Medienberichte beinahe ausschließlich von den Gegnern der City-Maut bestimmt. Dass dadurch die einmalige Chance vertan wurde, das öffentliche Verkehrssystem mittels Finanzierung durch den staatlichen Fonds rund um zu erneuern und auszubauen war für diese Gruppen nur nebensächlich. Abgesehen davon, lässt sich das Ergebnis auf ähnliche Gründe wie schon in Edinburgh zurückführen [58]. Schließlich waren das vorgeschlagene City-Maut Konzept in Manchester noch eine Spur komplexer und auch der Zeitpunkt der Umfrage wiederum ungünstig gewählt (vgl. Abb. 3.3), wobei sich Großbritannien zusätzlich noch in Rezession befand und das Referendum als Chance gesehen wurde, gegen die nationale Regierung abzustimmen. Aufgrund des Misserfolgs Manchesters wurde der Transport Innovation Fund auch in den weiteren Gemeinden nicht gut aufgenommen und letztendlich 2010 eingestellt [75].

3.2.2.6   Bristol und Cambridge

Nachdem Cambridge bereits 1990 erste Versuche in Richtung City-Maut unternommen, aber 1993 wieder verworfen hatte [82], führten die beiden Städte Bristol und Cambridge unabhängig voneinander im Zuge des Transport Innovation Funds erneut Studien zur Einführung einer City-Maut und Verbesserung des öffentlichen Verkehrs durch. Dabei wurden die beiden Städte vom Transport Innovation Fund unterstützt. Ziel der beiden Regulierungsmaßnahmen war die Reduktion von Stau und Emissionen durch den Verkehr zur Erhöhung der Lebensqualität [58].

Die City-Maut-Varianten in Bristol und Cambridge sind einander sehr ähnlich; so sollte die City-Maut in beiden Städten an Werktagen in den Morgenhauptverkehrszeiten etwa von 07:30 bis 09:30 in einer Zone rund um die Innenstadt Cambridges bzw. Bristols aktiv sein. Die Bezahlung sollte anhand eines Tagespasses um rund drei bis fünf Pfund erfolgen, wodurch nicht nur Ein- und Ausfahrten, sondern auch Fahrten in der Zone bemautet worden wären. Die Umsetzung der City-Maut hätte auf Kennzeichenkameras sowie 5,8 CEN DSRC Sende- und Empfangseinheiten an den Zonengrenzen gesetzt [80].

Da der Transport Innovation Fund im Jahr 2010 eingestellt wurde, haben sich beide Städte vorerst gegen die Einführung einer City-Maut entschieden. In einer Studie zur Vision 2030 für Cambridge finden sich aber erneut Pläne zur Einführung einer City-Maut [81].

3.2.3   Deutschland

In Deutschland wurde als Reaktion auf die europäische Luftqualitätsrichtlinie 2008/50/ EG, deren festgelegte Richtwerte in vielen deutschen Städten nicht erfüllt wurden, die Einführung von Umweltzonen vorangetrieben. Die Grundlagen für die Regulierung dieser Umweltzonen sind in der Kennzeichnungsverordnung zum Bundes-Immissionsschutzgesetz (35. BImSchV) festgesetzt [115]. Ziel der Umweltzonen ist es also hauptsächlich, die Luftqualität zu verbessern, so dass die Luftqualitätsrichtlinie erfüllt wird und die Lebensqualität in den Städten ansteigt.

Die deutschen Umweltzonen verwenden verschiedenfarbige Plaketten zur Kennzeichnung der Schadstoffgruppe der Fahrzeuge; die Zuordnung dieser Schadstoffgruppen ist im Bundes-Immissionsschutzgesetz festgelegt. Die Plaketten können gegen Vorlage des Zulassungsscheins und Entrichtung einer Administrationsgebühr von 7 € bei Zulassungsbehörden, berechtigten Werkstätten sowie teilweise auch per Web-Portal erworben werden. Je nach lokaler Regulierung dürfen nur Fahrzeuge mit bestimmten Plaketten in die jeweilige Zone einfahren. Viele Städte verschärfen die Bestimmungen von Jahr zu Jahr; so dürfen in immer mehr Städten nur noch Fahrzeuge mit zumindest EURO-Emissionsklasse 4 einfahren. Fahrzeuge, die mit Partikelfiltern nachgerüstet sind, dürfen je nach Leistungsgrad des Partikelfilters auch weiterhin in die Umweltzone einfahren. Außerdem sind einige Fahrzeuge, wie zum Beispiel Einsatzfahrzeuge, Militär, Motorräder oder Fahrzeuge von Menschen mit Behinderung, entsprechend dem Bundes-Immissionsschutzgesetzes von den Regulierungen ausgenommen [115]. Die Zonengrößen unterscheiden sich von Stadt zu Stadt – zumeist decken sie aber das Innenstadtgebiet ab. In allen Städten Deutschlands wird derzeit manuelles Enforcement zur Überprüfung der Einhaltung der Regulierung eingesetzt.

Über die Wirksamkeit der deutschen Umweltzonen wird viel diskutiert. Das ist letztendlich darauf zurückzuführen, dass die vielen Umweltzonen Deutschlands verschieden gut implementiert wurden. So können beispielsweise zu kleine Zonen kaum die Luftqualität einer gesamten Stadt verbessern. Zu große Zonen wiederum können mit manuellem Enforcement nur unzureichend kontrolliert werden, wodurch viele Autofahrer nicht regulierungskonform in die Zone einfahren. Der Umstieg auf automatisches Enforcement würde – wie Ergebnisse aus den Niederlanden zeigen (vgl. Kap. 3.2.7.1) – zu einer rascheren Fahrzeugflottenerneuerung sowie einer höheren Regulierungskonformität führen, wodurch eine bessere Wirksamkeit der Umweltzonen erreicht werden würde. Auch die Anzahl der Ausnahmeregelungen spielt eine große Rolle bezüglich der Wirksamkeit der Zone; so wurden in manchen Zonen Anrainer oder Lieferanten gänzlich ausgenommen, wodurch die mögliche Emissionsreduktion stark limitiert wird [116].

3.2.4 Frankreich

In Frankreich wird derzeit die Einführung sogenannter ZAPAs („Zones d'actions prioritaires pour l'air"; also Umweltzonen) geplant. Auslöser für die Planung dieser Zonen sind die regelmäßigen Überschreitungen der erlaubten PM_{10} Richtwerte gemäß der europäischen Luftqualitätsrichtlinie 2008/50/EG. Aber auch die NO_x Messwerte und weitere Schadstoffwerte geben Grund zu Besorgnis in Frankreichs Städten. In Frankreich wurde ein nationales Gesetz erlassen, welches Städten die Möglichkeit zur Regulierung der Einfahrten basierend auf der EURO-Emissionsklasse der Fahrzeuge bietet (Grenelle II, Artikel 182). Die Einführung dieser ZAPAs soll nur eine von zahlreichen Maßnahmen in den jeweiligen Verkehrsplänen der Städte sein, um die Lebensqualität zu erhöhen und die Luftqualität zu verbessern [117].

Die Details möglicher ZAPAs sind derzeit noch in Ausarbeitung. So vergleichen Studien beispielsweise die Ergebnisse aus anderen europäischen Städten und arbeiten Vor- und Nachteile unterschiedlicher Technologien für die Umsetzung in Frankreich aus. Die Grundidee ist nur noch Fahrzeugen mit EURO-Emissionsklasse 4 oder höher die Einfahrt in Umweltzonen zu gestatten. Es ist noch unklar, ob die Maßnahme für Fahrzeuge mit einem Gesamtgewicht von mehr als 3,5 t oder nur schwerere LKWs gültig sein wird.

Einsatzfahrzeuge, etc. wären hierbei ähnlich wie in anderen europäischen Umweltzonen ausgenommen. Die Wirksamkeit dieser Umweltzonen sollte vor Einführung im Zuge einer dreijährigen Testphase seit 2012 überprüft werden; bis heute wurde jedoch in keiner der Städte, die sich zuvor freiwillig gemeldet hatten, die tatsächliche Testphase gestartet [118].

3.2.5   Italien

Italien verfügt schon über eine langjährige Erfahrung mit Zufahrtsbeschränkungen; so wurden die ersten Regulierungsmaßnahmen der Verkehrsnachfrage bereits 1992 eingeführt. Das Ziel dieser italienischen Zonen ist es typischerweise, den Verkehr sowie die Emissionen zu reduzieren, um die Lebensqualität für Bewohner und Touristen gleichermaßen zu erhöhen. In Italien gibt es heutzutage bereits hunderte Städte mit Zufahrtsbeschränkungen; diese Zufahrtsbeschränkungen werden „Zona a Traffico Limitato" (ZTL) genannt und werden mit dedizierten Schildern ausgewiesen. Der Großteil dieser Städte erlaubt nur Fahrzeugen mit einer Genehmigung die Einfahrt in die Zone; diese Genehmigung hängt von unterschiedlichen Parametern wie zum Beispiel der Fahrzeugklasse, der EURO-Emissionsklasse oder auch der Jahreszeit ab. So gelten viele der Zufahrtsbeschränkungen Italiens nur im Winter, da zu dieser Jahreszeit die Feinstaubbelastung durch PM_{10} am größten ist. In zahlreichen Zonen werden aber auch nur die Anrainer der Zone von einem allgemeinen Einfahrverbot ausgenommen [91]. Die rechtliche Grundlage dafür wurde von der Regierung mit dem Dekret 285/92 geschaffen, welches erlaubt, Gebühren für Fahrten in eine ZTL einzuheben, und mit dem Dekret 250/99 weiter ausgebaut, um auch Installationen automatischer Zufahrtsbeschränkungssysteme in historischen Stadtzentren zu errichten und betreiben.

Der Großteil der Zonen wurde in sehr kleinen Kommunen eingeführt, wodurch die Regulierungsmaßnahme dementsprechend oft nur manuell überprüft wird (siehe Kap. 3.1.2.1). In 70 % der größeren Zonen (rund 280 Städte) gibt es automatisches Enforcement mittels Kennzeichenkameras. Von diesen automatisch überprüften Regulierungsmaßnahmen sind 26 % als Umweltzonen ausgeführt, in welche nur Fahrzeuge mit definierten EURO-Emissionsklassen oder nur zu bestimmten Jahreszeiten einfahren dürfen. Sieben der größeren Städte, darunter auch Mailand und Bologna, haben Regulierungsmaßnahmen basierend auf Tagestickets eingeführt. Damit können auch nicht vorregistrierte Autofahrer Zufahrtsgenehmigungen auf Tagesbasis erlangen; Anrainer, Taxifahrer oder Zulieferer können Jahrestickets vor der Einfahrt in die Zone kaufen. Technisch gesehen vergleichen Kennzeichenkameras die Kennzeichen der einfahrenden Fahrzeuge mit jenen der registrierten Benutzer und speichern lediglich Kennzeichen einfahrender, nicht-registrierter Fahrzeuge, die in weiterer Folge eine Strafe zugestellt bekommen [91].

Die folgenden beiden Unterkapitel stellen die beiden Regulierungsmaßnahmen Mailands und Bolognas vor, welche die Effektivität und den Ideenreichtum italienischer Maßnahmen verkörpern.

3.2.5.1   Mailand

In Mailand, der zweitgrößten Stadt Italiens, wurde 2008 das sogenannte Ecopass-System zunächst für eine einjährige Versuchsphase und später dauerhaft bis Ende 2011 eingeführt. Diese City-Maut reguliert die Einfahrten in die Innenstadt Mailands und hat das Ziel, die Lebensqualität in der Innenstadt zu erhöhen und insbesondere die Emissionen zu reduzieren. Grund dafür war, dass die Emissionswerte Mailands aufgrund der Lage der Stadt und des hohen Motorisierungsgrades in und um Mailand zu Italiens höchsten zählten; so wurde zum Beispiel der von der EU geforderte Maximalwert (von 50 µg/m^3) bezüglich PM$_{10}$ zwischen 2002 und 2007 an 125 Tagen überschritten. Die Reduktion von Stau und Einfahrten in die Zone ist nur ein sekundäres Ziel [94]. Die Einführung des Ecopass-Systems ist Teil des größeren Verkehrsplanes der Region Mailand für 2006 bis 2011, und zu dem auch der Ausbau des öffentlichen Verkehrs, die Errichtung neuer Park and Ride Anlagen sowie der Ausbau der Parkraumbewirtschaftung zählen. Ebenfalls im Verkehrsplan festgehalten ist, dass die Einnahmen aus der City-Maut für umweltfreundliche Verkehrsprojekte verwendet werden müssen [96]. Nach einem Referendum im Juni 2011, bei dem mit einer überwiegenden Mehrheit von 79,1 % der Einführung einer City-Maut zugestimmt wurde, ersetzte die sogenannte „Area C" das Ecopass-System Anfang 2012 mit dem Ziel, Verkehr und Emissionen zu halbieren und ist seitdem mit Ausnahme einer vorübergehenden Stilllegung zwischen Juli und September 2012 im Einsatz [99].

Die 2008 eingeführte Zone deckt 8 km^2 der Innenstadt und somit hauptsächlich den historischen Altstadtkern Mailands ab. Die City-Maut gilt an allen Werktagen von 07:30 bis 19:30, die Mauthöhe während der Ecopass-Phase richtete sich nach der Emissionsklasse des jeweiligen Fahrzeugs. Neben Jahrestickets für Anrainer werden auch Tagestickets angeboten. Autofahrer, die oft in die Zone einfahren, haben auch die Möglichkeit, zweimal einen stark vergünstigten Block mit 50 Tagestickets zu kaufen; somit konnten insgesamt 100 vergünstigte Tagestickets von Vielfahrern eingelöst werden. Die Tickets können bei ausgewiesenen Verkaufsstellen, via Call-Center oder auf der Ecopass-Webseite gekauft werden und spätestens bis zum Folgetag der tatsächlichen Einfahrt eingelöst werden. Da das Hauptziel Mailands eine Reduktion der Emissionen ist, müssen ältere Fahrzeuge mit ungünstigen Emissionsklassen höhere Tarife zahlen, während umweltfreundliche Fahrzeuge weniger oder gar nichts bezahlen müssen. Neben Ausnahmen für Fahrzeuge des öffentlichen Verkehrs, Einsatzfahrzeuge, etc. sind in Mailand auch Lieferfahrzeuge, die leicht verderbliches Gut oder gekühlte Waren transportieren, von 10:00 bis 16:00 von der Maut ausgenommen, sofern sie in der Kommune entsprechend registriert sind. Zur automatischen Kontrolle aller Fahrzeugpassagen in und aus der Zone werden Kennzeichenkameras an den 43 Zutrittspunkten verwendet [94]. Seit Einführung der „Area C" sind alle Fahrzeuge unabhängig von der Emissionsklasse gebührenpflichtig (5 €); Anrainer haben 40 gratis Tagesticktes und zahlen danach 2 € pro Tagesticket. Lieferverkehre müssen 3 € bezahlen. Außerdem dürfen mit Diesel betriebene Fahrzeuge mit einer EURO-Emissionsklasse von 1 bis 3 sowie mit Benzin betriebene Fahrzeuge mit einer EURO-Emissionsklasse von 1 nicht mehr in die Zone einfahren. Benutzer eines Telepass-Fahrzeuggeräts können ihr Konto auch zur Bezahlung der Area C verwenden.

Tab. 3.3 Reduktionen durch Einführung Mailands Ecopass-Systems bzw. Mailands Area C Systems jeweils ein Jahr nach deren Einführung (Quelle: [95], [97], [98])

	DTVw (%)	CO_2 (%)	NO_X (%)	PM_{10} (%)
Ecopass	$-14{,}4$	-9	-11	-19
Area C	$-31{,}1$[a]	-35	-18	-18

[a] DTVw während der Stilllegung ist hier nicht mitaufgenommen

Die folgende Tabelle stellt die Ergebnisse des Ecopass und Area C Systems jeweils ein Jahr nach deren Einführung dar (Tab. 3.3).

Es lässt sich schnell erkennen, dass beide Systeme ihre Zielvorgaben gut erfüllt haben. So wurden die abgebildeten Emissionswerte mit Ausnahme von CO_2 im Ecopass-System im zweistelligen Bereich reduziert. Das Ecopass-System reduzierte anfangs auch den Verkehr, obwohl dies nur ein sekundäres Ziel war. Über die folgenden Jahre ließ sich aber beobachten, dass eine Fahrzeugerneuerung dazu führte, dass immer umweltfreundlichere Fahrzeuge, welche keine Maut zu zahlen hatten, in die Zone einfuhren. Gegen Ende des Ecopass Systems mussten nur noch 12 % aller Fahrzeuge eine Gebühr entrichten, während beim Area C zu Beginn 92 % aller Fahrzeuge bemautet wurden [99]. Der Schritt in Richtung einer Bemautung nahezu aller Fahrzeuge scheint zur Erfüllung des ehrgeizigen Zieles – der Halbierung des Verkehrs und der Emissionen – der richtige Weg zu sein. Zwar wurde das hochgesteckte Ziel der Area C im ersten Jahr noch nicht erreicht, es lässt sich aber bereits erkennen, dass das System sehr hohe Verkehrs- und Emissionsreduktionen erzielt hat (vgl. Tab. 3.2), insbesondere wenn man bedenkt, dass bereits mit dem Ecopass-System eine Zufahrtsbeschränkung im Einsatz war. Während der vorübergehenden Stilllegung der Area C von Juli bis September 2012 konnte beobachtet werden, dass sich der durchschnittliches Tagesverkehr wieder jenem des Vorjahres annäherte [97]. Es gibt noch keine detaillierten Studien dazu, weshalb die Einführung der Area C mit 79,1 % eine so starke Zusage in der Bevölkerung erhielt. Eine mit Abb. 3.3 konforme Vermutung ist, dass im Zuge des Ecopass Systems bereits das Potenzial einer City-Maut aufgezeigt wurde und die negativen Auswirkungen von Emissionen hinreichend diskutiert wurden, wodurch die öffentliche Akzeptanz bereits nach der Einführung des Ecopass-Systems anstieg [99].

3.2.5.2   Bologna

Bologna führte 2006 eine Zufahrtsbeschränkung mit automatischem Enforcement in der Innenstadt ein. Mit dieser Zufahrtsbeschränkung wollte Bologna wie so viele andere Kommunen Italiens die Lebensqualität der Innenstadt erhöhen und gleichzeitig die PM_{10} Emissionen um 3 % reduzieren.

Prinzipiell gilt ein Einfahrverbot in die Innenstadt Bolognas von 07:00 bis 20:00 mit Ausnahmen für Anrainer, Lieferanten und Menschen mit Behinderung. Diese ausgenommenen Autofahrer müssen sich aber jährlich registrieren lassen. Da Bologna nicht die außerhalb wohnenden Einwohner von der Zufahrt in die Innenstadt abhalten wollte, gibt es täglich ein limitiertes Kontingent an Tagestickets, die um 5 € in einer Verkaufsstelle, via Call Center, Webseite oder auch per SMS erworben werden können. Somit wollte Bologna

Tab. 3.4 Reduktionen durch die Einführung der Zufahrtsbeschränkung in Bologna. (Quelle:[58], [91])

	DTVw		PM_{10} (%)	NO_2 (%)
	07:00 – 20:00	00:00 – 24:00		
ZTL Bologna	−22,7%	−24%	−22	−8,5

sicherstellen, dass trotz Zufahrtsbeschränkung bestimmte Fahrten, wie zum Beispiel ein Arztbesuch, noch immer mit dem Fahrzeug unternommen werden können. Alle Zutrittspunkte sind mit Kennzeichenkameras ausgestattet, so dass Fahrzeuge ohne validem Ticket automatisch identifiziert werden und eine Strafe zugestellt bekommen.

Die Ergebnisse ein Jahr nach Einführung der ZTL in Bologna zeigen, dass die angestrebte Reduktion von PM_{10} mit einem Rückgang von 22 % weit übertroffen wurde, wobei die PM_{10} Messstationen nur an den Grenzen und nicht innerhalb der Zone installiert sind; innerhalb der Zone kann aufgrund der starken Verkehrsreduktionen von noch größeren Reduktionen ausgegangen werden. Auch in den nachfolgenden Jahren sind die PM_{10} Werte mit Ausnahme der Jahre 2010 und 2011 weiter gefallen, in denen es leichte Anstiege gab. Diese Anstiege lassen sich auf die kalten Wintermonate und den erhöhten Schneefall. Wie zuvor erwähnt, wurde der in die Innenstadt einfahrende Verkehr um rund 23 % reduziert. Tabelle 3.4 stellt die erzielten Reduktionen des durchschnittlichen Verkehrs an Werktagen, der PM_{10} Emissionen, und der NO_2 Emissionen nach Einführung der Zufahrtsbeschränkung dar. Zusätzlich muss angemerkt werden, dass in den Jahren vor Einführung der Zufahrtsbeschränkung ein konstanter Anstieg der PM_{10} und der NO_2 Emissionen von rund 4 % pro Jahr beobachtet werden konnte. Es lässt sich also festhalten, dass Bologna alle gewünschten Ziele erreicht oder sogar übertroffen hat [91].

3.2.6 Norwegen

Norwegen hat bereits eine lange Historie in Bezug auf Maut, wurde dieses Instrument doch schon in der 1963 veröffentlichten Legislatur („Road Act") geregelt und seitdem auf Brücken oder in Tunnels zur Finanzierung von teuren Berg- oder Fjordüberquerungen verwendet. Bereits 1986 wurde eine City-Maut in Bergen eingeführt. Seither sind weitere City-Maut Varianten in größeren aber auch kleineren Städten dazugekommen. Dabei ist im Unterschied zu anderen Implementierungen eines der Hauptziele die Generierung von Einnahmen zur Finanzierung neuer lokaler Verkehrsprojekte, wobei auch hier das Hauptaugenmerk auf die Verbesserung der Lebensqualität in der Stadt liegt. Vor der Einführung eines neuen Mautprojektes muss dieses von der lokalen Bevölkerung erwünscht und vom Parlament beschlossen werden. Ebenfalls festgelegt ist die Laufzeit von 15 bis maximal 20 Jahren für alle City-Maut Systeme [83]. Seit 2001 kann entsprechend der Legislatur („Road Transport Act") die Mautgebühr auch variabel entsprechend dem vorherrschenden Stauniveau eingehoben werden, um den Verkehr gezielt regulieren zu können. Diese neue Möglichkeit wurde zwar bereits in einigen Städten diskutiert, aber noch nicht umgesetzt.

3.2.6.1 Bergen

Bergen kann als Europas Pionier in Sachen City-Maut gesehen werden. Denn bereits 1986 wurde der sogenannte Toll Ring (im Folgenden Mautring genannt) eingeführt. Die Grundlage dafür wurde 1983 gelegt, als der Vorschlag einer solchen Implementierung zum ersten Mal vorgestellt wurde und von Beginn an von der Mehrzahl der politischen Parteien akzeptiert wurde. Zusätzlich sicherte die nationale Regierung zu, den gleichen Betrag, der durch die Maut eingenommen wird, in die Verkehrsprojekte Bergens zu investieren [83]. Mit den Einnahmen sollten sowohl eine neue Umfahrungsstraße und ein Parkhaus als auch innerstädtische Projekte, wie die Errichtung neuer Fußgängerzonen und die Priorisierung des öffentlichen Verkehrs, finanziert werden. Diese Maßnahmen sollten dazu beitragen, dass der anwachsende Stau in Bergen reduziert wird. Nach Ablauf der festgelegten Laufzeit von 15 Jahren, wurde die City-Maut im Jahr 2001 verlängert, um die Maßnahmen des neuen Verkehrskonzepts Bergens zu finanzieren. Außerdem wurde entschieden, vorerst nicht von der gesetzlichen Möglichkeit Gebrauch zu machen, eine variable Tarifierung einzuführen. Im Jahr 2005 wurde ein zweiter Mautring eingeführt.

Die Zone umfasst das städtische Gebiet Bergens, wobei lediglich 8 Zufahrten ausreichen, um alle Einfahrten zu abzudecken. Anfangs beschränkte sich das System auf die Bemautung an Werktagen von 06:00 bis 22:00, doch seit 2001 wird rund um die Uhr und seit 2005 an allen Tagen bemautet. Die Tarife waren mit anfangs 5 NOK für PKWs und 10 NOK für LKWs pro Passage sehr gering und wurden seit der Einführung zweimal erhöht. In diesen geringen Tarifen spiegelt sich wider, dass das Ziel nicht die Reduktion des Verkehrs, sondern die Generierung neuer Einnahmen war. Die Zonengrenzen hatten zu Beginn einerseits bemannte Spuren, in denen die Passage mit Bargeld bezahlt werden konnte, und andererseits unbemannte Spuren, in denen eine Kennzeichenkamera überprüfte ob das durchfahrende Fahrzeug auch tatsächlich vorausgezahlt hatte [84] Seit 2004 gibt es in Bergen nur noch unbemannte Spuren, die mit 5,8 GHz CEN DSRC Sende- und Empfangseinheiten und Kennzeichenkameras ausgestattet sind, wobei Autofahrer mit Fahrzeuggeräten eine Ermäßigung erhalten, da diese Passagen im Zentralsystem günstiger zu bearbeiten sind [83]. Die Fahrzeuggeräte sind außerdem mit den anderen norwegischen Mautsystemen interoperabel. Durch die Einführung des zweiten Mautrings im Jahr 2005 erhöhte sich die Anzahl der Zonengrenzen; wenn beide Mautringe passiert werden, muss die fällige Gebühr nur einmal bezahlt werden.

Es gibt nur wenige Studien zu den Resultaten der City-Maut Bergens, was sich wohl darauf zurückführen lässt, dass der Fokus nicht primär auf der Reduktion der durchgeführten Fahrten oder von Emissionen lag, sondern vielmehr auf der Finanzierung neuer Verkehrsprojekte und der damit verbundenen Reduktion des Staus. Von diesem Aspekt her betrachtet, war die City-Maut ein Erfolg, da die Einnahmen des Mautrings zur Finanzierung der geplanten Projekte beitrug und die Reisezeiten deutlich minimiert werden konnten; staute man während der Hauptverkehrszeiten auf den nördlichen und westlichen Zufahrten nach Bergen 1984 noch 30–45 min, so konnte man dieselben Strecken 2002 mit maximal 2 min Verzögerung zurücklegen [85]. Durch die finanzierten Verkehrsprojekte wurde der motorisierte Individualverkehr attraktiver, was zu einer vermehrten Zer-

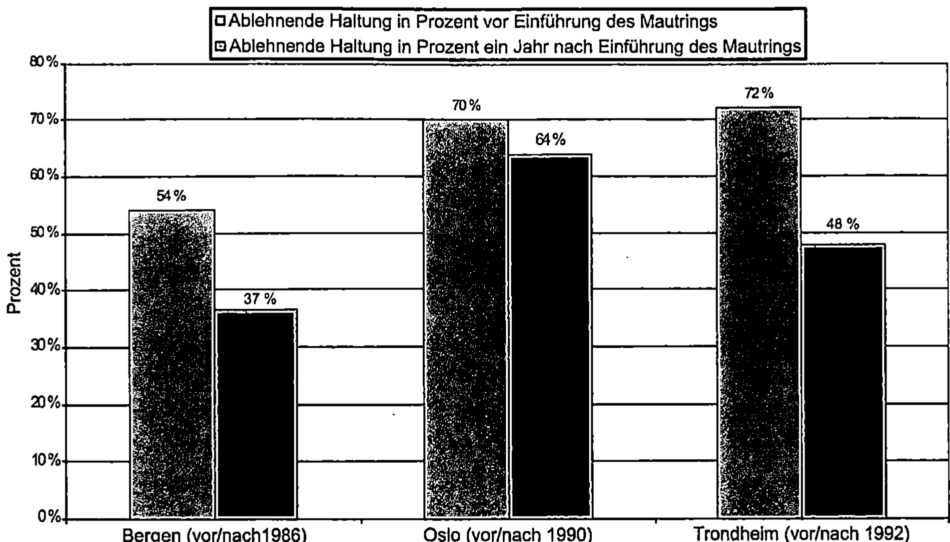

Abb. 3.5 Öffentliche Akzeptanz in Bergen, Oslo, und Trondheim vor bzw. ein Jahr nach Einführung des Mautrings. (Angepasst nach Quelle: [87])

siedelung und einem höheren Motorisierungsgrad in der Bevölkerung in und um Bergen führte [86]. Als weiterer Effekt ist der Verkehr in der Innenstadt zurückgegangen und auf die neuen Tunnels ausgewichen. Somit lässt sich argumentieren, dass zumindest für die Anrainer der Innenstadt die Lebensqualität erhöht wurde. Mit dem neuen Verkehrskonzept wurde auch festgelegt, dass 55 % der Einnahmen in Projekte zur Verbesserung der Luftqualität und Sicherheit investiert werden, wodurch mittlerweile auch Projekte des öffentlichen Verkehrs, wie zum Beispiel die Errichtung einer neuen Straßenbahnlinie oder die Subventionierung der Tickets für den öffentlichen Verkehr finanziert werden [86]. Die öffentliche Akzeptanz war zur Einführung des Mautrings nicht gegeben, verbesserte sich aber innerhalb eines Jahres nach der Einführung um 17 %. Wie auch in Abb. 3.5 dargestellt, war die Ablehnung gegenüber der City-Maut im Vergleich zu den weiteren Mautringen Norwegens von Beginn an mit 54 % nicht so hoch [87]. Die positivere Wahrnehmung der City-Maut nach deren Einführung stimmt auch mit den Erkenntnissen aus Abb. 3.3 überein.

3.2.6.2   Oslo

In Oslo gab es ebenso wie in Bergen schon sehr früh erste Überlegungen einer Mauteinhebung zur Finanzierung neuer Verkehrsinfrastrukturprojekte. Im Unterschied zu Bergen war aber bereits im ersten Verkehrsplan von 1990 vorgesehen, dass nicht nur Projekte für den motorisierten Individualverkehr, sondern auch Projekte des öffentlichen Verkehrs mit 20 % der Einnahmen finanziert werden sollen. Durch die erwarteten Einnahmen erhoffte man sich eine wesentlich raschere Abwicklung größerer Verkehrsprojekte. Ähnlich wie in Bergen sicherte die nationale Regierung zu, die geplanten Verkehrsprojekte mitzufinanzieren [83]. Hauptziel Oslos war es also, zusätzliche Einnahmen zu generieren. Aber auch die Lebensqualität in der Innenstadt sowie der öffentliche Verkehr sollten von den durch die Maut finanzierten Projekten profitieren. Damit der Mautring eingeführt werden konnte, bedurfte es eines politischen Konsenses, der aufgrund des Wunsches, neue Verkehrsprojekte umzusetzen, gegeben war. Um die öffentliche Akzeptanz zu erhöhen, wurde der Mautring 1990 erst nach der Fertigstellung des Festningstunnels eröffnet [83]. Der zweite Verkehrsplan lief von 2001 bis 2011 und gab vor, dass die Einnahmen zu 100 % für Projekte des öffentlichen Verkehrs zu verwenden ist [86]. 2008 wurde bereits der dritte Verkehrsplan eingeführt, der bis 2027 gilt und Projekte für den motorisierten Individualverkehr ebenso wie für den öffentlichen Verkehr enthält.

Der eingeführte Mautring um Oslo bildet eine Zone, die rund 50 % der Bevölkerung Oslos einschließt und insgesamt 19 mögliche Einfahrten auf dem Straßennetzwerk hat. Die Zutrittspunkte wurden so festgelegt, dass nur wenige Spuren benötigt werden und der Verkehr möglichst wenig staut. Zusätzlich wurden vier kleinere Straßen gesperrt, damit die Zone nicht umfahren werden kann [88]. Anfangs waren die Stationen der straßenseitigen Infrastruktur noch vermehrt mit Barzahlungsmöglichkeiten ausgestattet, doch bereits 1991 wurde der Großteil der Spuren auf einen rein automatischen Betrieb mittels Kennzeichenkameras sowie 5,8 GHz CEN DSRC Sende- und Empfangseinheiten umgestellt [86]. Die Tarife sind eher niedrig angesetzt, da das Hauptziel des Mautrings nicht die Reduktion des Verkehrs, sondern die Generierung von Einnahmen ist. Zu Beginn zahlten PKW 10 NOK und LKW mit einem Gesamtgewicht von mehr als 3,5 t 20 NOK bei Einfahrt in Richtung Innenstadt zu jeder Tageszeit an allen Tagen [85]. Ausnahmen gelten für Fahrzeuge des öffentlichen Verkehrs, für Einsatzfahrzeuge sowie für Fahrzeuge von Menschen mit Behinderung. Autofahrer, die mittels Fahrzeuggerät bezahlen, müssen ebenso wie in Bergen einen niedrigeren Tarif begleichen und können die Fahrzeuggeräte auch zur Bezahlung auf den anderen norwegischen Mautstraßen verwenden.

Der Mautring erfüllte die Erwartungen, indem er zur Finanzierung weiterer Tunnels sowie einiger Straßen rund um die Innenstadt Oslos beitrug. Auch Projekte des öffentlichen Verkehrs wie der Ausbau der U-Bahn wurden erfolgreich ko-finanziert [85]. Die öffentliche Akzeptanz war zu Beginn sehr gering und stieg trotz sehenswerter Erfolge auch nach der Einführung nur gering um 6 % (siehe Abb. 3.5 und 3.6). So war besonders der motorisierte Verkehr am Rathausplatz aufgrund der neu errichteten Umfahrung über den Festningstunnel kaum noch wahrnehmbar. Durch die neu errichteten Tunnel wurden mit dem Verkehr auch die Emissionen aus der Innenstadt in die Tunnels verlagert und der Lärm deutlich verringert. Auf den neu gewonnen Flächen am Rathausplatz, die vormals Straßenfläche waren, werden seitdem Veranstaltungen ausgetragen, was die Lebensqualität Oslos deutlich erhöhte [83]. Der Verkehr Oslos ist entsprechend dem Bevölkerungswachstum und der Verfügbarkeit von Arbeitsplätzen angestiegen; es kann aber davon ausgegangen werden, dass es vermehrt zu Zersiedelung gekommen ist, wodurch auch der Verkehr in den Regionen rund um Oslo zugenommen hat. Auch Stau tritt weiterhin auf, wobei die neuen Straßen wohl dazu beigetragen haben, dass sich das Stauniveau nicht drastisch verschlechtert hat. Insgesamt konnte über die vergangenen Jahre eine Verbesse-

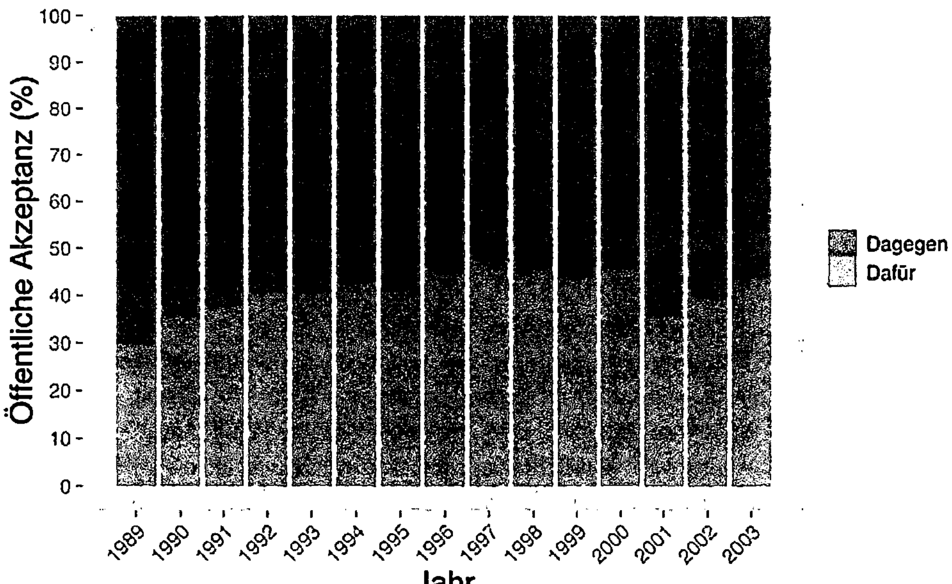

Abb. 3.6   Öffentliche Akzeptanz des Mautrings in Oslo. (Basierend auf Daten von Quelle: [88])

rung der durchschnittlichen Geschwindigkeit in den Morgenhauptverkehrszeiten um rund 5 km/h festgestellt werden. Gemäß Umfragen von 1989 und 2001 hat sich der Modal Shift Oslos um 4 % weg vom öffentlichen Verkehr in Richtung des motorisierten Individualverkehrs bewegt [85] – Die öffentliche Akzeptanz war zu Beginn mit nur 30 % sehr gering, was sich hauptsächlich auf die mangelnde Information der Bevölkerung zurückführen ließ [87] – Abb. 3.6 stellt die öffentliche Akzeptanz des Mautrings in Oslo von 1989 bis 2003 dar. Auch hier lässt sich erkennen, dass sich die öffentliche Akzeptanz entsprechend Abb. 3.3 verhält. Der Rückgang im Jahr 2001 lässt sich durch die Erhöhung des Tarifs erklären [88].

3.2.6.3   Trondheim

Norwegens drittgrößte Stadt entschied sich aufgrund zunehmender Staus und fehlender Investitionsmöglichkeiten für Verkehrsprojekte basierend auf den positiven Erfahrungen Bergens und Oslos ebenfalls für die Einführung eines Mautrings. Der 1991 eingeführte Mautring sollte nicht nur neue Straßenprojekte, sondern zu 20 % auch Fußwege, Fahrradwege sowie Projekte des öffentlichen Verkehrs mitfinanzieren. Wie schon in Bergen und Oslo war das Hauptziel Trondheims, zusätzliche Einnahmen zu generieren, und auch in Trondheim wurden die ausgewählten Verkehrsprojekte von der nationalen Regierung mitfinanziert [58]. 1998 wurde der Mautring in sechs Zonen umstrukturiert, um einerseits mehr Einnahmen zu generieren und andererseits ein faireres Schema einzuführen, in dem ein Großteil der Bewohner zahlen musste [86]. Ende 2003 wurde der Mautring ein weiteres Mal ausgebaut. Ende 2005 wurde der Mautring dann nach der abgelaufenen

Laufzeit von 15 Jahren geschlossen, aber bereits 2010 im Zuge eines „Umweltpakets" für Trondheim aufgrund fehlender Einnahmen und zunehmenden Staus in einer neuen Variante wieder eingeführt. Seitdem werden die Einnahmen des Mautrings zur einen Hälfte für die Finanzierung von Verkehrsprojekten des öffentlichen Verkehrs und zur anderen Hälfte für die Finanzierung von Straßenverkehrsprojekten verwendet [89].

Die Zone wurde rund um die Innenstadt errichtet und hatte ursprünglich 12 Zonengrenzen. Die straßenseitige Infrastruktur wurde dafür mit Kennzeichenkameras und 5,8 GHz CEN DSRC Sende- und Empfangseinheiten ausgestattet. Außerdem gab es an zehn der zwölf Zonengrenzen zusätzliche Automaten, um bar oder per Kreditkarte zahlen zu können. Die restlichen zwei Zonengrenzen hatten auch bemannte Spuren [83]. Die Mauttarife für Einfahrten in die Stadt gelten nur an Arbeitstagen und ändern sich je nach Uhrzeit, wobei Passagen zu den Hauptverkehrszeiten am teuersten sind und Einfahrten nach 17:00 nicht bemautet werden. Ausfahrten werden nicht bemautet, und maximal 75 Passagen pro Monat müssen bezahlt werden. Außerdem wird innerhalb einer Stunde maximal eine Passage gezählt. Fahrzeuge des öffentlichen Verkehrs sind ebenso ausgenommen wie Fahrzeuge von Menschen mit Behinderung und Elektroautos. Bei der Umstrukturierung 1998 wurden zehn neue Stationen eingeführt, während vier bestehende aufgelöst wurden. Außerdem wurden die Tarife leicht erhöht, die Bemautung bis 18:00 verlängert und die maximale Anzahl der zu zahlenden Passagen pro Monat auf 60 reduziert [86]. Autofahrer, die mittels Fahrzeuggerät bezahlen, erhalten wie in Bergen und Oslo einen Rabatt auf jede Passage. Im 2010 wieder eingeführten Mautring gibt es insgesamt 15 Zonengrenzen, die allesamt nur noch mit Kennzeichenkameras und Sende- und Empfangseinheiten ausgestattet sind. Gelegentliche Benutzer des Mautrings können die Gebühr bis zu drei Tage nach der Passage mittels Online-Zahlung oder in einer der ausgewiesenen Registrierungs- und Verkaufsstellen entrichten.

Auch in Trondheim führte der Mautring zu der gewünschten Finanzierung zahlreicher Verkehrsprojekte, die ohne den Einnahmen daraus nicht in diesem Zeitraum realisiert hätten werden können. Bei den Einfahrten in die Zone konnte während der bemauteten Uhrzeiten ein Rückgang von rund 10 % beobachtet werden, der aber durch einen Verkehrsanstieg an den Abenden und Wochenenden nahezu ausgeglichen wurde. Nach der vorübergehenden Abschaffung des Mautrings im Jahr 2005 stieg der Verkehr im Jahr 2006 während der bemauteten Uhrzeiten um 11 % an. Außerdem ließ sich feststellen, dass Autofahrer vermehrt während der Hauptverkehrszeiten unterwegs waren, die zuvor aufgrund der höheren Tarife gemieden wurden. Diese erneuten Anstiege des Verkehrs führten auch dazu, dass die öffentliche Akzeptanz des abgeschafften Mautrings in Umfragen anstieg. Generell ließ sich über die ersten 15 Jahre des Mautrings ein Auf und Ab in Bezug auf die öffentliche Akzeptanz beobachten, wobei die negativen Wahrnehmungen stets vor Einführung neuer Zonengrenzen oder Erhöhung der Mauttarife anstiegen und die positiven Wahrnehmungen erst nach diesen Umsetzungen wieder zunahmen (vgl. auch Abb. 3.5 für den Anstieg nach Einführung des Trondheimer Mautrings) [90].

3.2.6.4   Weitere Städte

Abgesehen von Bergen, Oslo und Trondheim haben auch noch Kristianstad (1997), Stavanger (2001), Namsos (2003) und Tønsberg (2004) vergleichbare Mautringe eingeführt. Die Ziele und Umsetzungen dieser Mautringe sind jener der drei oben beschrieben sehr ähnlich. Hervorzuheben ist noch, dass Tønsberg ein rein automatisches System wie in Oslos überarbeitetem Mautring eingeführt hat [83].

3.2.7   Niederlande

Auch in den Niederlanden wurden die Vorteile der Regulierungsmaßnahmen der Verkehrsnachfrage erkannt und dementsprechend Umweltzonen in mehreren Städten eingeführt. Außerdem haben die Niederlande mit sogenannten Belohnungsmodellen eine in Europa einzigartige Herangehensweise zur Stau- und Emissionsreduktion gefunden. Beide eingeführten Regulierungsmaßnahmen werden in den folgenden Unterkapiteln betrachtet.

3.2.7.1   Umweltzonen

In den Niederlanden wurde im Frühjahr 2006 eine gesamtstaatlich gültige Vereinbarung zur Einführung von Umweltzonen (sogenannten Milieuzones) zwischen ausgewählten Städten, dem Staat und Vertretern der Industrie getroffen. Möchte eine weitere niederländische Stadt eine Umweltzone einführen, so muss diese Vereinbarung unterzeichnet werden. Ziel der Vereinbarung ist es, die Lebensqualität in Stadtzentren, die vermehrt unter Schadstoffen und Lärm leiden, zu erhöhen. Dabei bezieht sich die Vereinbarung auf die Einhaltung der von der EU festgelegten Maximalwerte von PM_{10} und NO_2. Die Vereinbarung legt auch die Rahmenbedingungen für die Einführung von Umweltzonen fest und gibt mitunter vor, dass bestimmten Fahrzeugen die Einfahrt in diese Umweltzonen untersagt ist [49].

Die Vereinbarung betrifft grundsätzlich alle niederländischen Fahrzeuge mit einem Gesamtgewicht von über 3,5 t. Diese Fahrzeuge müssen über ihr Kennzeichen registriert werden. Allerdings gelten die folgenden Ausnahmen:

- Fahrzeuge mit EURO-Emissionsklasse 4 oder höher bzw. Fahrzeuge ohne Dieselmotor
- Fahrzeuge mit EURO-Emissionsklasse 2 oder 3, die einen Partikelfilter eingebaut haben (diese Ausnahme war nur bis Juli 2013 gültig)
- Fahrzeuge mit EURO-Emissionsklasse 2 oder 3, für die es keine erhältlichen Partikelfilter gibt (diese Ausnahme war nur bis Jänner 2009 gültig)

Zusätzlich dürfen Fahrzeuge pro Umweltzone zwölf Mal im Jahr um eine Ausnahme anfragen, die den Fahrzeugen die Einfahrt in die Umweltzone für die Dauer von einem Tag erlaubt. Unternehmen, die aufgrund der Vereinbarung in finanzielle Engpässe kommen würden, dürfen außerdem um jährliche Ausnahmen ansuchen [49].

Im Juli 2007 führten Utrecht und Eindhoven die beiden ersten Umweltzonen ein. Bis Oktober 2008 hatten neun Städte eine Umweltzone [49]. Allerdings wurde das Enforcement bis zu diesem Zeitpunkt nur manuell betrieben, wodurch der Anteil regulierungskonformer Fahrzeuge in den Zonen nur rund 60–75 % betrug. 2009 wurde in einigen Umweltzonen automatisches Enforcement mittels Kennzeichenkameras eingeführt, wodurch sich der Anteil regulierungskonformer Fahrzeuge in allen Umweltzonen innerhalb eines halben Jahres auf rund 80–85 % erhöhte [50]. Dass Kennzeichenkameras für diesen Anstieg verantwortlich sind, lässt sich anhand der Zahlen Amsterdams demonstrieren, wo 2009 Kennzeichenkameras eingeführt wurden und die Anzahl nicht-regulierungskonformer Fahrzeuge auf 5 % fiel. Allerdings führte das automatische Enforcement auch zu einer erhöhten Anzahl an Registrierungen für die Ausnahmeregelungen [51]. Mittlerweile gibt es 12 Städte mit Umweltzonen, wovon manche weiterhin auf manuelles Enforcement zurückgreifen.

Seit Einführung der Umweltzonen konnte eine Abnahme der PM_{10} Werte festgestellt werden. Die Reduktion der PM_{10} Emissionen ist besonders an Orten, an denen die europäischen Grenzwerte zuvor überschritten wurden, mit einer Abnahme von rund 0,15 bis 0,25 $\mu g/m^3$ signifikant. In Amsterdam konnte beispielsweise eine Reduktion von 21 % beobachtet werden. Dadurch wurde auch der Anteil des Verkehrs an den Gesamtemissionen von PM_{10} in den betrachteten Städten um 2 bis 7 % reduziert. Für NO_2 konnten keine Reduktionen festgestellt werden. Dies lässt sich mitunter darauf zurückführen, dass Fahrzeuge, die neu mit Partikelfiltern ausgerüstet sind, zwar deutlich weniger PM_{10} ausstoßen, dafür aber einen erhöhten Ausstoß von NO_2 haben und dass die höheren EURO-Emissionsklassen nur zu geringfügigen Reduktionen von NO_2 führen [51].

Derzeit fahren aufgrund der vielen Ausnahmen und aufgrund des manuellen Enforcements rund 50 % der betroffenen Fahrzeuge (schwerer als 3,5 t) trotz fehlender Konformität zur Regulierungsmaßnahme in den Umweltzonen. Somit gibt es Potenzial für bessere Resultate. Diese Verbesserungen können erreicht werden, wenn mehr Städte auf automatisches Enforcement zur Einhaltung des Reglements der Umweltzone umsteigen und die Anzahl der Ausnahmen reduziert wird. Dadurch wären einerseits mehr Fahrzeuge von der Regulierungsmaßnahme betroffen und andererseits wäre eine höhere Konformität mit der Regulierung der Umweltzone erreicht [51]. Mit einer Ausweitung des Schemas auf Lieferwägen könnte außerdem verhindert werden, dass Großtransporte auf diese Fahrzeuge, die derzeit noch nicht von den Regulierungen der Umweltzone betroffen sind, verlagert werden.

Die Auswirkungen der Umweltzone auf Lärm und Verkehrssicherheit konnten bisher nicht quantitativ bewertet werden, jedoch kann aufgrund der durch Einführung der Umweltzonen erreichten Modernisierung der Fahrzeugflotte von einer Verbesserung ausgegangen werden.

Die beschriebenen Resultate stellen recht deutlich dar, welches Potenzial zur Verbesserung der Lebensqualität in den niederländischen Umweltzonen steckt. Die Auswirkungen automatischen Enforcements sowie der Vielzahl von Ausnahmeregulierungen zeigen jedoch auf, dass die Systemarchitektur einer Umweltzone genau überdacht werden muss, um die erwünschten Resultate zu erzielen.

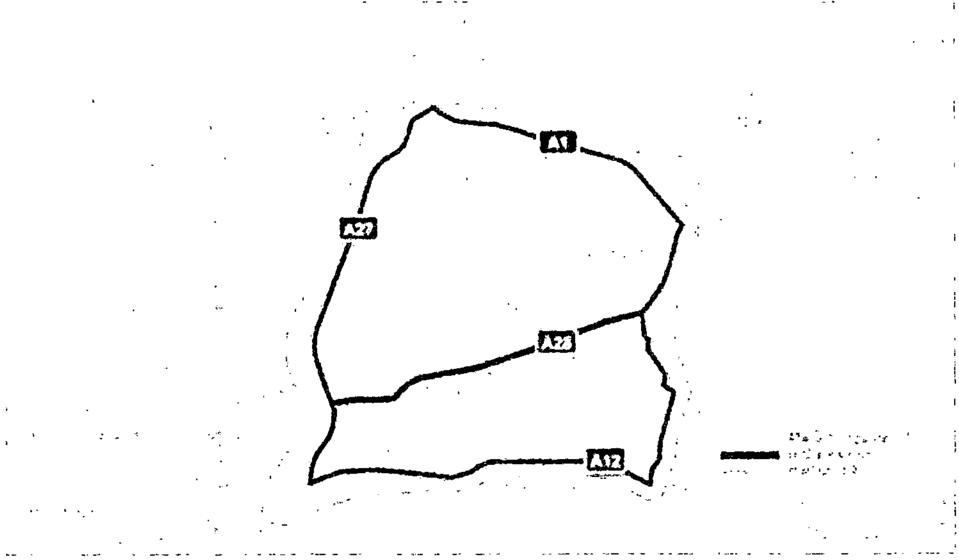

Abb. 3.7 Zone des Spitsvrij Versuchs. (Quelle: [53])

3.2.7.2 Belohnungsmodelle

Auf dem vielbefahrenen städteverbindenden Autobahnnetzwerk und den niederrangigen Straßen zwischen Utrecht, Hilversum und Amersfoort (siehe Abb. 3.7) wurde 2011 ein Versuch namens „Spitsvrij" (übersetzt „Stoßzeiten-frei") gestartet, bei dem bis zu 5000 freiwillige Autofahrer mit einem GNSS-Fahrzeuggerät ausgestattet wurden. Jeder dieser Autofahrer bekommt monatlich einen Betrag zwischen 60 und 100 € gutgeschrieben, der behalten werden darf, wenn auf Autofahrten zu den Hauptverkehrszeiten (06:30–09:30 bzw. 15:30–18:30) verzichtet wird. Für jeden in der Hauptverkehrszeit gefahrenen Kilometer in der Zone zwischen Utrecht, Hilversum und Amersfoort wird ein Betrag vom monatlich aufgeladenen Konto abgezogen. Ziel dieser Maßnahme ist es, den Verkehr und somit die Stauzeiten und damit verbundene negative Effekte zu den Hauptverkehrszeiten durch einen positiven Anreiz zu minimieren [52].

Anhand der Verkehrsdaten lässt sich schließen, dass ein Großteil der Teilnehmer ihre Fahrten auf kurz vor oder nach der Hauptverkehrszeit verschoben haben, während andere Teilnehmer völlig auf Fahrten verzichteten oder diese mit anderen Verkehrsmodi bewerkstelligten [53]. Die dadurch erzielten Resultate führten zu insgesamt 46 % weniger Fahrten der Teilnehmer und einer Verkehrsreduktion von etwa 1,5 bis 2 % während den Hauptverkehrszeiten. Auf den vielbefahrenen Anschlussstellen bewirkten selbst diese niedrigen Verkehrsreduktionen bereits eine Staureduktion von bis zu 20 %. Zusätzlich blieben den Teilnehmern im Schnitt um die 30 € Prämie am Ende des Monats übrig. Bemerkenswert ist, dass sich das Projekt auch nachhaltig auf die Mobilität der Autofahrer auszuwirken scheint, da rund 80 % der Teilnehmer selbst nach Ende des Versuchs ohne die Möglichkeit auf weitere Prämien ihr neu erlerntes Verhalten im Verkehr nicht mehr rückgängig machten [52].

Ähnlich funktionierte der Versuch namens „SpitsScoren" (übersetzt „Stoßzeiten-Vermeidung"), welcher auf der Autobahn A15 bei Rotterdam im Jahr 2009 gestartet wurde. Das Ziel von SpitsScoren war es den Verkehr während der Hauptverkehrszeit am Vormittag mittels positiver Anreize um 5 % zu reduzieren. Dafür wurden rund 2200 Teilnehmer mit Mobiltelefonen ausgestattet, die einerseits mittels einer eigens entwickelten Applikation über alternative Verkehrsmodi informieren und andererseits zur ungefähren Ortung des Teilnehmers im Bereich der Autobahn A15 verwendet werden. Zur tatsächlichen Feststellung, ob ein Teilnehmer zur Stoßzeit auf der Autobahn A15 gefahren ist, werden zusätzliche Kennzeichenkameras eingesetzt. Für jede verzichtete Fahrt während der Hauptverkehrszeit an Arbeitstagen erhält der Teilnehmer 5 € [55].

Mit einer Verkehrsreduktion von 7 % übertrafen die Resultate von SpitsScoren die ursprünglich erwünschten 5 %. Die Teilnehmer produzierten rund 54 % weniger Fahrten während der Stoßzeit. Wie beim Spitsvrij Versuch wurde diese Verkehrsreduktion großteils dadurch erreicht, dass die Teilnehmer ihre Abfahrtszeiten auf kurz vor oder nach der Hauptverkehrszeit verschoben [55]. Bei weiteren ähnlichen Projekten, die unter dem Namen „Spitsmijden" oder auch „Slim Prijzen" laufen und bei denen ein etwas geringerer Anreiz von 3 bis 4 € gegeben wird, konnte eine Reduktion von rund 50 % der Fahrten während der Hauptverkehrszeit festgestellt werden [54]. Weitere Versuche mit niedrigeren Anreizen von 1,5 € und der Einbindung der Nachmittags Hauptverkehrszeit wurden im Rahmen von SpitsScoren in 2012 durchgeführt und zeigen auf, dass bei diesen Regulierungsmaßnahmen noch viel Spielraum und Optimierungspotenzial steckt [56].

3.2.8   Malta – Valletta

Die Insel Malta gehört zu jenen Staaten mit der höchsten Motorisierungsrate. Trotz der geringen Fläche von 246 km² auf der Hauptinsel gibt es ein stark ausgebautes Straßennetz. Da über viele Jahre der öffentliche Verkehr, der großteils aus Busrouten von und nach Valletta besteht, nicht erweitert wurde, die Straßen jedoch weiter ausgebaut wurden, verschob sich der Modal Shift über die Jahre immer mehr zum motorisierten Individualverkehr und betrug 2010 rund 74 % [114].

Valletta, die Hauptstadt Maltas, besteht aus einem historischen Stadtkern mit mehreren UNESCO Weltkulturstätten und vielen engen, zum Teil sehr steilen Straßen. Gleichzeitig gibt es in Valletta nur wenige Anrainer, aber rund sieben Mal so viele Tagesbesucher. Diese hohe Anzahl an Tagesbesuchern, welche sich aus Touristen und Berufspendlern zusammensetzt, führte zu Stau, Luftverschmutzung und Parkplatzproblemen – insbesondere für die Anrainer. Aus diesen Gründen entschied sich die Regierung Maltas bereits in den Sechzigerjahren dazu, die sogenannte V-Lizenz einzuführen, welche jährlich bezahlt werden musste, um in Valletta einfahren zu dürfen. Diese V-Lizenz galt rund um die Uhr und führte somit dazu, dass Fahrzeuge ohne die V-Lizenz selbst zu ruhigen Verkehrszeiten ohne Parkplatzprobleme nicht in die Zone einfahren durften. Außerdem konnte die V-Lizenz von allen Autofahrern gekauft werden, wodurch es besonders für Anrainer zu

Parkplatzproblemen kam. Die Erlaubnis auch auf Gehsteigen parken zu dürfen, um die Parkplatzkapazität zu erhöhen, führte nur dazu, dass die Lebensqualität für Anrainer und Touristen weiter sank, während keine Verbesserungen punkto Stau erkenntlich waren. Die Regierung erkannte also, dass die V-Lizenz nicht wie erhofft Stau und Emissionen reduzierte, sondern eher die Zugänglichkeit Vallettas beschränkte. Aus diesem Grund wurde 2004 ein Komitee damit beauftragt, sich mit der Verbesserung des Verkehrs in Valletta auseinanderzusetzen, wobei ein besonderer Fokus auf die Reduktion des Berufspendlerverkehrs und die fairere Zugänglichkeit Vallettas gelegt wurde [112], [113].

In Folge dessen wurde zunächst im November 2006 eine neue Park and Ride Anlage nahe den Haupteinfahrten Valettas errichtet und schließlich im Mai 2007 eine City-Maut namens „Controlled Vehicular Access (CVA)" in Valletta eingeführt, welche die V-Lizenz ersetzte. Zusätzlich wurde die vorhandene Fußgängerzone Vallettas ausgeweitet. Der Aufenthalt in der Zone ist an Arbeitstagen zwischen 08:00 und 18:00 sowie an Samstagen von 08:00 bis 13:00 kostenpflichtig, wobei jeweils die erste halbe Stunde gratis ist. Bleibt man länger in der Zone, so kostet die erste Stunde ebenso wie alle darauffolgenden Stunden rund 80 Eurocent, wobei die maximal zu zahlende Gebühr mit 6,52 €(also ca. 8 h) gedeckelt ist. Die Maut kann per Post, in Registrierungsstellen sowie über Internet bezahlt werden, wobei es für Vorauszahlungen und automatische Bankeinzugsaufträge einen Rabatt von 10 % gibt. Je später die Rechnung bezahlt wird, desto höher ist der zu zahlende Betrag; nach 3 Monaten muss bereits der doppelte Betrag gezahlt werden. Von der Maut ausgenommen sind unter anderem Einsatzfahrzeuge, E-Fahrzeuge, Fahrzeuge des öffentlichen Verkehrs, Zulieferer (in bestimmten Zeitfenstern), Motorräder, Fahrzeuge von Menschen mit Behinderung, Busse mit mindestens 10 Beifahrersitzen sowie Anrainer. Ausländische Fahrzeuge sind von der City-Maut ebenfalls ausgenommen, müssen sich aber innerhalb von sieben Monaten mit einem maltesischen Kennzeichen registrieren lassen und werden ab diesem Zeitpunkt ebenso bemautet. Die 14 Zonengrenzen sind allesamt mit Kennzeichenkameras ausgestattet. Indem die Kennzeichenkameras die Ein- und Ausfahrten aller Fahrzeuge registrieren, kann die Aufenthaltsdauer und somit die zu bezahlende Gebühr pro Fahrzeug berechnet werden [112], [113].

Die Resultate der City-Maut zeigen, dass der Verkehr zu den Hauptverkehrszeiten zurückging, da die Berufspendler in der Park and Ride Anlage parken konnten und dass Valletta für kürzere Aufenthalte besser zugänglich wurde. Dadurch ist die Regulierungsmaßnahme nun fairer für Autofahrer, die nur selten nach Valletta fahren. Auch für die Anrainer ist die City-Maut vorteilhaft, da durch das Ausweichen der Berufspendler auf die Park and Ride Anlage nun mehr Parkplätze zur Verfügung stehen. Durch die bessere Zugänglichkeit Vallettas wird vermutet, dass die Anzahl der Fahrten in die Zone gestiegen ist. Der Verkehr ist allerdings aufgrund der Ausweitung der Fußgängerzone auf die äußeren Teile Vallettas beschränkt, wodurch die Lebensqualität sowie die Luftqualität in Vallettas Innenstadt seit Einführung der City-Maut wohl gestiegen ist, auch wenn das nicht das Hauptziel der City-Maut war. In den Medien, der Bevölkerung sowie der Politik ist die City-Maut gemeinsam mit der Park and Ride Anlage sehr gut aufgenommen worden. Auch an eine Ausweitung auf den Nachbarort Floriana wurde bereits gedacht [112], [113].

3.2.9 Finnland – Helsinki

In Finnland wurde im Jahr 2009 eine Studie zur möglichen Einführung einer City-Maut in der Hauptstadt Helsinki veröffentlicht. Die Studie wurde im Rahmen der Verkehrsentwicklungsprojekte im Raum Helsinkis durchgeführt. Ziel war es die Auswirkungen unterschiedlicher City-Maut-Varianten zu analysieren und zu bewerten. Es wurden sozioökonomische Aspekte, umwelt- und sicherheitsbezogene Effekte sowie wirtschaftliche Auswirkungen betrachtet. Die Studie bewertet also unterschiedliche Systemvarianten ohne jedoch eine dieser City-Maut Varianten vorzuschlagen [119]. Die Folgestudie von 2011 vergleicht die zu erwartenden Effekte einer der ausgearbeiteten City-Maut Varianten mit jenen des derzeitigen Transportplans der Region Helsinkis, welcher zurzeit keine City-Maut vorsieht [120]. Im Juli 2011 wurde der Vorschlag der Verkehrsministerin, eine City-Maut in Helsinki einzuführen, vorerst vom Parlament abgelehnt [121].

Die Studie von 2009 untersuchte die folgenden drei unterschiedlichen Modelle [119]:

- Passagenrelevante Maut mit einer Zone: Passagen der Zonengrenze kosten – unabhängig von der Fahrtrichtung – 2 € während den Hauptverkehrszeiten und 1 € zwischen den Hauptverkehrszeiten. Die maximal zu zahlende Gebühr beträgt 6 €. Passagen zu anderen Uhrzeiten (abends und nachts) sowie am Wochenende sind kostenfrei. Die Zonengrenze liegt innerhalb Helsinkis Ring Road III. Zur Bemautung werden einerseits Fahrzeuggeräte und andererseits Kennzeichenkameras eingesetzt. Autofahrer, die sich nur mittels Kennzeichens registrieren, müssen pro Tag die maximale Gebühr von 6 € entrichten.
- Passagenrelevante Maut mit wabenförmigen Zonen: Hier gilt das gleiche Schema wie bei der passagenrelevanten Zone, wobei es in diesem Modell mehrere Zonen gibt und jede Passage einer der Zonengrenzen 1 € in den Hauptverkehrszeiten und 50 Cent in den Zeiten dazwischen kostet. Die äußerste Zonengrenze entspricht der oben genannten Zonengrenze. Insgesamt gibt es innerhalb dieser Zonengrenze vier Zonen, wobei eine davon die Innenstadt umfasst und die weiteren drei sich von der Innenstadt ausgehend in Richtung Ring Road III erstrecken.
- Distanzabhängige Maut mit Zonen: In diesem Modell müssen Fahrzeuge pro gefahrenen Kilometer innerhalb einer von zwei Zonen zahlen. Die innere Zone entspricht der Fläche innerhalb des Rings Road III (inkl. der Ring Road III selbst). Die Grenze der äußeren Zone ist rund 40 km von Helsinkis Zentrum gezogen. In den Hauptverkehrszeiten sind pro gefahrenen Kilometer 10 Eurocent innerhalb der inneren Zone bzw. 5 Eurocent innerhalb der äußeren Zone zu bezahlen. Zwischen den Hauptverkehrszeiten sind die Tarife um 5 Eurocent günstiger, wodurch Fahrten in der äußeren Zone zu diesem Zeitpunkt nicht bemautet sind. Auch in diesem Modell beträgt die maximal zu zahlende Gebühr 6 € pro Tag. Zur Bemautung werden Fahrzeuggeräte mit GNSS-Modul (siehe Kap. 4.3) eingesetzt. Zusätzlich werden Kennzeichenkameras und 5,8 GHz Sende- und Empfangseinheiten zum automatischen Enforcement straßenseitig installiert. Autofahrer, die nur ihr Kennzeichen registrieren, müssen pro Tag die maxi-

male Gebühr von 6 € entrichten. In der Folgestudie von 2011 wurden die Tarife dieser Variante leicht verändert, so dass in den Hauptverkehrszeiten pro gefahrenen Kilometer 8 Eurocent innerhalb der inneren Zone bzw. 4 Eurocent innerhalb der äußeren Zone zu bezahlen sind. In der Periode zwischen den Hauptverkehrszeiten sind in dieser Ausarbeitung 4 Eurocent in beiden Zonen zu entrichten.

Die Studie von 2009 kommt zu dem Resultat, dass mittels der Einführung einer City-Maut der Verkehr, die Fahrzeiten und die Luftverschmutzung reduziert werden können. Außerdem soll die City-Maut zu dem gewünschten Anstieg des öffentlichen Personennahverkehrs im Modal Split führen. Es wird erwartet, dass die resultierenden sozio-ökonomischen Vorteile gegenüber den Kosten einer City-Maut überwiegen [119]. Die Folgestudie von 2011 befasst sich mit den Effekten des dritten Modells, also den Folgen einer distanzabhängigen Maut innerhalb von zwei Zonen. Die Studie kommt zu dem Ergebnis, dass die Transportsysteme Helsinkis mit einer City-Maut besser funktionieren als ohne, und sich eine City-Maut somit positiv auf die Bevölkerung Helsinkis auswirkt. Die zu erwartenden Effekte der City-Maut sind zudem in Einklang mit den Zielen des Transportplans der Region Helsinkis [120]. Die dritte Variante ist jedoch jene Variante, die mit dem meisten Risiko behaftet ist, da die Einhebung distanzabhängiger Maut in Städten bisher noch nie implementiert wurde. Dies war auch eines der entscheidenden Gegenargumente, weshalb die City-Maut vorerst nicht in Helsinki eingeführt wurde.

3.2.10　Dänemark

Dänemark gehört zu jenen europäischen Ländern, welche über die letzten Jahre bereits Umweltzonen eingeführt haben, und überlegt darüber hinaus auch die Einführung einer City-Maut in Kopenhagen.

3.2.10.1　Umweltzonen

Aufgrund der steigenden Schadstoffwerte, welche besonders durch Fahrten dieselbetriebener LKWs mit einem Gesamtgewicht von mehr als 3,5 t verursacht werden, verabschiedete das dänische Parlament Ende 2006 einen Akt, welcher die Einführung von Umweltzonen in den vier größten Städten Dänemarks erlaubte. Auf dessen Basis führte zunächst Kopenhagen (und Frederiksberg) eine Umweltzone im September 2008 ein. Einige Monate später folgte Aalborg und rund zwei Jahre später auch Odense und Århus. Durch die Einführung erwünschte man sich eine Reduktion der Schadstoffe, um die betroffenen Städte lebenswerter zu gestalten. So sollen beispielsweise in Kopenhagen aufgrund der Folgen der hohen Schadstoffwerte jährlich 150 Personen weniger sterben und die Anzahl der Asthmapatienten um 8000 Personen sinken [124].

Das vom Parlament verabschiedete Gesetz legt fest, welche LKWs mit einem Gesamtgewicht von mehr als 3,5 t in die Umweltzonen einfahren dürfen. Dementsprechend müssen die betroffenen LKWs seit 2011 zumindest EURO-Emissionsklasse 4 haben oder mit einem wirksamen Partikelfilter nachgerüstet sein. Sowohl einheimische als auch ausländische LKWs sind von diesen Bestimmungen betroffen und müssen eine Plakette online oder in einer der zugelassenen Werkstätten erwerben und an der Windschutzscheibe anbringen. Ausnahmen werden nur für Spezialtransport-Fahrzeuge sowie Fahrzeuge von Firmen, deren Existenz durch etwaige Mehrkosten gefährdet ist, gestattet. Die Grenzen der Umweltzonen wurden von den jeweiligen Städten gezogen und stimmen in etwa mit den Stadtgrenzen überein. Kontrollen werden innerhalb der Zone manuell durchgeführt [124], [125].

Die Resultate zeigen, dass die Umweltzonen, wie erwartet, Schadstoffe innerhalb der Zonen reduzieren. Ein Großteil dieser Reduktionen kann auf die Erneuerung der Fahrzeugflotte, welche durch die Umweltzone beschleunigt wird, zurückgeführt werden. Die durchschnittliche Reduktion von $PM_{2,5}$ und PM_{10} in den Umweltzonen beträgt 1,5 bzw. 1 %. In Straßen mit hohem Verkehrsaufkommen, wie dem H.C. Andersens Boulevard in Kopenhagen, fallen die Reduktionen mit rund 8 % für $PM_{2,5}$ und 4 % für PM_{10} deutlicher aus. Weiters wurden auf diesem Boulevard Reduktionen von NO_x um 25 % bei LKWs bzw. um 8 % bei allen Fahrzeugen festgestellt. Die NO_2 Werte wurden auf derselben Straße um 4 % reduziert [125]. Basierend auf den Erfahrungen aus den Niederlanden, kann davon ausgegangen werden, dass die Resultate mittels automatischem Enforcement noch verbessert werden könnten.

3.2.10.2 Kopenhagen

In Kopenhagen wurde bereits im Jahr 1997 mit Überlegungen zur Einführung einer City-Maut begonnen. So veröffentlichten der dänische Transportrat, das dänische Verkehrsministerium, die technische Universität, die Gemeinde Kopenhagen und zuletzt das Forum umliegender Gemeinden Kopenhagens zahlreiche Studien. Über selbigen Zeitraum und darüber hinaus wurde das Thema von lokalen wie nationalen Politikern mehrmals aufgegriffen und wieder fallen gelassen. So gibt es auch heute – fünf Jahre seit der letzten Studie – noch keine City-Maut-Implementierung. Auch die gesetzlichen Grundlagen für eine solche Einführung wurden nicht geschaffen. Die Ziele der in den Studien vorgeschlagenen City-Maut sind neben einer Reduktion des motorisierten Individualverkehrs und von Staus auch die Verbesserung der Lebensqualität durch Verminderung der Schadstoffe und von Lärm. Weiters sollen gemäß der Studie des Forums der umliegenden Gemeinden Kopenhagens die erzielten Einnahmen der City-Maut umweltfreundliche Verkehrsprojekte, wie die Einführung neuer Linien des öffentlichen Personennahverkehrs, finanzieren. Ein Teil dieser Verkehrsprojekte soll bereits vor Einführung der City-Maut umgesetzt sein, um von Anfang an genügend Alternativen zur Verfügung zu stellen. Die letzten Studien weisen jedoch darauf hin, dass vor der Umsetzung neuer Verkehrsprojekte eine Kosten-Nutzen-Rechnung durchgeführt werden muss, um sicherzustellen, dass die Nutzen des neuen Verkehrsprojekts deren Kosten übertreffen [126], [127].

Die Zonengrenzen, der – in der Studie des Forums – vorgeschlagenen City-Maut, verlaufen etwas außerhalb der sogenannten „Ringbanen", aber noch innerhalb von Kopenhagen. Bei jeder Passage der Zonengrenze ist eine Gebühr zu entrichten. Diese Gebühr

ist in den Hauptverkehrszeiten mit 25 DKK mehr als doppelt so hoch wie zu anderen
mautpflichtigen Zeiten, in denen 10 DKK zu bezahlen sind. Während der Nacht muss
keine Maut entrichtet werden. Am Wochenende gelten niedrigere Tarife. Mautpflichtig
sind alle Fahrzeuge mit Ausnahme von Fahrzeugen des öffentlichen Verkehrs, Fahrzeugen
von Menschen mit Behinderung sowie Einsatzfahrzeuge. Als Technologie werden sowohl
Kennzeichenkameras als auch CEN DSRC Sende- und Empfangseinheiten vorgeschlagen. Die Verwendung von CEN DSRC Fahrzeuggeräten würde sich im Falle Kopenhagens anbieten, da bereits viele Fahrzeuge mit solchen Fahrzeuggeräten ausgestattet sind,
um die Maut auf der Öresund- und Großer-Belt-Brücke zu bezahlen [126].

Die Studien der technischen Universität Dänemarks haben im Jahr 2005 zwölf unterschiedliche Modelle ausgearbeitet, welche in einer weiteren Studie im Jahr 2007 auf die
folgenden vier Modelle reduziert wurden: [127]

- Distanzabhängige Maut mit konzentrischen Zonen: Der Tarif hängt von der Anzahl der
  zurückgelegten Kilometer innerhalb der Zonen ab. Es gibt insgesamt vier konzentrische Zonen, deren Tarife pro gefahrenen Kilometer in Richtung der Innenstadt immer
  höher werden. In den Hauptverkehrszeiten sind die Tarife doppelt so hoch. Für LKWs
  sind die Tarife dreimal so hoch. Als Technologie sollten GNSS-Fahrzeuggeräte eingesetzt werden.
- Passagenrelevante Maut mit wabenförmige Zonen: Insgesamt zwölf Zonen decken die
  gleiche Fläche, wie im oberen Modell, ab. Die vier Zonen des oberen Modells sind zusätzlich in kleinere Flächen unterteilt, wobei bei jeder Passage einer Zonengrenze Maut
  zu entrichten ist. Der zu entrichtende Mauttarif nimmt in Richtung der Innenstadt zu,
  so dass bei Passagen der zentral gelegenen Zonengrenzen 6 DKK und bei Passagen der
  äußersten Zonengrenzen 1 DKK gezahlt werden müssen. Innerhalb einer Zone kann
  beliebig viel gefahren werden. Wie im vorherigen Modell, gelten auch hier doppelte
  Tarife in den Hauptverkehrszeiten und dreifache Tarife für LKWs. Das System sollte
  ebenfalls mittels GNSS-Fahrzeuggeräten umgesetzt werden.
- Passagenrelevante Maut mit kleiner Zone: Die kleine Zone deckt im Wesentlichen die
  Innenstadt Kopenhagens ab. Jede Passage – unabhängig von der Fahrtrichtung – der
  Zonengrenze kostet 15 bzw. 30 DKK zu den Hauptverkehrszeiten. LKWs müssten
  45 DKK pro Passage zahlen. Für die technologische Umsetzung wurde der Einsatz von
  CEN DSRC Fahrzeuggeräten empfohlen.
- Passagenrelevante Maut mit großer Zone: Die große Zone erstreckt sich innerhalb der
  Autobahn M3, welche gleichzeitig die Zonengrenze definiert. Die Tarife und empfoh-
  lene Technologie dieser Variante sind identisch zum vorigen Modell.

Die Ergebnisse der Studie des Forums der umliegenden Gemeinden Kopenhagens sagen
einen Verkehrsrückgang von 23 % innerhalb der Zonengrenzen und 4 % in Groß-Kopen-
hagen voraus. Es wurden keine Simulationen durchgeführt, welche die Auswirkungen der
Einführung einer City-Maut auf die Luftqualität zum Inhalt hat. Entsprechend den Erfah-

rungen aus anderen Städten werden jedoch merkbare Reduktionen der Schadstoffe erwartet. Außerdem schlägt die Studie des Forums der umliegenden Gemeinden Kopenhagens bereits zwei unterschiedliche Verkehrspläne zur Verbesserung des öffentlichen Personennahverkehrs vor, welche durch die Einnahmen der City-Maut finanziert werden könnten [126]. Die Studie der technischen Universität Dänemarks kam zu dem Resultat, dass die Anzahl der Fahrten um 1,6 bis 7,5 % und die Anzahl der gefahrenen Kilometer um bis zu 7 % reduziert werden können. Im Modell mit der kleinen Zone steigt allerdings die Anzahl der gefahrenen Kilometer ebenso wie die Stauzeiten, da viele Autofahrer die Zone vermeiden. Ein ähnlicher Effekt lässt sich in den ersten beiden Modellen feststellen, während bei der großen Zone Fahrten hauptsächlich auf die Autobahn M3 verlagert werden. Mit Ausnahme des Modells mit der kleinen Zone, sinken die Stauzeiten um 8,1 bis 14,1 %. Dieser – mit der Anzahl der gefahrenen Kilometer verglichen – größere Rückgang lässt sich darauf zurückführen, dass der Verkehr in Kopenhagen oft an der Kippe zum Stau steht und es somit durch Reduktion weniger Fahrten bereits oft zur Stauvermeidung kommt [127].

3.2.11 Schweiz

Viele Schweizer Städte beschäftigen sich bereits seit längerem intensiv mit der möglichen Einführung einer City-Maut, welche in der Schweiz auch oft „Road Pricing" genannt wird. So gibt es abgesehen von einigen konkreteren Studien bereits einen nationalen Gesetzesentwurf aus dem Jahr 2009, welcher die Rahmenbedingungen zur Einführung einer City-Maut in der Schweiz festlegt [122]. Dieser Gesetzesentwurf lässt sehr viele Freiheiten bei der Gestaltung und Umsetzung, wurde jedoch noch immer nicht verabschiedet. Neben der Einführung dieses nationalen Gesetzes, wären außerdem noch weitere gesetzliche Änderungen auf kantonaler Ebene sowie in den Gemeinden selbst erforderlich [123]. Die Ziele der City-Maut decken sich größtenteils mit jenen anderer europäischer Städte; so sollen einerseits der motorisierte Individualverkehr um 10 bis 20 % reduziert und andererseits Einnahmen zur Modernisierung der Verkehrssysteme generiert werden, wobei der Fokus auf der Einführung umweltfreundlicherer Verkehrssysteme liegt.

Eine Studie zur Einführung einer City-Maut in Bern aus dem Jahr 2012 stellt zwei Hauptszenarien, welche sich lediglich durch die Tarifhöhe unterscheiden, vor, und erwähnt weitere mögliche Szenarien, welche in dieser Studie aber nicht ausgearbeitet wurden. Im Hauptszenario soll ein Tagesticket bei Fahrten innerhalb der Zone gezahlt werden. Dieses Ticket kostet entweder 5 oder 9 CHF. Die Zonengrenze stimmt mit der Grenze der Kernagglomerationsgemeinden überein. Ausgenommen sind Fahrten auf Autobahnen, die innerhalb der Zone liegen. Alle Fahrzeuge mit weißem Kennzeichen, unabhängig von der Fahrzeugklasse, zahlen den gleichen Betrag pro Tag. Die Autofahrer müssen ihre Fahrt entweder vor Fahrtantritt oder bis spätestens 24 h nach der Fahrt registrieren und bezahlen. Kontrolliert wird mittels stationärer Kennzeichenkameras an neuralgisch wichtigen Punkten und mobilen Kontrollen. Die nicht ausgearbeiteten Szenarien behandeln [123].

- eine andere Zonengrenze,
- eine zeitlich gestaffelte Bemautung mit höheren Tarifen während den Hauptverkehrszeiten,
- ein wabenförmiges Zonenmodell.

Für die Region Zürich kommt eine Studie aus dem Jahr 2010 zu dem Schluss, dass sowohl
passagenrelevante Maut als auch ein Tagesticket oder distanzabhängige Maut jeweils in
Bezug auf eine Zone, welche die Agglomeration Zürichs umfasst, interessante Regulierungsmaßnahmen sind. Für die ersteren beiden Varianten werden CEN DSRC Fahrzeuggeräte empfohlen. LKWs mit einem Gesamtgewicht von mehr als 3,5 t sollten gemäß der
Studie nicht zusätzlich zahlen müssen, da diese bereits von der Schweizer Gebührenab-
gabe betroffen sind. Auch Motorräder sollen ausgenommen werden. Der Mauttarif soll
zwischen 5 und 10 Franken liegen [122].

Die Einführung eines der Hauptszenarien in Bern hätte zur Folge, dass Stau stark reduziert wird und das Verkehrsvolumen innerhalb der Zone um 17,5 % (Szenario 1) bzw.
27,4 % (Szenario 2) zurückgeht. Gleichzeitig nimmt der öffentliche Personennahverkehr
um rund 10 bis 17 % zu. Mit den erwirtschafteten Einnahmen könnten bestehende Verkehrssysteme verbessert und neue Verkehrssysteme eingeführt werden. Bei diesen Verbesserungen sollten besonders die – aufgrund der Veränderungen des Modal Shifts – mehr
belasteten Routen des öffentlichen Personennahverkehrs verbessert werden [123]. Die
Studie zu Zürich geht außerdem von einer Reduktion der Schadstoffe aus und betont, dass
die Akzeptanz einer City-Maut gemäß Umfragen bei Beachtung einiger Grundprinzipien,
wie der sozialverträglichen Gestaltung der Regulierungsmaßnahme, gegeben wäre [122].

Technologien im Kontext mit City-Maut 4

Technologien spielen in jeder Regulierungsmaßnahme eine bedeutsame Rolle, jedoch ist anhand der vorgestellten Beispiele Europas im vorangegangenen Kapitel klar erkennbar, dass die Technologie nicht alleine über Erfolg oder Misserfolg einer Regulierungsmaßnahme entscheidet. Dennoch dreht sich im Vorfeld der Einführung einer Regulierungsmaßnahme vieles um die einzusetzenden Technologien, und tatsächlich kann sich die eingesetzte Technologie positiv, aber auch negativ auf die Umsetzung auswirken. Um einen positiven Effekt zu erzielen, müssen Auswahl und Umsetzung der Technologie im Einklang mit den gewünschten Zielen des Verkehrssystems stehen. Die grundlegenden Ziele einer jeden Technologie im Kontext mit Regulierungsmaßnahmen der Verkehrsnachfrage sind die bestmögliche und zuverlässige Fahrzeugidentifikation bei allen Umwelt- und Verkehrsbedingungen. Unter Umweltbedingungen fallen mitunter der Betrieb bei Tag und Nacht, Regenschauer oder Schneefall, Nebel oder tiefstehender Sonne bei sehr niedrigen wie sehr hohen Temperaturen. Um alle möglichen Verkehrsbedingungen abzudecken, müssen Fahrzeuge auf und zwischen allen Fahrspuren bei sehr hohen Geschwindigkeiten ebenso wie im Stau erkannt werden.

Die folgenden Unterkapitel stellen drei unterschiedliche Technologien vor, die diese Anforderungen erfüllen. Da jede Stadt einzigartig ist, lässt sich ein System nicht einfach nur kopieren, sondern muss den Gegebenheiten entsprechend angepasst werden. Die folgenden Technologien erlauben auf unterschiedlichste Gegebenheiten und Anforderungen einzugehen. Zusätzlich zu den drei Technologien wird im Folgenden auch das Zentralsystem beschrieben, welches in der einen oder anderen Form für jede Regulierungsmaßnahme benötigt wird.

© Springer Fachmedien Wiesbaden 2014
D. Leihs et al., *City-Maut,* DOI 10.1007/978-3-658-03786-4_4

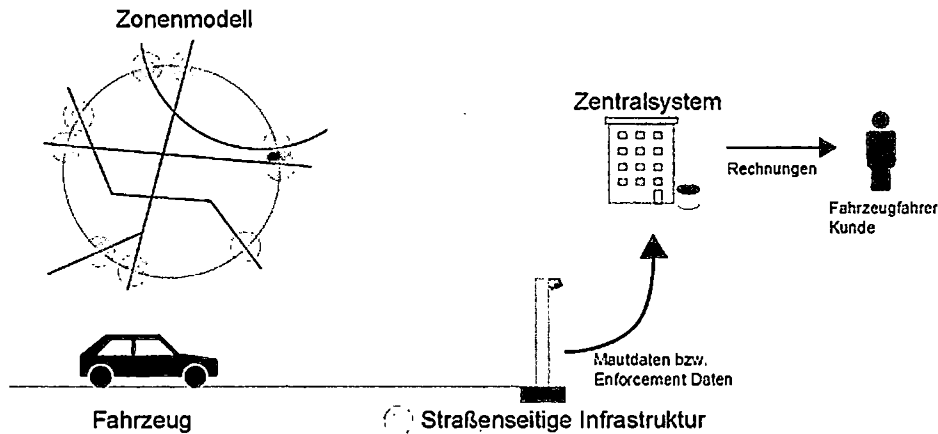

Abb. 4.1 Vereinfachte Systemarchitektur eines auf automatischer Kennzeichenerfassung basierenden Systems

4.1 Automatische Kennzeichenerfassung (ANPR)

Zur automatischen Kennzeichenerfassung werden Kennzeichenkameras eingesetzt, die straßenseitig montiert die Kennzeichen aller vorbeifahrenden Fahrzeuge fotografieren. Die aufgenommenen Kennzeichenbilder werden mittels optischer Zeichenerkennung (vgl. „Optical Character Recognition (OCR)") bearbeitet, wodurch die Kennzeichennummer aus dem Bild extrahiert und zur Fahrzeugidentifizierung verwendet werden kann. Dieses Verfahren wird in den folgenden Unterkapiteln genauer erläutert.

Wie aus den vorangehenden Kapiteln hervorgeht, wird automatische Kennzeichenerfassung weltweit für unterschiedlichste Regulierungsmaßnahmen sowie zum automatischen Enforcement eingesetzt. Gerade für das automatische Enforcement ist diese Technologie unentbehrlich, da keinerlei Fahrzeuggeräte benötigt werden, um Fahrzeuge zu identifizieren. Abbildung 4.1 stellt eine vereinfachte Systemarchitektur für ein auf automatischer Kennzeichenerfassung basierendes System dar.

4.1.1 Kennzeichenkameras

Zur automatischen Kennzeichenerfassung werden Kennzeichenkameras eingesetzt, die straßenseitig montiert die Kennzeichen aller vorbeifahrenden Fahrzeuge fotografieren. Je nach gesetzlicher Grundlage wird hierbei entweder die Front oder das Heck des Fahrzeugs fotografiert; manche Länder verlangen auch, dass der Fahrer auf dem Bild erkennbar ist, während dies andere explizit verbieten. Zu beachten ist auch, dass Front- und Heckkennzeichen im Falle von Zugfahrzeug und Anhänger nicht immer übereinstimmen bzw. auf einem LKW mitunter mehr als nur ein Kennzeichen montiert ist. Weitere Problematiken beim Aufzeichnen der Kennzeichen sind:

- Wechselnde Lichtverhältnisse, die zu Belichtungsfehlern führen
- Wetterbedingungen, wie Schnee, Schlamm, starker Regenfall oder Nebel, die Kennzeichen verdecken
- Wechselnde Verkehrsbedingungen mit sehr niedrigen als auch sehr hohen Geschwindigkeiten sowie potenziellen Abschattungen von Kennzeichen beispielsweise aufgrund von Anhängerkupplungen oder eng aneinander fahrenden Fahrzeugen
- Verbogene oder sonst wie beschädigte Kennzeichen

Aufgrund dieser Faktoren sind rund 2 % aller Kennzeichen auch vom menschlichen Auge nicht zu erkennen, wodurch die Erkennungsrate bei maximal 98 % liegt. Die Aufnahmen des Kennzeichens können je nach Anforderung in Schwarzweiß oder Farbe gehalten sein, wobei Farbfotos bei Nacht nur vom Heck getätigt werden, um zu vermeiden, dass der Autofahrer geblendet wird. Typischerweise werden deshalb Schwarzweiß-Fotos mit Infrarotbeleuchtung geschossen. In Europa ist dies aufgrund der standardisierten Kennzeichen unproblematisch. In vielen anderen Ländern wie zum Beispiel den Vereinigten Staaten von Amerika oder den Vereinigten Arabischen Emiraten sind Farbinformationen oder Informationen zum Kennzeichentyp, der sich durch Form und Farbe unterscheidet, und somit Weißlichtbeleuchtung zur erfolgreichen Identifizierung notwendig, da ein und dasselbe Kennzeichen in unterschiedlichen Farbtönen bzw. Kennzeichentypen auftreten kann. Außerdem verfügen europäische Kennzeichen gemäß Verordnung 2411/98 des Europäischen Rates [33] über retroreflektive Flächen, wodurch das Licht ideal zur Kamera reflektiert wird und der Kontrast des Kennzeichens erhöht wird. In Ländern mit nicht-retroreflektiven Kennzeichen werden zusätzliche Beleuchtungseinheiten benötigt, um die Region zur Kennzeichenaufnahme besser auszuleuchten [45].

Die Kennzeichenkameras sind straßenseitig an Überkopfbrücken oder seitlich an Masten so installiert, dass der Winkel zur Fahrbahn einerseits möglichst flach ist, um das Kennzeichen gerade zu fotografieren, aber andererseits auch schräg genug ist, um auch Kennzeichen von eng aneinander fahrenden Fahrzeugen noch fotografieren zu können [45]. Damit die optische Zeichenerkennung gute Resultate liefert, muss die Kennzeichenkamera das Kennzeichen mit ausreichender Auflösung aufnehmen. Da sich die Kameratechnologie über die letzten Jahre stark weiterentwickelt hat, stellt die Auflösung heutzutage auf den meisten Märkten keine Probleme mehr dar; problematisch sind lediglich Kennzeichen bei denen Zeichen in sehr kleiner Schriftgröße übereinander angeordnet sind.

Je nach Systemanforderungen gibt es unterschiedliche Ansätze, ob die Kamera nur ein optimales Kennzeichenbild zur weiteren Verarbeitung auswählt oder mehrere Kennzeichenbilder aufzeichnet und weiterbearbeitet. Während eine Kennzeichenkamera in Installationen mit hohem Verkehrsaufkommen und hohen Geschwindigkeiten keine Zeit für letztere Variante haben wird, hat es bei Regulierungsmaßnahmen mit geringen Geschwindigkeiten und/oder niedrigem Verkehrsaufkommen (vgl. Schrankensystem bei einem

Parkhaus) durchaus Sinn, mehrere Kennzeichenbilder aufzunehmen, um auf diese Weise die Wahrscheinlichkeit, das richtige Kennzeichen erkannt zu haben, zu erhöhen.

Zusätzlich zu den Kennzeichenkameras werden typischerweise auch Übersichtskameras installiert, um nicht nur Bilder des Kennzeichens, sondern auch Übersichtsbilder des gesamten Fahrzeuges aufzunehmen. Diese Übersichtsbilder werden den Kennzeichenbildern zugeordnet und können je nach Gesetzesgrundlage auch als zusätzliche Beweisgrundlage dienen. Einige Kennzeichen- und Übersichtskameras bieten auch die Möglichkeit an, Videostreams aufzuzeichnen und an das Zentralsystem zu übertragen. Dadurch können mit den entsprechenden Applikationen im Zentralsystem einerseits die Leistung der Kennzeichenkameras validiert und andererseits das Verkehrsverhalten überwacht werden.

Die Passage eines Fahrzeugs und somit eines Kennzeichens kann entweder von der Kennzeichenkamera selbst oder mittels eines dedizierten Sensors erkannt werden. Im Falle von Kennzeichenkameras erkennt die Kamera bei Schwarzweiß-Aufnahmen das Kennzeichen aufgrund dessen hohen Kontrastes, während bei Farbaufnahmen komplexere Algorithmen zum Erkennen und Verfolgen des Fahrzeuges notwendig sind, um den richtigen Zeitpunkt zur Aufnahme des Kennzeichens festzustellen. Wenn auf dedizierte Sensoren zurückgegriffen wird, werden typischerweise Induktionsschleifen, Laser- oder Radarsensoren eingesetzt, die bei jeder Passage eines Fahrzeugs einen Impuls an die Kamera senden, damit diese ein Bild aufnimmt. Mittels externer Sensoren wird die Genauigkeit der Erkennung von Fahrzeugpassagen erhöht, wodurch einerseits weniger Passagen verpasst und andererseits auch weniger Falschaufnahmen ausgelöst werden.

Einige Kennzeichenkameras sind auch in der Lage, eine grobe Fahrzeugklassifizierung vorzunehmen, was besonders nützlich ist, wenn beispielsweise nur LKWs erkannt werden sollen, da nur diesen die Zufahrt in die Stadt verwehrt werden soll. Mithilfe zusätzlicher Algorithmen, die auch auf Übersichtsbilder angewandt werden können, verbessern diese die Fahrzeugklassifizierung bzw. erkennen auch zusätzliche Details wie den Fahrzeugtyp. Um komplexere Klassifizierungsschemata wie in europäischen LKW-Mautsystemen mit einer hohen Leistungsrate umzusetzen, sind jedoch zusätzliche Klassifizierungssensoren (Induktionsschleifen, Laserscanner oder stereographische Kameras) notwendig.

Je nach Regulierungsmaßnahme und rechtlicher Grundlage müssen Kennzeichenbilder bzw. die ausgelesenen Kennzeichennummern an das Zentralsystem übertragen werden. Um das zu speichernde und zu übertragende Datenvolumen möglichst gering zu halten, werden typischerweise Kennzeichenbilder bereits auf der Kamera aussortiert und vor einem Versand an das Zentralsystem komprimiert. Damit Kennzeichenbilder schon durch die Kamera ausgeschieden werden können, muss die Kennzeichenkamera über einen entsprechend leistungsstarken Prozessor verfügen, auf dem die Algorithmen zur optischen Zeichenerkennung laufen. Eine weitere Möglichkeit besteht darin, einen zusätzlichen Rechner an der straßenseitigen Infrastruktur zur optischen Zeichenerkennung zu verwenden. Mittels digitaler Signatur der Kennzeichenbilder wird die Rechtmäßigkeit der Kennzeichenbilder sichergestellt. Zusätzlich ist der Datentransfer von Kennzeichenbildern an das Zentralsystem verschlüsselt, damit Dritte die Kennzeichenbilder nicht auslesen können.

4.1.2   Optische Zeichenerkennung

Das Kennzeichenbild ermöglicht eine Fahrzeugidentifizierung. Um diese Fahrzeugidentifizierung zu automatisieren, werden Algorithmen zur optischen Zeichenerkennung eingesetzt. Diese Algorithmen haben das Ziel, die einzelnen Zeichen aus dem Kennzeichenbild zu extrahieren und mit einer möglichst hohen Konfidenz zu erkennen. Bevor der eigentliche Algorithmus zur Zeichenerkennung angewandt wird, werden zunächst der Bereich des Kennzeichens aus dem Kennzeichenbild ausgeschnitten und vergrößert sowie einzelne Parameter, wie Helligkeit oder Kontrast des Kennzeichenbildes, variiert, um das Kennzeichen besser lesbar zu machen. Typischerweise wird jedes Zeichen gesondert ausgelesen und mit einem Konfidenzwert versehen, bevor die Zeichen zu einer Zeichenfolge mit einem Gesamtkonfidenzwert zusammengesetzt werden [48]. Hierbei unterstützen Regeln für das Kennzeichen-Format (z. B. betreffend die erlaubte Anzahl an Zeichen, erlaubter Zeichenfolge oder erlaubter Zeichen) den Algorithmus. Aufgrund der Vielzahl an unterschiedlichen Kennzeichen werden die Algorithmen zur Zeichenerkennung je nach Land und den dort vorkommenden Kennzeichen optimiert, damit eine möglichst hohe Erfolgsrate erreicht werden kann.

Zusätzliche Informationen wie die Länderkennung oder der Kennzeichentyp werden ebenfalls gemeinsam mit einem Konfidenzwert angegeben. Je höher der Gesamtkonfidenzwert, desto höher ist die Wahrscheinlichkeit, dass das Kennzeichen richtig gelesen wird. Akzeptiert man allerdings nur gelesene Kennzeichen mit 100 % Konfidenz, so werden zwar falsch gelesene Kennzeichen größtenteils ausgeschlossen, dafür aber auch sehr viele richtig gelesene Kennzeichen ignoriert. Daher empfiehlt es sich den minimalen Konfidenzwert so zu setzen, dass die Balance zwischen korrekt gelesenen Kennzeichen und falsch gelesenen Kennzeichen optimiert wird. Eine weitere Möglichkeit ist es, das Kennzeichen je nach erreichtem Konfidenzlevel später im Zentralsystem noch einmal manuell zu überprüfen.

Abgesehen von den bereits erwähnten Problematiken bezüglich der Kennzeichenaufnahme, gibt es bei der optischen Zeichenerkennung noch zusätzliche Hürden aufgrund unterschiedlicher Schriftarten, unterschiedlicher Schriftgrößen und sich ähnelnder Zeichen wie 0 und O, oder C und G. All diese Faktoren führen dazu, dass die erfolgreiche Erkennungsrate von leserlichen (wie im vorhergehenden Kapitel erwähnt, sind rund 2 % aller Kennzeichen nicht leserlich) europäischen Kennzeichen mittels automatischer Kennzeichenerfassung bei rund 90 bis 95 % liegt. Die Erkennungsrate wird einerseits durch nicht erkannte Zeichen und andererseits durch falsch erkannte beeinflusst. Falsch positive Resultate (das heißt die falsche Erkennung eines Kennzeichens mit hoher Konfidenz) sind besonders problematisch, da dadurch Autofahrern fälschlicherweise eine Strafe in Rechnung gestellt wird und durch das Entgegennehmen und Bearbeiten der rechtmäßigen Beschwerden des Autofahrers die Betriebskosten des Systems erhöht werden.

Generell muss bei der optischen Zeichenerkennung ein Kompromiss zwischen der Anzahl falsch positiver Resultate und richtig positiver Resultate eingegangen werden. Dadurch empfiehlt es sich zwei unterschiedliche Algorithmen zur optischen Zeichenerkennung einzusetzen, wovon einer darauf optimiert ist, die Anzahl der richtig positiven Resultate zu maximieren und der zweite Algorithmus die Anzahl der falsch positiven Resultate minimiert. So kann der Aufwand für manuelle Nachbearbeitung im Zentralsystem reduziert werden. Bei der manuellen Nachbearbeitung werden automatisch ausgelesene Kennzeichen von Angestellten händisch mittels einer dedizierten Software korrigiert.

Mit dem sogenannten „Fingerprinting" kann die automatische Kennzeichenerkennung auf ein weiteres Softwaremodul zur Maximierung der richtig positiven Resultate und Minimierung der falsch positiven Resultate zurückgreifen. Dabei werden „Fingerabdrücke" der vorbeifahrendenden Fahrzeuge generiert und einem Fahrzeug zugeordnet. Diese „Fingerabdrücke" lesen nicht die Kennzeichennummer, sondern bestimmte Muster des Fahrzeuges inklusive des Kennzeichens und kodieren diese in einzigartige „Fingerabdrücke". Fährt ein Fahrzeug, von dem ein „Fingerabdruck" erstellt wurde, an einer straßenseitigen Infrastruktur vorbei, erkennt der Algorithmus das Fahrzeug anhand des „Fingerabdrucks" und weist die Fahrzeugpassage somit dem richtigen Fahrzeug zu.

4.2 Dedicated Short Range Communication (DSRC)

Dedicated Short Range Communication (DSRC) unterscheidet sich grundlegend von der automatischen Kennzeichenerfassung, da rein straßenseitige Infrastruktur nicht ausreicht, um Fahrzeuge erfolgreich zu identifizieren. Zusätzlich müssen Fahrzeuggeräte – sogenannte On-Board Units (OBUs; oftmals auch als Transponder oder Tag bezeichnet) – an der Windschutzscheibe des Fahrzeugs montiert werden. DSRC ermöglicht eine drahtlose Kommunikation dieser Fahrzeuggeräte mit der straßenseitigen Infrastruktur. Auf der Infrastrukturseite sind Empfänger- und Sendeeinheiten notwendig. Um ein Enforcement von Fahrzeugen ohne Fahrzeuggeräten zu gewährleisten, benötigen Systemvarianten der Verkehrsnachfrage, die auf DSRC basieren, zusätzlich noch weitere straßenseitige Infrastruktur wie Kennzeichenkameras.

DSRC wird oft stellvertretend für CEN DSRC, den de-facto Maut Standard in der EU, verwendet, wenngleich DSRC richtigerweise als Überbegriff für Hochfrequenz-Technologien im Mikrowellenbereich verstanden werden muss. Dabei unterscheidet man je nach eingesetzter Frequenz zwischen den folgenden Technologien, die in den kommenden Unterkapiteln genauer beschrieben werden:

- 915 MHz: RFID
- 5,8 GHz: CEN DSRC, UNI DSRC, ARIB DSRC
- 5,9 GHz: G5, WAVE

4.2.1 915 MHz RFID

Die 915 MHz RFID Technologie wird für die unterschiedlichsten Applikationen weltweit eingesetzt. Ursprünglich wurde diese Technologie für die Logistik und im Speziellen das

Versorgungskettenmanagement entwickelt, für welches 915 MHz RFID Tags auch heute noch vorherrschend sind. Vor allem in den Vereinigten Staaten wird diese Technologie aber auch zur Bemautung eingesetzt. In Europa ist 915 MHz RFID nicht in der Interoperabilitätsrichtlinie vorgesehen; deshalb werden nur einige Eckpunkte der Technologie in diesem Kapitel vorgestellt.

Grundsätzlich wird zwischen den folgenden Fahrzeuggerätetypen unterschieden: [43]

- Aktiv: diese Fahrzeuggeräte haben eine Batterie und können Signale aktiv senden, wodurch der Kommunikationsbereich zwischen Sende- und Empfangseinheit sowie Fahrzeuggerät rund 5–100 m lang sein kann, typischerweise aber nicht länger als 30 m ist. Für den Einsatz in Regulierungsmaßnahmen ist dieser Typ nicht empfehlenswert, da keine genauere Lokalisierung des Fahrzeuggeräts möglich ist.
- Semi-passiv: diese Fahrzeuggeräte haben eine Batterie, reflektieren aber die empfangenen Signale, um Energie zu sparen.
- Passiv: diese Fahrzeuggeräte kommen ohne Batterie aus und reflektieren die empfangenen Signale; dadurch ist der Kommunikationsbereich deutlich kürzer und beträgt bis zu 10 m. Man spricht bei diesen Fahrzeuggeräten auch von sogenannten Sticker Tags, da diese ähnlich wie Papiervignetten an die Windschutzscheibe geklebt werden.

Da passive Fahrzeuggeräte von den Sende- und Empfangseinheiten der straßenseitigen Infrastruktur mit Energie versorgt werden müssen, ist der Energieverbrauch der straßenseitigen Infrastruktur bei diesen Fahrzeuggeräten höher. Außerdem, müssen Sende- und Empfangseinheiten sehr niedrig (typischerweise um die 5 bis 5,5 m) installiert werden, damit einerseits eine hohe Fahrzeugidentifizierungsleistung gewährleistet und andererseits der Energieverbrauch minimiert wird und im gesetzlichen Rahmen bleibt [43]. Der Speicher der Fahrzeuggeräte ist mit 32 bis 256 Byte sehr klein gehalten, was die Möglichkeiten, mehrere Applikationen anzubieten, einschränkt.

Die Sende- und Empfangseinheiten bei 915 MHz RFID bestehen aus Antennen, die auf der straßenseitigen Infrastruktur montiert werden, und einem Lesegerät (vgl. „Reader"), das in einem Gehäuse nahe der straßenseitigen Infrastruktur untergebracht und für die Logik der Kommunikationsabwicklung mit den Fahrzeuggeräten zuständig ist. Die Distanz zwischen Lesegerät und Antennen sollte dabei möglichst gering und auf jeden Fall unter 15 m gehalten werden, damit das Signal nicht zu stark abgeschwächt wird. Aufgrund der großen Antennen (rund 0,5 × 0,5 bis 1 × 1 m) und der niedrigen Installationshöhe beeinträchtigen die 915 MHz RFID Antennen im Vergleich zu den CEN DSRC Sende- und Empfangseinheiten, die auf rund 6,5 m Höhe installiert werden und wesentlich kleiner sind, das Straßenbild deutlich.

Die offenen Standards für die 915 MHz RFID Technologie werden sowohl von ASTM, IEEE, ISO als auch EPCglobal entwickelt. Davon abgesehen gibt es aber noch eine Vielzahl herstellerproprietärer Protokolle wie ATA, eGO, SeGO, ZIP, oder auch SUNPASS [43] [45]. Der zuvor proprietäre IAG-TDM Standard, der im Nordosten der Vereinigten Staaten eingesetzt wird und von dem weltweit die meisten 915 MHz Fahrzeuggeräte im

Tab. 4.1 Übersicht über alle 5,8 GHz DSRC Technologien. (Quelle: [27], [34], [46])

	ARIB DSRC	CEN DSRC	UNI DSRC
Duplex	RSE: Duplex OBU: Halbduplex	Halbduplex	Halbduplex
Kommunikations- system	Aktiv	Passiv	Aktiv
Funkfrequenz	5,8 GHz ISM 80 MHz	5,8 GHz ISM 10 MHz	5,8 GHz ISM 80 MHz
Kanäle	Down-Link: 7 Up-Link: 7	4	2
Kanaltrennung	5 MHz	5 MHz	10 MHz
Datenübertragungsrate	Down/Up-Link: 1 or 4 Mbps	Down-Link: 500 kbps Up-Link: 250 kbps	Down/Up-Link: 921 kbps
Reichweite	30 m	15–20 m	15–20 m
Modulation	2-ASK (1 Mbps) 4-PSK (4 Mbps)	RSE: 2-ASK OBU: 2-PSK (Zwischenträger Modulation)	RSE: 2-ASK OBU: 2-PSK (Zwischen- träger Modulation)

Einsatz sind, wurde dieses Jahr veröffentlicht, um Interoperabilität zu ermöglichen [44]. Aufgrund der Vielzahl an unterschiedlichen Standards kann in den Vereinigten Staaten derzeit keine Interoperabilität der Fahrzeuggeräte unterschiedlicher Mautsysteme gewährleistet werden. Bestrebungen für ein interoperables System und somit ein einheitliches Kommunikationsprotokoll sind derzeit aber aktueller denn je. Davon abgesehen, kann momentan ein Trend hin zu passiven Fahrzeuggeräten mit verbesserten Sicherheitsmechanismen beobachtet werden.

4.2.2 5,8 GHz DSRC

Dieses Kapitel stellt zunächst die drei bestehenden Standards im 5,8 GHz Frequenzbereich einander gegenüber, bevor der CEN DSRC Standard im Detail beschrieben wird. Der japanische ARIB DSRC Standard [46] wird mit Ausnahme der Gegenüberstellung in Tab. 4.1 nicht weiter erläutert, da sich diese Darstellung auf den europäischen Raum fokussiert. Der UNI DSRC Standard [34] wird zwar in der europäischen Interoperabilitätsrichtlinie als mögliche Technologie im EU-Raum genannt, de facto aber außerhalb Italiens nicht eingesetzt und spielt deshalb nur eine untergeordnete Rolle. Aus diesem Grund wird auch der UNI DSRC Standard mit Ausnahme der Gegenüberstellung in Tab. 4.1 hier nicht ausführlicher beschrieben; Tab. 4.1 verwendet die Abkürzung OBU für das Fahrzeuggerät und die Abkürzung RSE für die straßenseitige Infrastruktur.

4.2.2.1 CEN DSRC

Der CEN DSRC Standard wurde in der Arbeitsgruppe 9 des 1992 gegründeten technischen Komitee 278 (TC 278) ausgearbeitet. Das gesamte CEN DSRC Kommunikationsmodell wurde speziell für den Bereich der Verkehrstelematik entwickelt und dementsprechend nach dessen Anforderungen optimiert. Dadurch ermöglichen CEN DSRC Systeme eine Fahrzeugidentifizierungsleistung von mehr als 99,5 % während des Systembetriebs [47]. Der CEN DSRC Standard basiert auf dem OSI Referenzmodell, das von der International Telecommunication Union (ITU) entwickelt wurde. Dieses OSI Referenzmodell definiert sieben abstrakte Schichten zur Definition eines beliebigen Kommunikationsprotokolls [35]. Im CEN DSRC Standard werden aufgrund der Echtzeitanforderungen aus diesen sieben Schichten lediglich die folgenden drei zur erfolgreichen Kommunikation benötigt:

- Bitübertragungsschicht (Physical Layer) entsprechend EN 12253:2004 [27]: Beschreibt, wie Daten physikalisch ausgetauscht werden; d. h. im Falle von DSRC werden der Frequenzbereich (von 5,795 bis 5,805 GHz), das Modulationsverfahren sowie die Maximalleistung für das Senden und Empfangen von Daten in Form elektromagnetischer Wellen definiert. Die Maximalleistung von $+33$ dBm (entspricht einer Leistung von 2 W EIRP) ist konform mit der elektromagnetischen Umweltverträglichkeit und hat somit keinerlei gesundheitliche Schäden für Menschen.
- Sicherungsschicht (Data Link Layer) entsprechend EN 12795:2003 [28]: Beschreibt, wie auf das Medium zugegriffen wird, um einen Datenverlust (z. B. durch Datenkollisionen) zu minimieren, und wie gegebenenfalls Übertragungsfehler erkannt werden.
- Anwendungsschicht (Application Layer) entsprechend EN 12834:2003 [29]: Beschreibt die Basisfunktionen zum Verbindungsaufbau unangemeldeter Fahrzeuggeräte und den Datenaustausch öffentlicher sowie privater Nachrichten, die jeglicher DSRC Anwendung zur Verfügung stehen.

Die Funktionalitäten der restlichen Schichten des OSI Referenzmodells sind im Rahmen des CEN DSRC Standards nicht notwendig bzw. in einer der drei definierten Schichten vereinfacht abgedeckt. Dadurch werden die zu übertragenden Datenmengen sowie die erforderlichen Kommunikationszeiten möglichst gering gehalten. Abbildung 4.2 stellt die von CEN DSRC verwendeten Schichten im Rahmen des OSI Referenzmodells dar. Anfragen und Antworten durchlaufen jeweils alle Schichten, wobei diese jeweils vertikal in die darunter- oder darüber gelegene Schicht weitergegeben werden.

Der EN-13372:2004 Standard [30] definiert außerdem noch konsistente Profile für jede der drei standardisierten Schichten, wobei ein Profil aus bestimmten Parametern einer Schicht besteht. Diese Profile erleichtern die Auswahl der richtigen Parameter für die jeweiligen Anwendungen.

Zusätzlich zu den drei Schichten des OSI Referenzmodells, hat das technische Komitee 278 auch die DSRC Anwendungsschnittstelle [31] sowie ein darauf basierendes Anwendungsprofil [32] standardisiert. In diesen Standards ist festgelegt wie die Datenstruktur der Fahrzeuggeräte sowie der Sende- und Empfangseinheiten organisiert ist, und

Abb. 4.2 CEN DSRC Schichten (farblich hervorgehoben) im Kontext des OSI Referenzmodells

mittels welcher Basisfunktionen die Anwendungen miteinander kommunizieren sollen. Die Datenstruktur besteht aus Elementen und Attributen:

- Elemente (Anwendungen): Ein Fahrzeuggerät kann mehrere Elemente beinhalten. Diese Elemente entsprechen unterschiedlichen Anwendungen wie beispielsweise einer Maut- oder Parkanwendung.
- Attribute: Jede Anwendung besteht aus Attributen. Diese Attribute können beispielsweise das Kennzeichen, die Fahrzeugklasse, Vertragsdaten, Zahlungsinformationen oder Schlüssel zur erfolgreichen Kommunikation sein. Jedes Attribut ist durch eine eindeutige ID, einen Wert sowie ein Zugriffsrecht (Lese- und/oder Schreibrecht) definiert.

Die Basisfunktionen, die entsprechend Layer 7 definiert sind, beschreiben, wie Sende- und Empfangseinheiten Zugriff auf die Fahrzeuggeräte und somit die Attribute der gewünschten Anwendung bekommen. Nach erfolgreichem Verbindungsaufbau erlauben diese Basisfunktionen unter anderem Daten der Attribute auszulesen, zu überschreiben oder auch Aktionen wie zum Beispiel einen bestimmten Piepston an die Bedienoberfläche des Fahrzeuggeräts zu senden. Die folgende Abbildung zeigt, wie diese Kommunikation der einzelnen Anwendungen zwischen Fahrzeuggerät, und Sende- und Empfangseinheit stattfindet (Abb. 4.3).

Der CEN DSRC Standard definiert also die Grundlagen für eine zuverlässige drahtlose Nahkommunikation mit speziellem Fokus auf den Kommunikationsaustausch zwischen Fahrzeuggeräten und straßenseitiger Infrastruktur. Dabei wird beispielsweise Rücksicht auf die Dämpfung der elektromagnetischen Wellen durch die Windschutzscheibe genommen. Weiters wird bei jeder Datenkommunikation die Authentizität des Fahrzeuggeräts

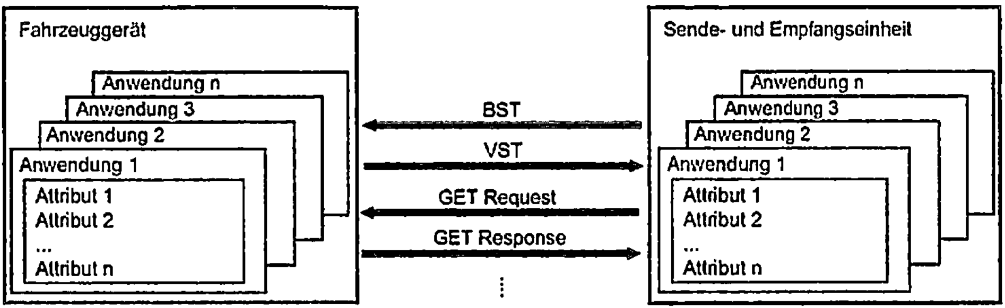

Abb. 4.3 Kommunikationsaustausch zwischen Fahrzeuggerät und Sende- und Empfangseinheit

bzw. der Sende- und Empfangseinheiten überprüft, damit einerseits keine Falschdaten in das Zentralsystem übertragen werden und andererseits keine Falschdaten auf das Fahrzeuggerät gespielt werden. Außerdem sind jeglicher Datentransfer verschlüsselt und Zugriffe auf die einzelnen Anwendungsprofile des Fahrzeuggeräts passwortgeschützt.

Durch die Standards wird Interoperabilität zwischen unterschiedlichen Regulierungsmaßnahmen, die jeweils auf 5,8 GHz CEN DSRC basieren, ermöglicht. So kann zum Beispiel ein Autofahrer mit ein und demselben in Norwegen gekauften Fahrzeuggerät in allen norwegischen Städten und Autobahnen sowie in Schweden und Dänemark fahren und alle anfallenden Gebühren bei seinem lokalen Anbieter entrichten.

Die beiden folgenden Unterkapitel beschreiben die Funktionalitäten der Fahrzeuggeräte sowie der Sende- und Empfangseinheiten.

Fahrzeuggeräte

Durch den Layer 1 des CEN DSRC Standards ist festgelegt, dass lediglich semi-passive Fahrzeuggeräte unterstützt werden. Semi-passive Fahrzeuggeräte charakterisieren sich dadurch, dass sie keine aktive Sendeeinheit haben, sondern durch straßenseitige Sendeeinheiten aktiviert werden müssen, deren empfangene Signale sie dann modulieren und reflektieren. Dennoch benötigen semi-passive Fahrzeuggeräte eine Energiequelle (typischerweise eine Batterie, um ohne Verkabelung im Fahrzeug auszukommen), um den Betrieb des Mikrochips zu gewährleisten. Dadurch erreichen semi-passive Fahrzeuggeräte typischerweise eine Lebensdauer von rund 7 Jahren, wobei die Batterie der limitierende Faktor ist [92].

Typischerweise haben CEN DSRC Fahrzeuggeräte in etwa die Größe einer Zigarettenschachtel; bei diesen Varianten ist lediglich ein Piepser zur Kommunikation mit dem Autofahrer eingebaut (z. B. ein akustisches Signal bedeutet erfolgreiche Transaktion und drei akustische Signale bedeuten, dass etwas mit dem Fahrzeuggerät nicht in Ordnung ist). Es gibt aber auch Fahrzeuggeräte speziell für LKWs, die zusätzlich mit einem Taster und LEDs ausgestattet sind, um die Anzahl der Achsen einzustellen und visuell darzustellen. Das ist für solche Mautsystem notwendig, in denen die Anzahl der Achsen den Tarif mitbestimmt. Für den Spezialfall metallisierter Windschutzscheiben, bieten einige Anbieter auch eigens entwickelte „Split-OBUs" an; dabei wird das Fahrzeuggerät mit einer zusätzlichen Antenne verbunden, die an der Fahrzeugkarosserie angebracht wird.

In einigen Städten wie zum Beispiel Manchester wurde auch die Kombination einer Smartcard (Oyster-Card in Manchester), die für den öffentlichen Verkehr oder andere Bezahlungen verwendet wird, mit dem Fahrzeuggerät überlegt. Bisher gibt es in Europa aber keine solche Implementierung.

Die Datenstruktur der Fahrzeuggeräte ist gemäß den standardisierten Anwendungsprofilen definiert. Da auf einem Fahrzeuggerät mehrere Anwendungsprofile definiert sein können, kann ein und dasselbe Fahrzeuggerät in mehreren unterschiedlichen Mautsystemen verwendet werden, sofern das Fahrzeuggerät für dieses Mautsystem registriert ist. Fahrzeuggeräte können mit Vorauszahlungs- oder Nachzahlungsverträgen gekoppelt werden. Mittels Vorauszahlungsverträgen kann die Anonymität des Autofahrers gewährleistet werden.

Sende- und Empfangseinheiten
Sende- und Empfangseinheiten aktivieren die Kommunikation mit Fahrzeuggeräten. Sie lesen auf Fahrzeuggeräten gespeicherte Daten und schreiben neue Daten auf die Fahrzeuggeräte innerhalb des auf einige Meter begrenzten Kommunikationsfeldes. Außerdem lokalisieren die Sende- und Empfangseinheiten die Fahrzeuggeräte, um diese bei Bedarf – wenn Kennzeichenkameras ebenfalls auf der straßenseitigen Infrastruktur installiert sind – den Nummerntafel-Bildern desselben Fahrzeugs zuzuweisen.

Für Sende- und Empfangseinheiten gibt es zwei Ansätze:

- Getrennte Sende- bzw. Empfangseinheiten: hierbei gibt es Einheiten, die nur zum Senden von Daten, und Einheiten, die nur zum Empfangen von Daten verwendet werden.
- Kombinierte Sende- bzw. Empfangseinheiten: diese Einheiten können sowohl Daten senden als auch empfangen.

Über die vergangenen Jahre hat sich aus Kosten-Gründen der zweite Ansatz mit kombinierten Sende- und Empfangseinheiten am Markt durchgesetzt. Das hat auch den Vorteil, dass diese Sende- und Empfangseinheiten im Straßenbild nicht sonderlich auffallen. Die Maximalleistung von +33 dBm ist außerdem konform mit der elektromagnetischen Umweltverträglichkeit und gefährdet somit nicht die menschliche Gesundheit.

4.2.3 5,9 GHz DSRC

Im 5,9 GHz Frequenzbereich (5,850–5,925 GHz) werden derzeit zwei Standards, nämlich „WAVE" in den Vereinigten Staaten und „ITS-G5" in der Europäischen Union, forciert. Beide Standards basieren auf dem IEEE 802.11p Standard. Der WAVE Standard wird von IEEE standardisiert, während ITS-G5 von ETSI standardisiert wird. Das Funktionsprinzip ist jenem der anderen DSRC Technologien sehr ähnlich, wobei dieser Frequenzbereich einige Vorteile wie sehr hohe Datenraten von bis zu 27 Mbps, Reichweiten von 200 bis 800 m und sehr kurze Latenzzeiten bietet. Dadurch ist diese Technologie besonders für intelligente Verkehrssysteme geeignet. Dementsprechend liegt der Fokus bei 5,9 GHz nicht nur auf der Kommunikation zwischen Fahrzeuggerät und straßenseitiger Infrastruktur, sondern auch auf der Kommunikation von Fahrzeug zu Fahrzeug [93].

Das primäre Einsatzgebiet der 5,9 GHz Technologie ist die Verkehrssicherheit, aber auch Anforderungen des Verkehrsinformations- und Mautsegments sowie anderer Regulierungsmaßnahmen der Verkehrsnachfrage werden mit dieser Technologie erfüllt. Da das Funktionsprinzip ähnlich zu CEN DSRC ist und der Fokus der 5,9 GHz Technologie auf intelligenten Verkehrssystemen und Verkehrssicherheit liegt, wird diese Technologie mit Ausnahme einiger möglicher Applikationen in dieser Ausarbeitung nicht weiter vorgestellt.

Bezüglich der möglichen Einsatzgebiete gibt es bereits seit einigen Jahren Testprojekte in Europa und den Vereinigten Staaten wie COOPERS oder das Testfeld Telematik, die die Leistung und das Potenzial dieser Technologie überprüfen und bisher auch bestätigen. Typische Applikationen umfassen Verkehrswarnungen (z. B. Warnung an Kreuzungen vor anderen Fahrzeugen), Grünzeiten der nächsten Ampel, Parkplatzinformationen, die derzeit erlaubte Geschwindigkeit, aber auch Maut. Die Informationen werden je nach Anforderung der Applikation zwischen Fahrzeugen und straßenseitiger Infrastruktur ausgetauscht.

4.3   Satellitenortung – Globales Navigationssatellitensystem (GNSS)

Satellitenortung oder auch GNSS wird als Überbegriff für Satellitensysteme, die zur Positionsbestimmung eingesetzt werden, verwendet. Im deutschen Raum wird typischerweise nur vom amerikanischen Satellitensystem GPS (Global Positioning System) gesprochen, welches das bekannteste, aber nicht mehr das einzig verfügbare Satellitensystem ist. Denn in den letzten Jahren wurden einerseits das russische Satellitensystem GLONASS wieder aufgebaut und andererseits sowohl das europäische Galileo als auch das chinesische Compass entwickelt (die Fertigstellung beider Systeme wird voraussichtlich noch bis zum Jahr 2020 dauern). In der Folge bezieht sich diese Darstellung in erster Linie auf das amerikanische GPS, da dieses noch immer das weitverbreitetste Satellitennavigationssystem ist. Die folgenden Absätze in diesem Abschnitt sind jedoch für alle Systeme gleichermaßen gültig.

Zur erfolgreichen Positionsbestimmung benötigt ein GNSS Empfänger Sichtkontakt zu mindestens vier Satelliten. Die Satelliten senden dabei kontinuierlich Signale, die einerseits Positionsinformationen der Satelliten sowie hochpräzise Zeitinformationen beinhalten. Derzeit (Oktober 2013) umlaufen 32 Satelliten die Erde in einer mittleren Erdumlaufbahn von rund 20.200 km Höhe, so dass überall auf der Erde und zu jedem Zeitpunkt ein Minimum von vier Satelliten sichtbar ist. In Richtung der beiden Polkappen nimmt die zu erreichende Positionsgenauigkeit aber leicht ab, da sich die Satellitenumlaufbahnen auf die am stärksten bevölkerten Regionen der Erde konzentrieren [41].

Der GNSS Empfänger berechnet mittels Laufzeitmessung seine aktuelle Position. Die Laufzeitmessung basiert auf dem Vergleich der Uhrzeiten zum Zeitpunkt von Versand und Empfang des Signals. Durch Multiplikation der Laufzeit mit der Lichtgeschwindigkeit berechnet der GNSS Empfänger die Distanz zu den sichtbaren Satelliten. Wenn die Distanz zu zumindest drei Satelliten berechnet wurde, ergibt – ausgehend von bekannten Positionen der Satelliten – der Schnittpunkt dieser Distanzen die Position des GNSS Empfängers. Somit reichen theoretisch bereits drei Satelliten zur Bestimmung einer 3D-Position (x, y und z bzw. geographische Länge, geographische Breite und Höhe) des GNSS Empfängers aus; dieses Positionierungsprinzip wird auch Trilateration genannt [41].

Zur exakten Positionsbestimmung wird aber zumindest noch ein vierter Satellit benötigt, um die Uhrzeit des GNSS Empfängers mit der GPS Systemzeit zu synchronisieren. Da die Distanzberechnung und somit die Positionsbestimmung des GNSS Empfänger auf dem Vergleich der Uhrzeiten zum Versand und Empfang des Signals beruht, führen schon sehr geringe Abweichungen der Empfängeruhr im Vergleich zur Systemzeit zu großen Messfehlern (1 ms entspricht einem Distanzfehler von rund 300 km). Im Falle der Satelliten gewährleisten hochpräzise Atomuhren die Stabilität der Systemzeit. Die in GNSS Empfängern eingebauten Uhren sind von geringer Qualität und neigen dadurch zu schnellem Driften. Dieser Drift und in weiterer Folge der dadurch entstehende Offset zur Systemzeit kann durch Verwendung eines vierten Satelliten bestimmt und kompensiert werden [41]. Die Genauigkeit kann weiter gesteigert werden, indem man mehr als vier Satelliten für die Positionsbestimmung verwendet. Um die Anzahl verfügbarer Signale zu erhöhen, werden unterschiedliche Satellitennavigationssysteme miteinander kombiniert. Dies ist mittlerweile auch Standard in Fahrzeuggeräten, die zum Beispiel mit GPS und GLONASS Empfängern ausgestattet sind. In Zukunft werden diese Empfänger auch auf weitere Satellitensysteme wie Galileo oder Compass zurückgreifen.

Abgesehen vom Uhrenfehler des Empfängers beeinflussen Umgebungseinflüsse die Signalübertragung. Ionosphäre und Troposphäre führen neben anderen Fehlerquellen zu einer Laufzeitverzögerung der Satellitensignale. Auch sogenannte Mehrwegeffekte, die vor allem durch Reflexionen an Hauswänden entstehen, verzögern die Signallaufzeiten und führen so besonders in Städten mit hohen Gebäuden zu Problemen [41].

Zusätzlich zu den zeitlichen Verzögerungen des Satellitensignals führt auch die geringe Signalstärke zu Problemen. Dies macht GNSS Empfänger sehr störungs- und manipulationsempfindlich. Mittels spezieller Störsender können GNSS Signale in unmittelbarer Entfernung aber auch in einigen Kilometern Entfernung gestört werden, so dass GNSS Empfänger dann keine Satellitensignale empfangen können. Eine andere Möglichkeit, GNSS Empfänger zu stören bzw. zu manipulieren, ist das Einspielen von aufgezeichneten oder auch künstlich generierten Satellitensignalen. Damit ist es möglich, einem Fahrzeuggerät Positionen vorzutäuschen. Während Fehlerquellen während der Signalübertragung zum Teil korrigiert bzw. kompensiert werden können, haben Fahrzeuggerätehersteller Lösungen sowohl für Störungen als auch Manipulationen gefunden, indem Plausibilitätschecks auf dem Fahrzeuggerät durchgeführt werden oder straßenseitige Infrastruktur zum automatischen Enforcement eingesetzt wird. In Zukunft werden auch verschlüsselte

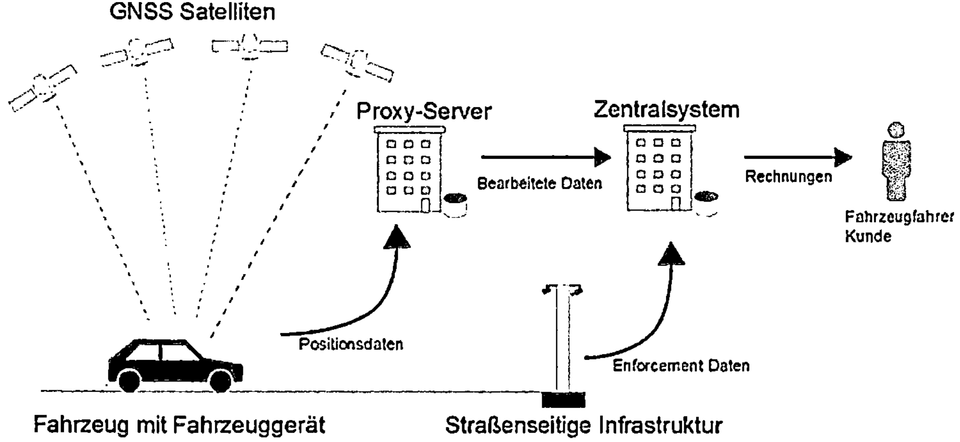

Abb. 4.4 Vereinfachte Systemarchitektur eines Satellitenmautsystems

GNSS Signale (Galileo Commercial Service) zur Verfügung stehen, die eine Authentifizierung möglich machen und so eine Manipulation des Signals deutlich erschweren.

4.3.1   Satellitenmautsysteme

Satellitenmautsysteme benötigen ebenso wie auf DSRC basierende Systeme spezielle Fahrzeuggeräte; dies mit dem Unterschied, dass die in Satellitenmautsystemen verwendeten Fahrzeuggeräte mit einem GNSS Empfänger zum Sammeln der Positionen sowie einem Mobilfunknetz-Modul zur Datenübertragung in das Zentralsystem ausgestattet sein müssen [39]. Die Verwendung der GNSS Signale ist (heutzutage) zwar kostenlos, jedoch dürfen die Kosten für die Datenübertragung sowie Datenbearbeitung und Instandhaltung der Fahrzeuggeräte nicht außer Acht gelassen werden. Straßenseitige Infrastruktur wird im Satellitenmautsystem größtenteils zum Enforcement, teilweise aber auch zur Positionsbestimmung (z. B. in Tunnels) benötigt. Da straßenseitige Infrastruktur ein Kostenfaktor ist, bietet es sich an, Satellitenmautsysteme dann in Städten einzusetzen, wenn alle Straßen bemautet werden sollen und gefahrene Distanzen ein Parameter der Tarifgestaltung sein sollen. Dabei muss allerdings zwischen den folgenden zwei Varianten, die in den nachfolgenden Unterkapiteln genauer beschrieben werden, unterschieden werden:

- Distanzabhängige Maut
- Segmentbasierende Maut

Zusätzlich ermöglichen Satellitenmautsysteme auch auf Zonen bezogen zu bemauten. Die folgende Abbildung stellt eine beispielhafte Systemarchitektur eines Satellitenmautsystems dar, wobei nur die Datenflüsse in Richtung des Zentralsystems abgebildet sind (Abb. 4.4).

Die europäische Interoperabilitätsrichtlinie empfiehlt bei neuen Systemen die Verwendung von Satellitenmautsystemen. Gerade für den städtischen Bereich muss bei der Einführung eines Satellitenmautsystems jedoch sorgfältig abgewogen werden, ob sich die Mehrkosten eines solchen Systems bezahlt machen.

4.3.1.1 Distanzabhängige Maut

Bei einer distanzabhängigen Maut wird die tatsächlich gefahrene Distanz berechnet. Das bedeutet, dass die gefahrene Distanz auf ein und derselben Strecke aufgrund von Spurwechseln, Positionsungenauigkeiten etc. voneinander abweichen kann. Um die Positionsgenauigkeit zu erhöhen und auch in Tunnels oder Innenstadtzentren, in denen es typischerweise vermehrt zu Mehrwegeffekten durch Reflexion an den Häuserfronten kommt, zu gewährleisten, müssen zusätzliche Hilfsmittel eingesetzt werden [37]. Solche Hilfsmittel sind zum Beispiel:

- Kreisel und Beschleunigungssensoren: Mittels dieser zusätzlichen Sensoren kann die gefahrene Distanz weiterhin berechnet werden. Allerdings führen selbst die genauesten dieser Sensoren noch immer zu großen Messfehlern und erhöhen die Kosten eines Fahrzeuggeräts.
- Tachograph: Indem das Fahrzeuggerät mit einem Tachograph gekoppelt wird, können einige GNSS Fehlerquellen reduziert werden. Die Verwendung des Tachographs erfordert aber eine zusätzliche Schnittstelle des Fahrzeuggeräts und ist in der europäischen Interoperabilitätsrichtlinie nicht vorgesehen.

Tests in den Niederlanden haben gezeigt, dass die GNSS Ungenauigkeiten zu einem Fehler von 1,2 bis 4,5 % bei der Berechnung von tatsächlich zurückgelegten Distanzen führen. Mittels der oben genannten Hilfsmitteln soll dieser Fehler sogar auf < 1 % reduziert werden können [40]. Bei diesen Tests wurden auch Szenarien im städtischen Umfeld überprüft, wobei festgestellt wurde, dass zahlreiche Fahrzeuggeräte gerade in diesem Umfeld größere Abweichungen hatten. Bei Tests in Kopenhagen wurde festgestellt, dass rund 97 % der gesammelten Positionen um maximal 30 m abweichen und die GPS Positionierungsverfügbarkeit nur bei rund 83 % lag [42]. Auch wenn sich diese Ungenauigkeiten, die zu Über- bzw. Unterzahlung des Mauttarifs führen, gemäß Normalverteilung wieder ausgleichen, ist es problematisch, Autofahrern diese Unregelmäßigkeiten zu erklären. Des Weiteren würde die im Falle von distanzabhängiger Maut zu bezahlende Maut auch für private Straßen und Parkplätze anfallen, sofern diese nicht explizit ausgenommen werden. Eine solche Ausnahme für private Räume könnte zum Beispiel anhand von auf dem Fahrzeuggerät festgelegten, speziellen virtuellen Zonen gelöst werden, was aber wiederum die Systemkosten und Komplexität erhöht.

4.3.1.2 Segmentbasierende Maut

Bei einer segmentbasierenden Maut werden alle mautpflichtigen Straßen in Segmente aufgeteilt. Jedes Segment hat eine exakte Länge. Die gesammelten Positionen eines Fahr-

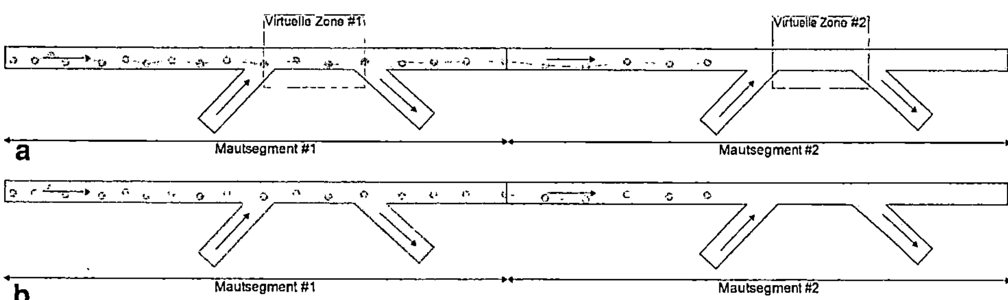

Abb. 4.5 Exemplarische Darstellung segmentbasierender Maut mittels **a** virtueller Zonen und **b** Map Matching, wobei die Punkte auf der Straße GNSS Positionen darstellen und in beiden Fällen das Mautsegment #1 als befahren bewertet wird

zeuges werden dann den jeweiligen Segmenten zugewiesen. Dadurch ist sichergestellt, dass alle Fahrzeuge dieselbe Distanz pro Segment zurücklegen. Für die erfolgreiche Zuweisung von Positionen zu Segmenten werden die folgenden beiden Varianten verwendet: (Abb. 4.5)

- Virtuelle Zonen
- Map Matching

Virtuelle Zonen

Virtuelle Zonen sind Flächen, die mithilfe von Koordinaten definiert werden. Befinden sich empfangene Positionen innerhalb einer virtuellen Zone, gilt die virtuelle Zone als passiert. Im Falle von segmentbasierender Maut wird jede virtuelle Zone (im Englischen als „virtual gantries" bezeichnet) mit einem bestimmten Straßensegment und somit auch einer bestimmten Distanz assoziiert. Fährt ein Fahrzeuggerät durch eine virtuelle Zone, wird die Passage erkannt und die Distanz des Segments zur weiteren Berechnung des Mauttarifs verwendet. Gewissermaßen werden virtuelle Zonen also dazu benutzt, um Straßeninfrastruktur, wie sie in DSRC Systemen verwendet wird, zu simulieren (daher auch der englische Begriff „virtual gantry"). Virtuelle Zonen sind eine effektive Variante, um gefahrene Segmente zu detektieren, bereiten aber Probleme, wenn die empfangenen GNSS Positionen sehr ungenau sind, da es dann mitunter vorkommen kann, dass die empfangenen Positionen nicht in die virtuelle Zone fallen. Das betrifft vor allem das städtische Umfeld, wo es zusätzlich noch die Problematik vieler kurzer Gassen gibt, für die jeweils ein Segment und somit eine eigene virtuelle Zone definiert werden muss. Dadurch steigt die Gefahr, dass eine Straße befahren wird, ohne dass eine GNSS Position in die virtuelle Zone fällt.

Map Matching

Beim sogenannten Map Matching werden die gesammelten Positionen mit Kartenmaterial abgeglichen. Mithilfe des im Kartenmaterial abgebildeten Straßennetzwerkes können ungenaue GNSS Positionen bedingt korrigiert werden. Das verwendete Kartenmaterial muss hochpräzise und aktuell sein, da der Map Matching Algorithmus den gesammelten Positionen sonst falsche Straßen zuordnet [38]. Map Matching hat den Vorteil, dass aufgezeichnete Positionen auch im städtischen Umfeld besser zugeordnet werden können, da im Vergleich zu virtuellen Zonen schlicht und einfach durch das Kartenmaterial mehrere Variablen – wie zum Beispiel der Straßenverlauf, Einbahnen oder auch das Wissen über kurz zuvor befahrene Straßensegmente – zur Verfügung stehen, um das tatsächlich befahrene Straßensegment zu identifizieren.

4.3.1.3   Zonen

Um Zonen abzubilden, werden virtuelle Zonen verwendet. Durch GNSS bedingte Positionsungenauigkeiten ist es hierbei insbesondere an den unmittelbaren Grenzen der Zone problematisch zu detektieren, ob ein Fahrzeug in die Zone eingefahren ist oder nur außerhalb der Zone in dessen unmittelbaren Nähe fährt. Es empfiehlt sich daher, möglichst eindeutige Grenzen für die Zonen festzulegen. Eine andere Möglichkeit besteht darin, jegliche Ein- oder Ausfahrt in die Zone mit virtuellen Zonen zu belegen bzw. für alle Straßensegmente des Kartenmaterials eine Zonenzugehörigkeit festzulegen, die dann via Map Matching erkannt wird.

4.3.2   Front End

Unter dem Front End versteht man die Kombination von Fahrzeuggerät und Proxy-Server. Die Hauptaufgabe des Fahrzeuggerätes ist es, GNSS-Positionen zu sammeln, zu bearbeiten und kabellos über das Mobilfunknetz an den Proxy-Server weiterzusenden. Der Proxy-Server empfängt die übermittelten Daten der Fahrzeuggeräte, bearbeitet diese und sendet sie schließlich zur weiteren Bearbeitung an das Zentralsystem. Zusätzlich hat der Proxy-Server auch die Aufgabe, Fahrzeuggeräte up-to-date zu halten und kann somit auch jegliche Art von Updates (z. B. Firmware, DSRC Attribute, etc.) kabellos auf das Fahrzeuggerät spielen.

GNSS-Fahrzeuggeräte benötigen zumindest ein GNSS- sowie ein Mobilfunknetz-Modul. Zusätzlich sind GNSS-Fahrzeuggeräte typischerweise mit einem DSRC-Modul ausgestattet, um der straßenseitigen Infrastruktur eine möglichst hohe Enforcement-Rate zu ermöglichen. Während mittels des GNSS-Moduls Positionsdaten von den Satelliten empfangen werden, wird das Mobilfunknetz-Modul dazu verwendet, um die empfangenen und bearbeiteten Daten kabellos an den Proxy-Server zu senden bzw. um Daten vom Proxy-Server in Empfang zu nehmen. Betreffend die Datenbearbeitung wird bei GNSS-Fahrzeuggeräten zwischen „Thin Clients" und „Thick Clients" unterschieden [39], [48]:

- Thin Client: Der sogenannte Thin Client verfolgt das Prinzip, dass empfangene Positionsdaten so wenig wie möglich auf dem GNSS-Fahrzeuggerät weiterbearbeitet und in regelmäßigen Intervallen an den Proxy-Server geschickt werden. Dort werden dann entweder virtuelle Zonen oder Map Matching Algorithmen angewandt, um die tatsächlich gefahrenen Straßensegmente zu erkennen. Der größte Nachteil der Thin Clients ist, dass auch mit Algorithmen wie z. B. straight-line Filtern, die die Anzahl gespeicherter Positionen auf geradlinigen Strecken stark reduzieren, eine große Menge von Daten über das Mobilfunknetz gesendet werden und somit hohe Kommunikationskosten anfallen. Dafür kann die gesamte Logik an den Proxy-Server ausgelagert werden, und Updates der virtuellen Zonen oder des Kartenmaterials greifen sofort für die gesamte Fahrzeuggeräteflotte.

- Thick Client: Der Thick Client ist mit virtuellen Zonen oder Kartenmaterial sowie Map Matching Algorithmen ausgestattet. Somit berechnet das GNSS-Fahrzeuggerät bereits lokal, welche Straßensegmente befahren wurden und sendet dann diese Ergebnisse an den Proxy-Server. Der Proxy-Server selbst muss die Daten dann nur noch minimal bearbeiten und an die Zentrale weiterleiten. Ein großer Nachteil der Thick Clients ist, dass Aktualisierungen von virtuellen Zonen, Kartenmaterial, Tarifen, etc. niemals gleichzeitig von allen Fahrzeuggeräten empfangen werden. Dadurch kommt es zu falschen Berechnungen bei nicht upgedateten Fahrzeuggeräten (z. B. wird Maut für ein Straßensegment berechnet, das nicht mehr mautpflichtig ist oder umgekehrt für ein neuerdings mautpflichtiges Straßensegment keine Maut berechnet).

Mit Ausnahme der zusätzlichen GNSS- und Mobilfunk-Module sind die GNSS-Fahrzeuggeräte sehr ähnlich zu den CEN DSRC Fahrzeuggeräten ausgestattet. Da das GNSS-Fahrzeuggerät bei Fahrt ständig eingeschalten sein muss und Batterien diesen erhöhten Stromverbrauch nicht alleine decken können, sind die Fahrzeuggeräte zumeist am Zigarettenanzünder angesteckt. Vermehrt werden auch Displays mit Steuereinrichtung zur Darstellung aktueller Tarife oder zur vereinfachten Einstellung der Achsenanzahl in den Fahrzeuggeräten eingebaut. Es gibt auch Fahrzeuggeräte mit Bluetooth-Modul, wodurch aufgezeichnete Daten auch von anderen elektronischen Geräten wie Mobiltelefonen oder Navigationsgeräten verwendet werden können. Das ermöglicht die Verwendung der aufgezeichneten Daten für weitere Anwendungen intelligenter Verkehrssysteme.

4.4 Zentralsystem

Das Zentralsystem ist ein unerlässlicher Bestandteil einer jeden Systemvariante der Verkehrsnachfrage. Dem Zentralsystem können je nach Ausprägung der Systemvariante unterschiedliche Aufgaben zuteilwerden. Die notwendigen Funktionalitäten können grob in die folgenden zwei Aufgabengebiete unterteilt werden:

- Kommerzielle Aufgaben
- Operative Aufgaben

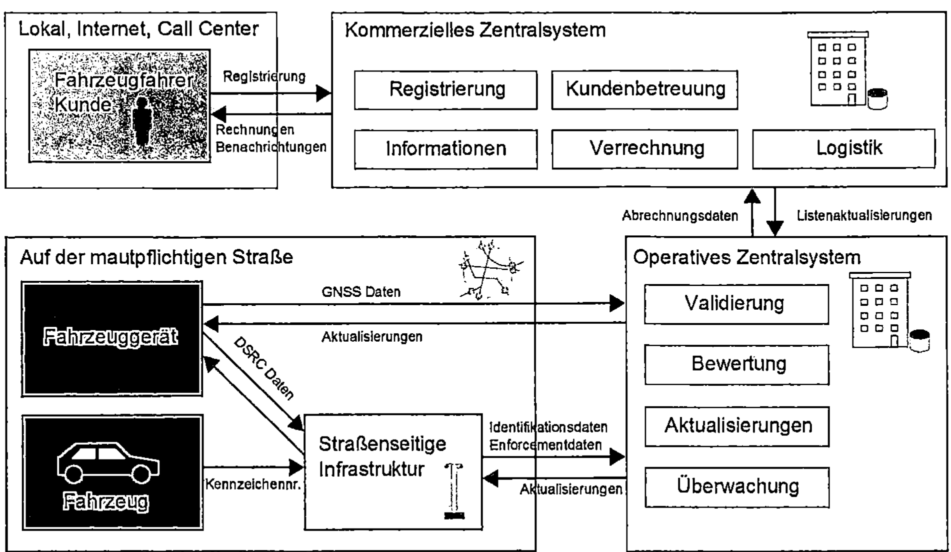

Abb. 4.6 Exemplarische Systemarchitektur

Abbildung 4.6 stellt eine exemplarische Systemarchitektur dar, in der die kommerziellen und operativen Aufgaben des Zentralsystems ebenso wie die Interaktionen dessen mit dem Autofahrer und dem Fahrzeug bzw. Fahrzeuggerät.

4.4.1 Kommerzielles Zentralsystem

Im kommerziellen Zentralsystem werden all jene Aufgaben abgewickelt, die in direktem Kontakt mit möglichen oder bestehenden Kunden stehen. Darunter fallen einerseits die Informationsbereitstellung, Systemregistrierung sowie Kundenbetreuung und andererseits die dazu gehörige Verrechnung und Logistik.

Für die informativen Aufgaben werden je nach Größe des Systems Broschüren, Werbesendungen, Plakate, aber auch Webseiten, Registrierungs- und Verkaufsstellen sowie Callcenter zur Verfügung gestellt bzw. betrieben. Diese Informationskanäle dienen dazu potenzielle wie bestehende Kunden und vom System Betroffene über die Funktionsweise und Hintergründe des Systems zu informieren und aufzuklären. Auch Fragen jeglicher Art werden auf diese Weise entgegengenommen und beantwortet. Falls Registrierungen im System notwendig sind, so bieten Registrierungsstellen, Webseiten und Callcenter die Möglichkeit, sich an- oder abzumelden sowie anfallende Vertragsänderungen wie die Änderung der Kennzeichennummer durchzuführen.

Registrierungs- und Verkaufsstellen, das können Kiosks, Trafiken, Tankstellen oder auch Bezirksämter sein, sind direkt an das kommerzielle Zentralsystem angebunden. An diesen Registrierungs- und Verkaufsstellen können Informationen bezogen und Verträge abgeschlossen werden. Falls die Regulierungsmaßnahme Fahrzeuggeräte vorsieht, so können diese dort erworben oder auch über andere Medien wie das Internet oder Call Center bestellt werden. Das Logistikmodul des kommerziellen Zentralsystems stellt zusätzlich sicher, dass die Fahrzeuggeräte an die registrierten Adressen versandt werden und an allen Registrierungs- und Verkaufsstellen genügend Fahrzeuggeräte vorrätig sind.

Das zweite große Aufgabengebiet eines kommerziellen Zentralsystems ist die Verrechnung. Das kommerzielle Zentralsystem verwaltet alle kundenbezogenen Daten. Diese Daten enthalten beispielsweise Name, Adresse, Telefonnummer und E-Mail Adresse, aber je nach Systemvariante auch alle relevanten fahrzeugbezogenen Daten wie zum Beispiel die Kennzeichennummer, EURO-Emissionsklasse oder Anzahl der Achsen. Um den Kunden Rechnungen bzw. Strafen zustellen zu können, benötigt das kommerzielle Zentralsystem zusätzlich noch die Abrechnungsdaten des operativen Zentralsystems. Diese Abrechnungsdaten enthalten den vom Kunden oder vom sich nicht regulierungskonform verhaltenden Autofahrer zu bezahlenden Geldwert. Auch die Anzahl der Passagen, Einfahrten oder befahrenen Segmente kann angegeben werden, um Transparenz bei den Abrechnungsdaten zu gewährleisten. Bei Enforcement-Fällen wird neben dem zu bezahlenden Geldwert typischerweise auch ein Kennzeichen- und Übersichtsbild vom Zeitpunkt des nicht regulierungskonformen Verhaltens angefügt. Je nach Zahlungstyp muss das kommerzielle Zentralsystem in der Lage sein, Vorauszahlungen bzw. Nachzahlungen abrechnen zu können. Des Weiteren ist zu berücksichtigen, dass alle Sicherheitsmaßnahmen bereitgestellt werden müssen, um Zahlungsmethoden wie Kreditkarten, Bankomatkarten oder Flottenkarten zu unterstützen [48]. Die Zahlungen selbst können in Registrierungs- und Verkaufsstellen ebenso wie über Webseiten, Call-Center, SMS oder in Zukunft auch vermehrt über Smartphone-Applikationen abgewickelt werden.

4.4.2   Operatives Zentralsystem

Das operative Zentralsystem validiert eingehende Daten, bearbeitet diese unter Umständen und leitet sie dann an das kommerzielle Zentralsystem in Form von Abrechnungsdaten weiter. Außerdem werden Updates an die straßenseitige Infrastruktur als auch GNSS-Fahrzeuggeräte gesendet und deren Betrieb überwacht.

Das Validierungsmodul des operativen Zentralsystems überprüft die eingehenden Daten, um die Anzahl an falschen Zahlungen zu reduzieren. Das operative Zentralsystem überprüft ob die Passage wirklich stattgefunden hat bzw. ob das Fahrzeug wirklich zahlungspflichtig war. Auch mögliche Über- bzw. Unterbezahlungen werden erkannt und korrigiert. Je nach Systemkonzept können viele dieser Validierungsmaßnahmen bereits auf der straßenseitigen Infrastruktur oder im Falle von GNSS am Thick Client eines Fahrzeuggerätes durchgeführt werden. Eine Validierung im operativen Zentralsystem kann allerdings auf eine höhere Rechenleistung und unter Umständen auf eine Verbindung zur lokalen Fahrzeugdatenbank zum Datenabgleich zurückgreifen. Die in der manuellen Nachbearbeitung tätigen Personen verwenden die Fahrzeugdatenbank, um gegebenenfalls

Fahrzeugklassen – sofern diese für die Regulierungsmaßnahme relevant sind – manuell auszubessern. Außerdem korrigiert die manuelle Nachbearbeitung gegebenenfalls die Kennzeichennummern, die zuvor von der Kennzeichenkamera mit zu geringer Konfidenz erkannt worden sind.

Sobald das operative Zentralsystem eingegangene Daten validiert und gegebenenfalls verifiziert hat, werden diese Daten je nach vorliegenden Regulierungen bewertet, bevor ihnen in letzter Instanz ein Geldwert zugeordnet wird. Zur Bewertung werden die in Kap. 3.1 vorgestellten Kriterien (wen soll die Maßnahme betreffen, wann soll die Maßnahme wirken und wo soll die Maßnahme wirken) verwendet. Die Bewertung bezieht sich also auf Faktoren wie Ort, Uhrzeit, Verkehrsvolumen, vorherrschende Emissionswerte, bzw. kunden- und fahrzeugbezogene Daten. Je nach Systemkonzept können auch Teile dieser Bewertung auf der straßenseitigen Infrastruktur oder im Falle von GNSS am Thick Client eines Fahrzeuggerätes durchgeführt werden [48].

Das operative Zentralsystem sorgt dafür, dass straßenseitige Infrastruktur sowie GNSS-Fahrzeuggeräte immer auf dem aktuellen Software Stand sind. Gerade bei GNSS-Fahrzeuggeräten kann dieser Aktualisierungsprozess sehr schnell komplex werden, da alle Fahrzeuggeräte, die im Feld sind, unterstützt werden müssen und es schon vorkommen kann, dass ein Fahrzeuggerät für längere Zeit nicht erreichbar ist (z. B. mehrmonatige Auslandsaufenthalte). Bei GNSS-Fahrzeuggeräten können zusätzlich zu der Software oder Firmware der Module auch einzelne Parameter, das Kartenmaterial oder verwendete Tarife über die Luftschnittstelle aktualisiert werden. Das operative Zentralsystem überträgt und aktualisiert auch Listen an der straßenseitigen Infrastruktur, die zur Identifikation erlaubter Fahrzeuge oder nicht-regulierungskonformer Fahrzeuge dienen.

Damit der Betrieb des Systems gewährleistet wird, werden im operativen Zentralsystem auch vorbeugende wie korrektive Maßnahmen geplant und in Auftrag gegeben:

- Vorbeugende Maßnahmen: Regelmäßige Überprüfungen, bei denen beispielsweise die Linsen von Kameras gesäubert werden, Software-Konfigurationen neu eingestellt oder Schrauben nachgezogen werden.
- Korrektive Maßnahmen: Geschultes Personal beobachtet den Betrieb der straßenseitigen Infrastruktur, aber auch des Zentralsystems selbst und leitet bei Bedarf korrektive Maßnahmen wie einen Hardwaretausch oder eine Softwareänderung ein.

4.5 Vergleich und Ausblick

Wie bereits in der Einleitung zu diesem Kapitel erwähnt, hat jede Technologie ihre individuellen Stärken und Schwächen. Ebenso hat jede Regulierungsmaßnahme unterschiedliche Anforderungen, die von einer bestimmten Technologie einmal besser und einmal schlechter erfüllt werden. Dieses Unterkapitel versucht in grober Übersicht die Vor- und Nachteile der vorgestellten Technologien gegenüberzustellen und Beispiele für deren erfolgreichen Einsatz anzuführen. Danach wird ein kurzer Ausblick in die Zukunft gewagt.

4.5.1   Investitionskosten

ANPR benötigt im Vergleich zu DSRC und GNSS keine Fahrzeuggeräte, wodurch sich die Investitionskosten verhältnismäßig gering halten. GNSS-Fahrzeuggeräte sind heutzutage noch deutlich teurer als DSRC-Fahrzeuggeräte, jedoch entfällt bei GNSS die Notwendigkeit für straßenseitige Infrastruktur mit Ausnahme des Enforcement. Da jedoch in vielen Konzepten in der Stadt gerade das Enforcement von Bedeutung ist, und die bemauteten Zonen eher klein gehalten sind, benötigt eine auf GNSS basierende Regulierungsmaßnahme wohl ähnlich viele Standorte für straßenseitige Infrastruktur mit Kennzeichenkameras wie auf ANPR oder DSRC basierende Regulierungsmaßnahmen. Auf DSRC beruhende Regulierungsmaßnahmen benötigen neben den Sende- und Empfangseinheiten und Fahrzeuggeräten noch zusätzliche Kennzeichenkameras an der straßenseitigen Infrastruktur zum automatischen Enforcement. Die DSRC- und GNSS-Fahrzeuggeräte können bei entsprechenden Vereinbarungen interoperabel in mehreren Städten bzw. Ländern verwendet werden, um die damit verbundenen Aufwände sowohl für den Systembetreiber als auch den Autofahrer zu minimieren.

4.5.2   Operative Kosten

In einem ANPR-System fallen hohe Kosten für die manuelle Nachbearbeitung von Kennzeichenbildern, die nicht automatisch ausgelesen werden können, an. Diese Kosten können über die Zeit durch Einsatz mehrerer optischer Zeichenerkennungsalgorithmen sowie „Fingerprinting" teilweise reduziert werden (je häufiger ein Fahrzeug in die Zone einfährt, desto höher die Chance, dass es wieder erkannt wird). In DSRC- und GNSS-Systemen gibt es kaum Fälle der manuellen Nachbearbeitung, jedoch fallen Kosten verbunden mit der Distribution und Personalisierung der Fahrzeuggeräte an. Für die Verwendung der 5,8 GHz CEN DSRC Luftschnittstelle fallen keine zusätzlichen Kosten an, während bei GNSS-Fahrzeuggeräten die Datenübertragungskosten über die Mobilfunk-Luftschnittstelle bezahlt werden müssen. Auch müssen von Zeit zu Zeit Updates an die GNSS-Fahrzeuggeräte eingespielt werden (bei einem Thin Client seltener als bei einem Thick Client).

4.5.3   Funktionalität und Leistung

ANPR ist eine erprobte Technologie mit bekannten Schwächen. So können rund 2 % der aufgenommenen Kennzeichen nicht identifiziert werden, da diese nicht leserlich sind. Das führt im Falle einer passagenbasierenden Regulierungsmaßnahme wie z. B. in Stockholm zu hohen Einkommensverlusten. Auch die Leistung betreffend die leserlichen Kennzeichen liegt mit 90 bis 95 % deutlich unter jenen Werten von DSRC und GNSS, was zu weiteren Einkommensverlusten führen kann. Regulierungsmaßnahmen, die mit geringer Leistung auskommen, weil die Technologie beispielsweise nur zum Enforcement von Tagestickets eingesetzt wird, steigen mit einem ANPR System aber womöglich am besten aus.

DSRC ist ebenfalls eine weltweit erprobte Technologie, die eine Leistung von beinahe 100 % erzielt. Durch diese hohe Leistung hat der Einsatz von DSRC besonders in passagenbasierenden Regulierungsmaßnahmen Sinn, um Einkommensverluste zu minimieren. Aber auch in anderen Regulierungsmaßnahmen, die eine hohe Leistungsrate benötigen, wie beispielsweise zeitbasierende Systeme, bei denen sowohl die Ein- als auch die Ausfahrt zuverlässig detektiert werden muss (vgl. Valletta), bietet DSRC Vorteile. In Regulierungsmaßnahmen, in denen ein Großteil der Fahrten von einem geringen Anteil von Autofahrern durchgeführt wird, ist eine Ausstattung jener Vielfahrer mit Fahrzeuggeräten ebenfalls zweckmäßig, da dadurch die Mehrheit der Fahrten mit hoher Leistung identifiziert und somit die manuelle Nachbearbeitung für falsch gelesene Kennzeichen deutlich reduziert wird.

GNSS wurde bisher nur in einigen landesweiten Mautsystemen eingesetzt; in Städten wurde der Einsatz von GNSS bisher nur versuchsweise erprobt, wodurch fundierte Erkenntnisse fehlen. Die in landesweiten Anwendungen zu erwartende hohe Leistung dürfte in Städten aufgrund der vorgestellten Problematiken allerdings geringer sein. Der Einsatz von GNSS ist daher derzeit eher in großen Zonen sinnvoll, die nicht nur enge Straßen und hohe Gebäude umfassen, und für wenige Benutzer (um die Fahrzeuggeräte-Kosten gering zu halten).

4.5.4 Ausblick

Die vorgestellten Technologien sind mit Ausnahme der Satellitenortung bereits stark erprobte Technologien im Stadtumfeld. Über die vergangenen Jahre wurde aber besonders der Satellitenortung eine rosige Zukunft hervorgesagt. Das lässt sich mitunter auf die baldigst erhoffte Einführung weiterer Satellitensysteme, wie Galileo oder Compass, zurückführen, wodurch eine verbesserte Positionierungsgenauigkeit in Städten erwartet wird. Diese verbesserte Positionierungsgenauigkeit kann zukünftig womöglich auch durch die Kopplung des GNSS-Fahrzeuggeräts mit weiteren MEMS Sensoren oder einem digitalen Tachographen erreicht werden.

Welche Rolle Mobiltelefone in zukünftigen Systemen spielen wird, ist noch unklar. Fakt ist, dass immer mehr Europäer Smartphones besitzen, welche über durchaus interessante Eigenschaften zum Einsatz in City-Maut Systemen verfügen. Dabei dürfen aber zahlreiche Limitationen, wie die zahlreichen Manipulationsmöglichkeiten, die unterschiedlichen Betriebssysteme, die von GNSS und Mobilfunk abhängige Positionierungsgenauigkeit etc. nicht vergessen werden. Aber auch andere Einsätze des Mobiltelefons in City-Maut Systemen, wie zum Beispiel das Kaufen von Tickets oder Registrieren des Fahrzeuges, sind in Zukunft vermehrt andenkbar.

Zu guter Letzt darf nicht auf die vorgestellte 5,9 GHz DSRC Technologie im europäischen Raum vergessen werden. Diese Technologie fasst derzeit nicht zu Unrecht besonders im Markt der intelligenten Verkehrssysteme zunehmend Fuß. Es muss nicht weiter erwähnt werden, dass diese Technologie seit jeher auch für City-Maut geeignet ist.

5.1 Staukosten

5.1.1 Nachfragekurve

Sowohl der Hausverstand als auch wissenschaftliche Beobachtung führen zutage, dass die Menge eines verkauften Gutes von seinem Preis abhängt [128]. Je höher der Preis eines Gegenstandes bei gleichbleibenden anderen Parametern ist, umso weniger Käufer sind bereit, diesen Preis zu bezahlen. Je niedriger sein Marktpreis ist, desto mehr wird von diesem Gegenstand verkauft. Tatsächlich existiert bei konstanten Randbedingungen ein definierter Zusammenhang zwischen der Menge eines verkauften Gutes und seinem Preis. Der Zusammenhang zwischen Preis und Absatzmenge wird als Nachfragetabelle, und seine grafische Entsprechung als Nachfragekurve bezeichnet (Abb. 5.1; Tab. 5.1).

Bemerkenswert ist, dass Absatzmenge und Preis indirekt proportional sind, somit fällt die Nachfragekurve ab.

Die Gesetzmäßigkeit der fallenden Nachfragekurve bedeutet, dass wenn der Preis eines Gutes angehoben wird, die Käufer dazu neigen, weniger dieses Gutes zu kaufen. Entsprechend tendieren die Käufer mehr dazu ein Gut zu kaufen, wenn die Preise gesenkt werden.

Die Nachfrage sinkt bei steigenden Preisen aus zwei Gründen:

1. Der wichtigste Grund ist der Substitutionseffekt der eintritt, wenn ein Gegenstand infolge einer Preissteigerung relativ zu anderen vergleichbaren Gegenständen teurer wird. Ist dies der Fall, so verlagert sich die Nachfrage auf die anderen vergleichbaren Gegenstände.
2. Ein höherer Preis verringert ganz allgemein die nachgefragte Menge bei gleichbleibendem Einkommen. Ein höherer Preis verringert das real verfügbare Einkommen,

© Springer Fachmedien Wiesbaden 2014
D. Leihs et al., *City-Maut*, DOI 10.1007/978-3-658-03786-4_5

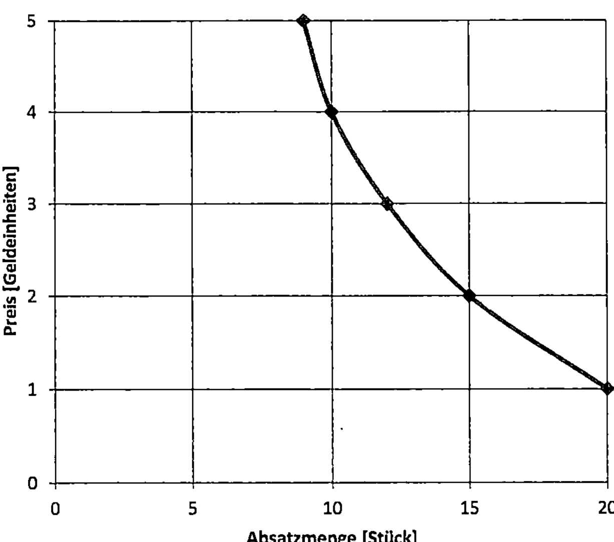

Abb. 5.1 Beispiel einer Nachfragekurve. (Quelle: [128])

Tab. 5.1 Beispiel einer Nachfragetabelle. (Quelle: [128])

Preis	Absatzmenge
9	5
10	4
12	3
15	2
20	1

wodurch sowohl weniger vom teureren Gegenstand gekauft wird als auch von anderen – nicht teurer gewordenen – Gegenständen.

Die wichtigste Ursache für Nachfrage sind individuelle Vorlieben, also das Verhalten des Einzelnen. Die Nachfrage des Markes als Ganzes ist die Summe der Einzelnachfragen. Die Nachfragekurve des gesamten Marktes spiegelt die Summe der individuellen Nachfragekurven wider. Ebenso wie die individuellen Nachfragekurven ist die Marktnachfragekurve fallend. Sinken beispielsweise die Preise, so werden infolge des Substitutionseffektes dadurch neue Kunden gewonnen. Preissenkungen führen auch dazu, dass andere Produkte besser leistbar werden.

5.1.2 Modelltheorie

Das Verkehrsnachfragemodell lässt sich grafisch gut darstellen [129]; die Stärke der Straßennutzung (bzw. Dichte) wird den auf einen Kilometer normierten Kosten gegenüber-

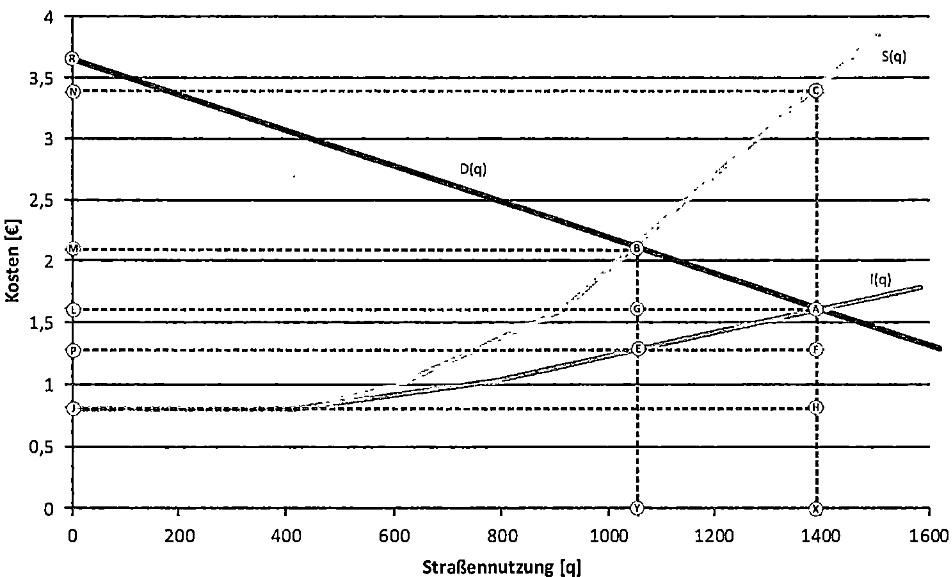

Abb. 5.2 Grafische Darstellung des Verkehrsnachfragemodells mit der Gegenüberstellung von Verkehrsstärke und Kosten. (Quelle: [129])

·gestellt (siehe Abb. 5.2), Das Modell kann auf eine einzelne Straße oder eine Fläche wie etwa ein Stadtmautgebiet angewendet werden. In diesem Fall wird die Straßennutzung in KFZ * km gemessen.

$D(q)$ ist die Nachfragekurve, die als Funktion der Kosten die Nachfrage nach der Straßenbenützung repräsentiert. Der wichtigste Faktor der Nachfragekurse sind die Kosten für die Zeit die benötigt wird, um einen Kilometer mit dem Fahrzeug zurückzulegen.

$I(q)$ kann als Angebotskurve bezeichnet werden und stellt die Kosten pro Kilometer dar, die ein Autofahrer zu tragen hat. Ist der Autofahrer allein auf der Straße ($q=0$), so ist der Wert der Kosten gleich J, bzw. entspricht den Betriebskosten des Fahrzeuges plus die Kosten für die Reisezeit bei maximal möglicher Geschwindigkeit. Bei steigendem Verkehr (steigendem q) verringert sich die Geschwindigkeit, folglich wird mehr Zeit für die Reise benötigt und $I(q)$ steigt an.

In A stellt sich eine Balance zwischen $I(q)$ und $D(q)$ ein: An dieser Stelle überschneiden sich Angebots- und Nachfragekurve mit X KFZ * Kilometer in der Zone und den Kosten L. An dieser Stelle muss der „Grenzfahrer" – i.e. der eine Fahrer der q nun erhöht – die Kosten tragen die gleich hoch sind wie der Nutzen den er/sie aus der Straßenbenutzung hätte und würde daher die Reise nicht mehr durchführen.

Diese Balance ist nicht optimal, was leicht mit der Kurve $S(q)$ erkannt werden kann: diese Kurve repräsentiert die sozialen Kosten die durch ein Fahrzeug als Funktion der Straßenbenutzung entstehen. Diese Kosten setzen sich aus den individuellen Kosten $I(q)$ und den Kosten für die zusätzliche Zeit, die alle Fahrzeuge nun mehr benötigen, weil dieses eine Fahrzeug nun auf der Straße ist. Die optimale Balance für die Gesellschaft liegt in

Punkt B, wo $D(q)$ und $S(q)$ bei Y KFZ * km und den Kosten M einander schneiden. Rechts von diesem Punkt erzeugt jedes zusätzliche Fahrzeug soziale Kosten die höher sind als der Soziale Nutzen den es stiftet. Dieser optimale Punkt kann durch das Aufschlagen einer Straßenbenützungsgebühr in der Größenordnung der Linie E-B erreicht werden, wodurch private und soziale Kosten angenähert werden.

Aus diesem Modell können einige wichtige Schlussfolgerungen gezogen werden:

1. Außer beim Fall wenn die Nachfragekurve die Private-Kosten-Kurve in deren flacheren Teil schneidet ist die natürliche Balance der Straßenbenutzung immer bei einer höheren Verkehrsstärke als das soziale Optimum (X ist größer als Y). Mit anderen Worten sind Straßen immer mehr oder weniger verstaut.

2. Die Bezeichnung „optimale Straßenbenutzung" legt die Bezeichnung „optimales Stauniveau" nahe. Die politische Zielsetzung sollte daher nicht sein, Stau zu eliminieren – eine Zielsetzung die nur wenig sinnvoll ist da immer Stau sein kann – sondern ein optimales Niveau der Straßennutzung herzustellen.

3. Die optimale Straßenbenutzung Y und das damit zusammenhängende optimale Stauniveau sind eine Funktion der Nachfrage nach Straßeninfrastruktur. Steigt die Nachfrage, wodurch sich die Kurve $D(q)$ nach rechts verschiebt, verschiebt sich auch die optimale Straßennutzung nach rechts. Wenn analog dazu die Steigung der Nachfragekurve sinkt, wenn also die Elastizität der Nachfragekurve bezogen auf den Preis steigt, so steigt die optimale Straßennutzung ebenso.

4. Der Hauptunterschied zwischen dem technischen und wirtschaftlichen Lösungsansatz besteht darin, dass die technische Definition der optimalen Straßennutzung ausschließlich aus der Straßencharakteristik abgeleitet wird während der wirtschaftliche Lösungsansatz sowohl die Straßencharakteristik als auch die Nachfrage nach der Straße berücksichtigt.

5. Die optimale Straßenbenutzungsgebühr entspricht den externen Kosten, die durch Stau verursacht werden (i.e. der Unterschied zwischen den sozialen und den individuellen Kosten) in der optimalen Balance, nicht jedoch an der natürlichen Balance. Sie entspricht der Höhe nach der Linie E-B und nicht der Linie A-C. Eine Straßenbenützungsgebühr in Höhe der Linie A-C würde über das Ziel hinausschießen und die Straßennutzung auf ein Niveau bringen, das deutlich niedriger ist als das soziale Optimum.

6. Die Staukosten stellen sich als jener Verlust dar, den die Gesellschaft durch den nicht optimalen Zustand tragen muss, i.e. weil die Situation in B und nicht in A ist bei einer Verkehrsstärke von X anstelle von Y KFZ * km. Die Staukosten ergeben sich aus der Linie B-C-A und entsprechen auch der Zunahme an der Konsumentenrente, der sich durch die Verschiebung von A nach B ergibt bzw. entsprechen *L-G-E-P minus B-A-G*. Das Einsparen dieser Kosten ist der „Gewinn" durch die Einführung einer Straßenbenützungsgebühr. Staukosten sind nicht gleich der Kostendifferenz aus X KFZ * km und 0 KFZ * km multipliziert mit X (*L-A-H-J*) was fälschlicherweise angenommen werden kann. Straßen sind nicht dazu gebaut um leer zu sein, eine leere Straße ist kein wün-

schenswerter Zustand. Staukosten entsprechen auch nicht N-C-A-L, i.e. dem Produkt der gegenwärtigen Grenzkosten C-A und der Straßennutzung in KFZ * km.

7. Die Menge der bezahlten Straßenbenutzungsgebühr (i.e. R-B-E-P) ist größer, oft viel größer als der ökonomische Nutzen der sich durch die Gebühr ergibt. Für Ökonomen ist diese Tatsache nicht problematisch da die Gebühr Transferkosten darstellen und nicht tatsächliche Kosten. Aus Sicht der Autofahrer stellt sich dies natürlich anders dar.

8. Transaktionskosten, i.e. die Kosten zum Einheben der Gebühr, sollten vom Gewinn der Stauverringerung abgezogen werden. Ökonomen tendieren dazu, die Transaktionskosten zu übersehen.

5.1.3   Modellbestätigung

Die aus der Londoner Congestion Charge verfügbaren Daten erlauben eine Validierung des Modells bzw. eines an die Londoner Gegebenheiten angepassten Modells. Die Anpassungen sind dahingehend, dass a priori kein Grund zur Annahme bestand, dass die Gebührenhöhe kurz nach Einführung der Maut auch die optimale Gebührenhöhe im Ausmaß der Linie E-B in Abb. 5.3 war. Es wird angenommen dass sie das nicht ist sondern das Ausmaß der Linie E'-B' einnahm. Die Gebühr verschiebt den Gleichgewichtspunkt von A nach B' und die Straßennutzung von X nach Y'.

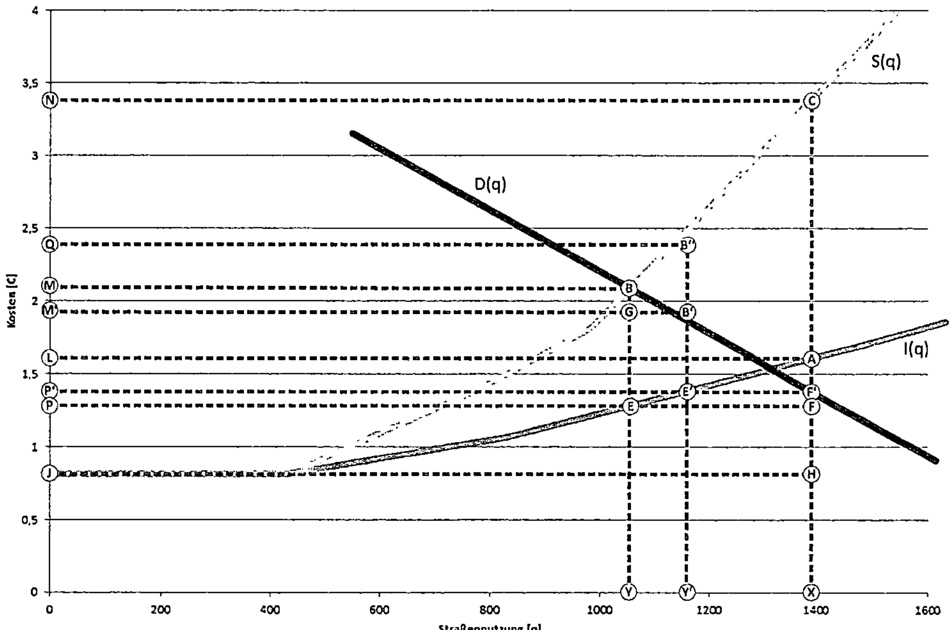

Abb. 5.3 Grafische Darstellung des Verkehrsnachfragemodells im Falle der Londoner Congestion Charge. (Quelle: [129])

Als Straßennutzung wird die Anzahl der mehrspurigen KFZ * km pro Tag in der Maut-zone zu den bemauteten Tageszeiten angenommen. Busse sind ausgenommen, da ihre Kostenfunktionen und ihr Beitrag zum Stau von den anderen Fahrzeugen stark abweichen. Im Jahr 2002 trugen die Bus * km nur zu 3,5 % zu den Gesamten KFZ * km bei. Vor der Einführung im Jahr 2002 ergab sich somit eine Straßennutzung von 1390 tausend KFZ * km pro Tag. Nach Einführung der Maut – und unter der Annahme dass alle anderen Parameter konstant blieben – betrug 2003 die Straßennutzung 1160 tausend, somit ein 16,5 %-Rückgang, was der Haupteffekt der Maut war. Dieser Rückgang ist leicht höher als in den offiziellen Zahl (15 %) da diese Zahl auf Basis der gesamten KFZ * km berechnet wurde, inklusive Busse * km. Mit anderen Worten ergibt sich (in 1000 KFZ * km):

$$X \; = \; 1,390$$

$$Y' \; = \; 1,160$$

Der nächste Schritt ist das Formulieren der Gleichung für die Kostenkurve $I(q)$, ausge-drückt in Euro pro KFZ * km. Sie besteht aus einem fixen Anteil mit anteiligen Anschaf-fungs- und Treibstoffkosten, sowie einem variablen Anteils mit den Kosten für die ver-brauchte Zeit für ein Kilometer Fahrt. Der fixe Anteil wird mit 0,15 € pro Kilometer geschätzt. Der variable Anteil entspricht der verbrauchten Zeit in Stunden, die wieder-um eine Funktion der Fahrgeschwindigkeit ist (Sekunden bzw. km/h), die wiederum eine Funktion der Straßennutzung (q) ist, multipliziert mit dem Zeitwert des Geldes (Euro pro Stunde):

$$I(q) = 0,15 + t * v = 0,15 \; + \; \left[\frac{1}{s(q)} \right] * v$$

Weiters wird eine Schätzung von $s(q)$ benötigt, der Geschwindigkeit als Funktion der Straßennutzung sowie von v – dem Zeitwert des Geldes. Ausgangsbasis ist ein Zeitwert des Geldes von 15,6 € pro Person [130], und da durchschnittlich jedes Fahrzeug von 1,34 Personen besetzt ist beträgt somit der Zeitwert des Geldes 20,9 €.

Die Geschwindigkeit s ist eine fallende und weitgehend lineare Funktion der Straßen-nutzung q:

$$s = \propto -\beta * q$$

α, die freie Fahrgeschwindigkeit bei $q=0$ wird von Transport for London mit 31,6 km/h angegeben. Da die Durchschnittsgeschwindigkeit 2002, als $q=1390$ war, 14,3 km/h be-trug, kann β berechnet werden, welches 0,01245 ist. Somit ergibt sich:

$$I(q) = 0,15 + \frac{20,9}{31,6 - 0,0124 * q}$$

Die Kurve der sozialen Kosten $S(q)$ kann einfach aus $I(q)$ abgeleitet werden. Sie ist gleich den Individuellen Kosten $I(q)$ plus der ersten Ableitung $I'(q)$ multipliziert mit der Straßennutzung q:

$$S(q) = I(q) + I'(q) * q$$

$$S(q) = 0,16 + \frac{20,9}{31,6 - 0,0124 * q} + \frac{0,26}{(31,6 - 0,0124 * q)^2}$$

Mit dem folgenden schritt wird die Gleichung der Nachfragekurve $D(q)$ ermittelt. Ein Punkt dieser Kurve ist bekannt, nämlich der Schnittpunkt A aus Angebots- und Nachfragekurve aus dem Jahre 2002, da die Geschwindigkeit zu dieser Zeit bekannt ist. Seine Koordinaten sind 1,61 € pro KFZ * km und 1390 tausend KFZ * km pro Tag. Es lassen sich auch die Koordinaten des Schnittpunktes B' nach Einführung der Maut im Jahr 2003 ermitteln, für den ebenfalls die Anzahl der KFZ * km pro Tag bekannt ist, $Y' = 1160$. Die individuellen Kosten an diesem Punkt entsprechen den Fixkosten plus die Zeitkosten plus der bezahlten Gebühr.

Die ersten beiden Elemente ergeben sich durch die Gleichung für $I(q)$. Mit $q = 1160$ ist $I(q) = 1,37$ €. Dies ist ein Maß für $E'-Y'$ oder P' in Abb. 5.3. Die durchschnittliche Gebühr pro KFZ * km kann durch Dividieren der gesamten eingehobenen Maut durch die Anzahl der KFZ * km ermittelt werden. Jährlich wurden 115 Mio. Pfund eingehoben bzw. 165,6 Mio. €. Pro Jahr wird an 255 Tagen bemautet, somit ergibt sich pro Tag eine eingehobene Maut von 649.000 € bzw. 0,56 € pro KFZ * km. Die individuellen Kosten steigen damit für jeden Nutzer auf 1,93. Daraus ergibt sich eine Preiselastizität der Nachfrage nach Straßennutzung in der Mautzone von $-0,83$.

A und B' liegen jeweils auf der Nachfragekurve $D(q)$. Mit den Koordinaten von A und B' kann die Nachfragekurve einfach berechnet werden:

$$D(q) = 3,54 - 0,00139 * q$$

Mit diesen Gleichungen lassen sich die Koordinaten aller Punkte in Abb. 5.3 bestimmen (siehe Tab. 5.2).

Die optimale Situation ($q = Y$) wird – wie bereits erwähnt – erreicht, wenn die Nachfragekurve die Kurve der sozialen Kosten schneidet, somit wenn $S(q) = C(q)$.

Die Staukosten sind in der nicht bemauteten Situation B-C-A und in der bemauteten Situation als B-B''-B' definiert. Per Definition sind die Staukosten im Fall der optimalen Situation null. Im Prinzip sind diese Kosten als die Differenz zwischen den Integralen der Sozialen Kostenkurve und der Nachfragekurve über YX-Werte (oder $Y'X$-Werte) von q definiert. Praktisch ist die Differenz aus den Vierecken B-C-X-Y und B-A X-Y (bzw. B-B''-Y'-Y und B-B'-Y'-Y) eine akzeptable Annäherung, auch wenn der wahre Wert der Staukosten so überschätzt wird.

Tab. 5.2 Verkehrsparameter der Stadtmaut in London

	Situation vor der Maut	Situation nach Einführung der Maut	Optimale Situation
Straßennutzung q (1000 KFZ*km)	1390	1160	1055
Geschwindigkeit s (km/h)	14,3	16,3	18,5
Reisezeit für 1 km (Min.)	4,2	3,6	3,2
Individuelle Kosten I (€/KFZ*km)	1,61	1,36	1,28
Soziale Kosten S (€/ KFZ*km)	3,38	2,39	2,09
Maut (€/KFZ*km)	–	0,56	0,81
Grenzkosten (€/ KFZ*km)	1,77	0,46	–
Staukosten (€/ KFZ*km)	296	24	–
Nutzen (€/KFZ*km)	–	272	296
Mauteinnahmen (€/ KFZ*km)	–	650	854
Einhebungskosten (€/ KFZ*km)	–	689	689
Nettonutzen (€/ KFZ*km)	–	−417	−393

Alternativ können Staukosten als die Differenz aus der Konsumentenrente vor und nach dem Einführen einer optimalen Gebühr definiert werden. Praktisch ergibt sich allerdings ein kleiner Unterschied (rund 20.000 € pro Tag), der die eben erwähnte Überschätzung reflektieren könnte.

Der dritte Zugang, die Staukosten zu ermitteln ist das Untersuchen der Veränderung vom Zustand vor Einführung der Maut (A) zur optimalen Situation (B). Diese ist gleich der Differenz zwischen dem Gewinn aus der Verschiebung zu X verbleibenden Straßenbenutzern, entsprechend L-G-E-P, und den Verlusten der nun nicht mehr teilnehmenden Straßenbenutzern Y-X, entsprechend B-A-G. Dieser Zugang liefert ein Ergebnis, das dem der anderen beiden Verfahren ähnlich ist.

Der Gewinn der Straßenmaut ergibt sich durch die Verringerung der Staukosten bezogen zur optimalen Situation.

Die Kosten zur Einhebung der Maut lassen sich aus den Daten von Transport for London ermitteln. Die Betriebskosten betrugen im Zeitraum 2003 bis 2004 138,8 Mio. €. Die Investitionskosten im Zeitraum 2000 bis 2003 betrugen 245,7 Mio. €. Werden Opportunitätskosten in Höhe von 5 % auf das Kapital angenommen sowie eine – eher conservative

– Wertminderung von 10 %, so ergibt dies 36,9 Mio. € jährlich. Die Einhebungskosten im Jahr 2003 waren somit 175,7 Mio. € pro Jahr bzw. rund 689.000 € pro mautpflichtigen Tag.

5.1.4 Schlussfolgerungen aus der Londoner Stadtmaut

Tabelle 5.2 lässt einige wichtige Schlussfolgerungen zu:

1. Wie wichtig sind/waren Staukosten? Die Bedeutung der Staukosten in der Zone vor Einführung der Maut wird in Tab. 5.2 veranschaulicht: Die Staukosten betrugen im Jahr 2002 rund 296.000 € pro Tag mit Mautpflicht bzw. 75 Mio. € pro Jahr (ausschließlich Stau an Wochenenden und anderen Tagen, die von der Mautpflicht ausgenommen sind). Genau diese Kosten vermag eine Stadtmaut zu verringern, und diese Verringerung ist der Hauptgrund für die Existenz einer Stadtmaut und deren Hauptnutzen
Diese Kosten sind nur ein sehr kleiner Teil des BIP von London, ja sogar der Mautzone. Das BIP des Großraums London betrug vor Einführung der Stadtmaut im Jahr 2001 rund 255 Mrd. €, die Staukosten in der Mautzone entsprechen somit lediglich 0,03 % der Wirtschaftsleistung des Großraums London.
Im Jahr 2001 waren rund 4,5 Mio. Arbeitnehmer im Großraum London beschäftigt und 1,2 Mio. Arbeitnehmer in der Mautzone. Unter der Annahme, dass die Arbeitsproduktivität innerhalb und außerhalb der Mautzone dieselbe ist – eine sehr konservative Annahme, denn wahrscheinlich ist die Produktivität in der Zone signifikant höher – lässt sich das BIP der Mautzone mit 68 Mrd. € pro Jahr schätzen. Die Staukosten betragen somit rund 0,11 % des BIP in der Mautzone.
Staukosten können aber auch auf den Nutzwert von Kraftfahrzeugen bezogen werden. Dieser Nutzwert ist gleich dem was die Fahrzeugeigentümer für das Fahrzeug bezahlen plus die Konsumentenrente die sie erhalten, entsprechend $R\text{-}A\text{-}X\text{-}O$ in Abb. 5.2. Für das Jahr 2002 kann dies mit 3,570 Mio. € pro Tag geschätzt werden – im Vergleich dazu haben die 296.000 € tägliche Staukosten einen Anteil von 8 %. 2002 betrugen die Staukosten somit rund 8 % des verkehrsbezogenen Nutzwertes.

2. Ist die Maut zu hoch? In Tab. 5.2 ist nicht ersichtlich ob die Stadtmaut in Höhe von 5 £ pro Tag optimal ist oder nicht. Einerseits ist die Höhe der Gebühr zu niedrig. Die optimale Straßennutzung würde eine Verschiebung von Y' zu Y erfordern, was eine weitere Verringerung von rund 9 % bedeuten würde. Das könnte mit einer Steigerung des Gebührenniveaus von 056 auf 0,81 €/ KFZ * Tag erreicht werden, einer 45 %-Steigerung. Infolge der ungefähren Proportionalität der Tagesgebühr und der Gebühr pro KFZ * km würde dies einer Gebührenerhöhung von 5 £ auf 7,2 £ gleich kommen. Andererseits ist zu beobachten, dass der ökonomische Nutzen im Zusammenhang mit einer derartigen Steigerung sehr klein wäre. Die Erhöhung würde zwar Staukosten verringern, allerdings nur um 24.000 € pro Tag. Die Gebührenhöhe nach Einführung der Maut deckt nahezu 90 % des potenziellen Nutzens der Maut ab.

Weiters trägt ein niedriges Betrugsniveau – was insofern von großer Bedeutung ist da es eine Steigerung der effektiv erwirtschafteten Einnahmen darstellt – dazu bei, dass die Gebühr in Höhe von 5 £ pro Tag nahe am Optimum liegt. Sind allerdings die Einnahmen aus der Maut höher als der volkswirtschaftliche Nutzen? In Tab. 5.2 können die Einnahmen mit dem volkswirtschaftlichen Nutzen verglichen werden. Das Verhältnis daraus ist 2,4, mit einer optimalen Mauthöhe wäre das Verhältnis 2,9. Mit anderen Worten, der von den Autofahrern bezahlte Betrag ist 2- bis 3-mal höher als das was sie in Form von Stauverringerung zurückbekommen. Für Volkswirtschaftler ist dies nicht weiter bedrohlich, denn im Gegensatz zu Staukosten ist die Maut kein volkswirtschaftlicher Faktor sondern es handelt sich um Transferkosten, die nützlichen, Wohlstand stiftenden Zwecken zugeführt werden können.

3. Kann die Maut wirtschaftlich gerechtfertigt werden? Die ökonomische Standard-Theorie von Stadtmaut ignoriert die Kosten für Management und Einhebung und nimmt an, diese seien null. In Tab. 5.2 wird in der Zeile „Nutzen" ein positiver Wert ausgewiesen, wodurch sich der Schluss aufdrängt, das System sei gerechtfertigt. In Wirklichkeit ist der Betrieb eines Systems wie jenes, dass in London eingeführt wurde, kostspielig. Es werden dazu Ressourcen benötigt und die damit im Zusammenhang stehenden Ausgaben sind sehr wohl volkswirtschaftliche Kosten. Bei der Nutzenberechnung wurden die Investitionskosten zum errichten des Systems auf eine jährliche Komponente umgerechnet (gleich 5 % der Opportunitätskosten des Kapitals plus 10 % Abnutzung) und den Betriebskosten hinzugefügt. Das Ergebnis ist tatsächlich sehr hoch und entsprach am Anfang des Betriebes etwa den Einnahmen aus der Maut. Das Ergebnis wäre mit einer höheren, optimalen Maut niedriger als die Einnahmen. Auf jeden Fall ist es viel höher als der ökonomische Nutzen der Maut. Der Nettonutzen scheint negativ zu sein.

5.2 Allgemeine Kosten und Nutzen am Beispiel London

Zusätzlich zur Verringerung der Staukosten, denen die Einhebungskosten gegenüberstehen, entstehen auch andere Kosten und Nutzen [129].

5.2.1 Nutzen für die Umwelt

Weniger KFZ * km bei geringerer Geschwindigkeit bedeutet einen geringeren Ausstoß von Schadstoffen und somit geringere Kosten infolge Luftverschmutzung. Überraschenderweise wurde dieser Nutzen bei der Londoner Stadtmaut durch Transport for London nicht bewertet, da sich im Jahr 2003 nach Einführung der Stadtmaut keine Verbesserung der Luftqualität ergab. Eine Erklärung ist, dass die Mautzone lediglich einen kleinen Teil (rund 1 %) der gesamten KFZ * km im Großraum London abdeckt. Die Luftqualität von London hängt von den gesamten Emissionen der Stadt ab, so dass selbst bei einem vollständigen Verschwinden des Kraftfahrzeugverkehrs in der Mautzone sich die gesamten Emissionen nur um rund 1 % verringern würden und eine Verbesserung der Luftqualität kaum gemessen werden könnte. Nichtsdestoweniger kann der Nutzen der Stadtmaut hinsichtlich der Luftgüte geschätzt und bewertet werden:

Die KFZ * km sanken um 230.000 pro Tag (1,39 Mio.–1,16 Mio.). Mit den offiziellen Kosten für Luftverschmutzung aus Frankreich in dicht besiedelten Gebieten von 29 € pro 1000 KFZ * km ergibt sich eine Einsparung sich 6.670 € täglich oder 1,7 Mio. € jährlich. Die verbleibenden Fahrzeuge fahren mit höherer Geschwindigkeit. Die Elastizität der Emissionen bezogen auf die Geschwindigkeit ist mindestens -2 bei für Städte üblichen Fahrgeschwindigkeiten. Eine 17%-ige Steigerung der Geschwindigkeit bedeutet eine 34%-ige Verringerung der Schadstoffemissionen. Daraus ergibt sich ein zusätzlicher Nutzen von 11.440 € pro Tag oder 2,8 Mio. € jährlich.

Eine ähnliche Berechnung kann für die Verringerung von CO_2-Emissionen erfolgen. Werden wiederum die offiziellen französischen Kosten von 7 € pro 1000 KFZ * km herangezogen, ergibt sich durch die Verringerung des Verkehrs um 230.000 KFZ * km ein Nutzen von 0,4 Mio. € jährlich.

Der ökologische Gesamtnutzen der Londoner Stadtmaut ohne zusätzliche Emissionen durch zusätzliche Busse kann mit 4,9 Mio. € jährlich beziffert werden. Diese Zahl ist nicht vernachlässigbar, ändert aber nicht viel an der Wirtschaftlichkeit der Maßnahme.

5.2.2   Nutzen für Buspassagiere

Die Durchschnittsgeschwindigkeit der Busse wurde um 7 % erhöht. Daraus ergibt sich für die Fahrgäste. Die rund 356.000 Fahrgäste gewannen pro Person 1,34 min täglich, was einen Gegenwert von 124.000 € täglich oder 31 Mio. € jährlich darstellt. Dieser Nutzen ist nahezu halb so groß wie jener der Autofahrer durch die höhere Fahrgeschwindigkeit.

5.2.3   Nutzen im Zusammenhang mit Maut-finanzierten Ausgaben

Eine Zweckwidmung der Einnahmen aus der Stadtmaut kann – so die gängige Meinung – durchaus großen Nutzen stiften. Denn werden diese Einnahmen in den ÖPNV oder in Verbesserung der Verkehrsinfrastruktur investiert, ergeben sich soziale und wirtschaftliche Vorteile, die dem volkswirtschaftlichen Nutzen hinzuzufügen sind. Diese Meinung trifft nicht die Realität. Das Investieren in ÖPNV und Verkehrsinfrastruktur stiftet tatsächlich Nutzen (es ist extrem schwierig, Steuergeld auszugeben ohne einen Nutzen zu stiften), allerdings sollte der Nutzen nicht dem volkswirtschaftlichen Gewinn der Stadtmaut hinzugezählt werden, denn dieser ist nichts anderes als das Gegenüber der gesellschaftlichen Kosten für die Maut. Entweder werden gesellschaftliche Kosten und Nutzen ignoriert (was von Volkswirten empfohlen wird wenn sie die Maut als Transferzahlung bezeichnen), oder es werden beide bewertet. Das Akzeptieren des Nutzens und Ignorieren der Kosten (oder umgekehrt) ist nicht nachvollziehbar. Eine Zweckwidmung bringt keinen besonderen Nutzen. Werden die Einnahmen aus der Maut in das Verkehrssystem re-investiert, so wird dessen Nutzbarkeit verbessert, werden sie aber in das Gesundheits- oder Bildungssystem investiert, wären sie ebenfalls nutzbringend veranlagt. Die Zweckwidmung ist wohl ein politisches Hilfsmittel um die Stadtmaut besser zu „verkaufen", bringt aber keinerlei volkswirtschaftlichen Nutzen.

5.2.4 Verbesserte Busversorgung

Die Einführung der Stadtmaut wurde gemeinsam mit einer anderen Maßnahme eingeführt – einer signifikanten Verbesserung der Busversorgung. Insgesamt wurden rund 250 Busse gekauft und betrieben. Die Zahl der Busfahrgäste innerhalb der Zone nahm auch zu. Die beiden Maßnahmen waren offensichtlich komplementär: Ohne neue Busse hätte eine Überfüllung der bestehenden Flotte gedroht, wodurch die Qualität der Busfahrten für alle Passagiere abgenommen hätte – ein typisches Stauphänomen. Wäre die Versorgung mit Busdienstleistungen ein gewöhnliches, vom Markt beherrschtes Gut, wären dadurch weder zusätzliche Kosten noch zusätzlicher Nutzen entstanden. Ein verstärkter Busdienst wäre das Ergebnis einer gesteigerten Nachfrage nach öffentlichem Verkehr. Allerdings ist Busservice kein gewöhnliches Gut. In London wie auch in den meisten anderen Städten der entwickelten Welt ist ÖPNV stark subventioniert, und die Fahrgäste bezahlen nur einen Bruchteil der wirtschaftlichen Kosten. Dies wiederum impliziert einen Wohlstandsverlust, der deutlich kleiner ist als die Höhe der Zuwendungen.

Die Kosten für Busservice sind von der Versorgungsqualität unabhängig: Die Grenzkosten sind gleich den durchschnittlichen Kosten in der Wirtschaft. Die zusätzliche Versorgung mit und Nachfrage an ÖPNV kann daher als initiales Angebot und Nachfrage betrachtet werden. Damit wird es möglich, die gesamten Wohlstandskosten zu schätzen, die sich mit der besseren Versorgung ergeben.

In *Abb.* 5.4 kann die Nachfrage nach Busverkehr aus der Linie A-B, den Kosten eines Tickets entlang der Linie C-C' und dem Preis, der von Passagieren für ein Ticket zu bezahlen ist entlang der Linie P-P'.

Ohne Subventionen wäre das Gleichgewicht in A mit den Kosten bei der nachgefragten Menge nach Busverkehr von Qa und dem Ticketpreis C. Erfolgt eine Subvention in Höhe der Linie P-C, so ergibt sich ein Ticketpreis für Passagiere von P und die nachgefragte Menge wird Qb. Die Gesamtkosten für den Busdienst entsprechen der Fläche C-E-Qb-O, Die gesamten Subventionen entsprechen der Fläche C-E-B-P. Der Wohlfahrtsgewinn, der durch die Subvention erzeugt wird, und die Nachfragesteigerung entsprechen der Steigerung der Konsumentenrente entsprechend C-A-B-P. Die zusätzlichen volkswirtschaftlichen Kosten, die durch die Subvention entstehen, entsprechen A-E-Qb-Qa. Die Veränderung des Wohlstandes W, die durch die Subvention verursacht wird, ergibt sich:

$$W = C\text{-}A\text{-}B\text{-}P - A\text{-}E\text{-}Qb\text{-}Qa$$

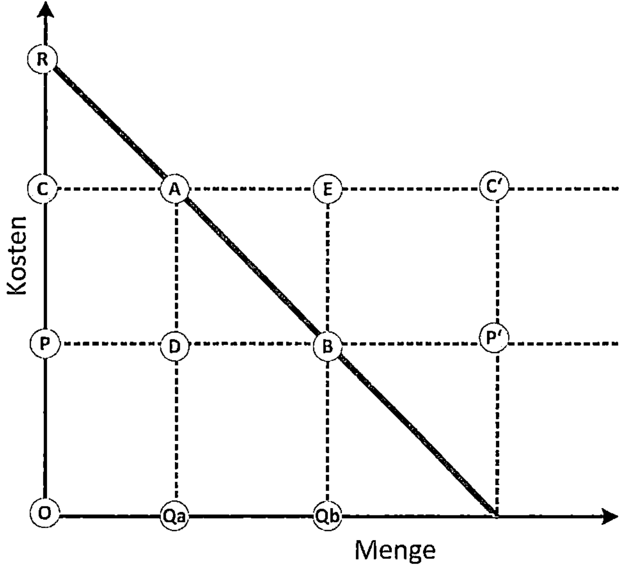

Abb. 5.4 Grafische Darstellung der Kostenentwicklung einer Versorgung mit Bussen mit Subventionen. (Quelle: [129])

Mit einzelnen nicht unverhältnismäßigen Hypothesen kann dies vereinfacht werden. Angenommen die Nachfrageelastizität ist -1 und die Subventionen betragen 50 % der Kosten. Es kann einfach erkannt werden, dass in diesem Fall $C\text{-}A\text{-}D\text{-}P = D\text{-}B\text{-}Qb\text{-}Qa$, und somit ergibt sich:

$$W = AEB = 1/8 \left(C\text{-}E\text{-}Qb\text{-}O \right)$$

Mit anderen Worten ist die – negative – Veränderung des Wohlstandes gleich einem Achtel der Gesamtkosten des Busverkehrs.

In London wurden zum Decken der höheren Transportaufkommens rund 250 neue Busse zu Kosten von rund 100 Mio. € angeschafft, die jährlichen Betriebskosten sind rund 38 Mio. €. Werden Opportunitätskosten des Kapitals von 5 % und eine Amortisationsrate von 10 % angenommen, so betragen die jährlichen volkswirtschaftlichen Kosten $(15+38=)$ 53 Mio. €.

Der Wohlstandsverlust durch die Steigerung subventionierten Busverkehrs ergibt rund 7 Mio. € pro Jahr.

5.2.5 Zeitwert des Geldes

Wie oben bereits erwähnt wurden die Staukosten mit dem offiziellen Zeitwert des Geldes von 15,6 € ermittelt. In Frankreich beispielsweise beträgt im Großraum Paris der offizielle Zeitwert des Geldes lediglich 8,8 €. Wäre dieser Zeitwert des Geldes verwendet worden, hätten sich viele Ergebnisse in den obigen Analysen dramatisch verändert.

Staukosten, die proportional zum Zeitwert des Geldes sind, würden um 45 % sinken. Die jährlichen Staukosten würden lediglich 36 Mio. € betragen. Der Nutzen aus der Stauverringerung würde ähnlich sinken, und ebenso der Nutzen für (ehemalige) ÖPNV-Passagiere. Damit wäre die Höhe der Gebühr zu hoch. Da allerdings auch bei einer niedrigeren Gebühr die Betriebskosten gleich blieben würde die Lücke zwischen Kosten und Nutzen deutlich größer.

Die Auswahl des passenden Zeitwerts des Geldes ist eine kritische Aufgabe. Der Unterschied zwischen London und Paris ist vordergründig nur schwer erklärbar, obwohl möglicherweise der Wert von Paris auch zu gering angesetzt ist. Der hohe Wert in London wurde durch den hohen Anteil an Geschäftsverkehr in der Zone argumentiert. Dies würde allerdings bedeuten, dass für die Berechnung des Nutzens für ÖPNV-Passagiere ein geringerer Zeitwert des Geldes verwendet werden müsste, und dass der Nutzen der Stadtmaut in weniger geschäftsorientierten Gebieten oder weniger entwickelten Städten geringer ausfallen würde.

5.2.6 Schlussfolgerung

Diese quantitative – und vorläufige – Übung brachte einige Erkenntnisse zutage. Erstens waren die angeblichen untragbaren hohen Staukosten, die die Einführung einer Stadtmaut begründeten, in Wirklichkeit relativ mäßig, nämlich rund 0,1 % des in der Mautzone erzeugten BIP. Zweitens wurden – entsprechend der Vorhersage der Theorie – die Staukosten weitgehend durch die Stadtmaut eliminiert, und dieses stellt einen volkswirtschaftlichen Gewinn dar. Drittens machen die Einnahmen aus der Maut rund das 2 1/2 des volkswirtschaftlichen Gewinns aus. Viertens, und dies könnte die wichtigste Erkenntnis der Studie sein, die mit dem System in Zusammenhang stehenden volkswirtschaftlichen Kosten sind größer als der volkswirtschaftliche Nutzen den es hervorruft. Tab. 5.3 fasst diese Kosten und Nutzen zusammen.

Tab. 5.3 Kosten-Nutzen-Analyse der Londoner Stadtmaut

	Tageswert (in Tsd.)	Jahreswert (in Mio.)
Nutzen		
Verringerung der Staukosten	272	68
Höhere Geschwindigkeit für ÖPNV-Nutzer	124	31
Nutzen für den Umweltschutz	20	5
Gesamtnutzen	414	104
Kosten		
Implementierungskosten	689	172
Subventionen für Busse	18	5
Gesamtkosten	707	177

Die Lücke zwischen Kosten und Nutzen erscheint substanziell. Der volkswirtschaftliche Nutzen beträgt weniger als 60 % der volkswirtschaftlichen Kosten. Allerdings handelt es sich dabei lediglich um vorläufige Ergebnisse auf Basis der Zahlen von TfL, die im ersten Jahr nach Einführung der Stadtmaut erarbeitet wurden. Auch ist die Vorgehensweise zu wenig differenziert [131]: Es wurde beispielsweise der Nutzen für die Verkehrsteilnehmer außerhalb der Zone vernachlässigt, der infolge der großen Anzahl an beteiligten Verkehrsteilnehmer insgesamt zwei Drittel des Gesamtnutzens ausmachen kann. Zudem scheinen die Zeitersparnis sowie der Nutzen für ÖPNV-Nutzer zu niedrig angesetzt worden zu sein. Auch scheinen die Kosten für den Betrieb des Systems unangemessen hoch zu sein. Hauptkritik an der Verwendung einfacher Nachfragekurven ist, dass weder der unterschiedlichen Straßennutzung noch den unterschiedlichen Stundensätzen Rechnung getragen werden kann, grundsätzlich ist das Berechnungsverfahren allerdings valide [132].

6.1 Fallbeispiel Stadtmaut London

Wichtigste Quelle für das Fallbeispiel London sind die in den ersten 5 Jahren des Bestehens der Stadtmaut von TfL verfassten Impact-Monitoring-Reports, und hier insbesondere der 5. Bericht, der auch die Ergebnisse der vorangegangenen Berichte zusammenfasst.

6.1.1 Stau innerhalb der ursprünglichen Mautzone

In Abb. 6.1 wird die zeitliche Entwicklung der Fahrleistung in der ursprünglichen Mautzone dargestellt, Grundlage sind die gemessenen Geschwindigkeiten von Beobachtungsfahrzeugen. Die Fahrleistung bei freiem Verkehr beträgt 1,8 min/km.

Dargestellt wird die zeitliche Entwicklung der Fahrleistung in Minuten pro Kilometer vor (rote Balken) und nach (blaue Balken) Einführung der ursprünglichen Zone im Jahr 2002 sowie nach Einführung der Western Extension Zone (WEZ) im Jahr 2007.

Zunächst wurde eine signifikante Verbesserung der Fahrleistung Verzeichnis, allerdings ab 2006 nahm die Stauhäufigkeit wieder zu. Im Jahr 2007 wurde ein Niveau erreicht, das dem vor Einführung der Maut 2002 entsprach Tab. 6.1.

Für die Fahrleistung in der Zone wurde ein Referenzwert von 2,3 min/km im Jahr 2002 gewählt. In den ersten beiden Jahren nach Einführung der Maut konnte eine Verbesserung der Fahrleistung von 30% erreicht werden, was die Erwartungen von TfL übertraf. Im Jahr 2005 betrug die Verbesserung nur noch 22%. In den Jahren 2006 und 2007 gingen allmählich die Fahrleistungen weiter zurück, obwohl das Verkehrsvolumen nachhaltig verringert blieb. Weder die Anhebung der Maut von £ 5 auf £ 8 im Juli 2005 noch die Ausdehnung der Mautzone auf die „Western Extension Zone" im Februar 1997 und die damit in Verbindung stehenden Anwohnerermäßigungen zeigten Diskontinuitäten in der

© Springer Fachmedien Wiesbaden 2014
D. Leihs et al., *City-Maut,* DOI 10.1007/978-3-658-03786-4_6

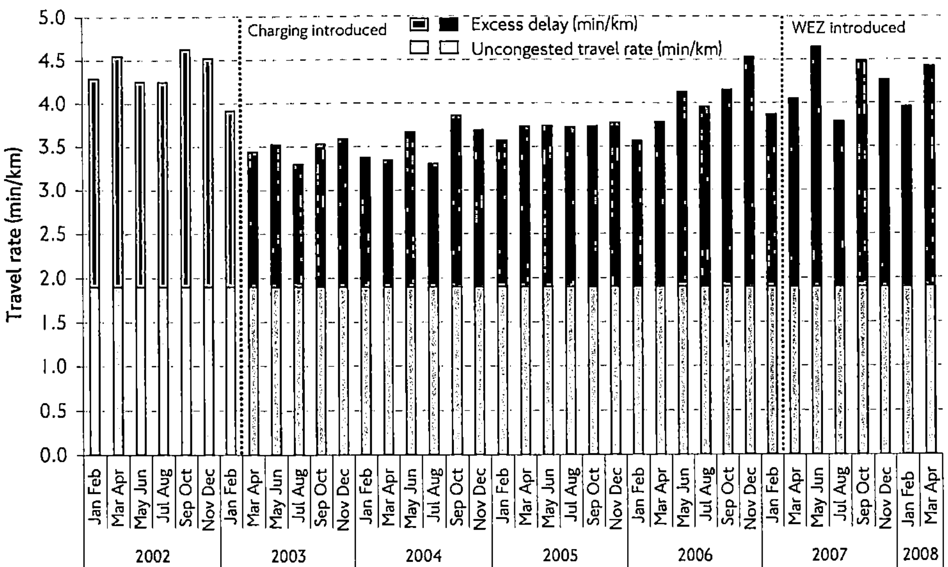

Abb. 6.1 Stau in der ursprünglichen Mautzone während der mautpflichtigen Zeit. (Quelle: [133])

Tab. 6.1 Vergleich der Fahrleistung in der Londoner Stadtmaut

Zeitraum	Anzahl der Messungen	Durchschnittliche Fahrleistung (min/km)	Unterschied zum Referenzwert 2002 (%)
2002 – beobachteter Mittelwert	6	2,5	+8%
2002 – Bezugswert	6	2,3	Bezugswert
2003	5	1,6	−30%
2004	6	1,6	−30%
2005	6	1,8	−22%
2006	6	2,1	−8%
2007	6	2,3	0%
2008 (01–04)	2	2,3	0%

Zeitreihe, was die Vermutung nahe legt, dass sich diese Änderungen eher im Hintergrund des Stauverhaltens auswirkten.

Eine Erklärung für die Verschlechterung der Fahrleistung liefert die Fahrleistung im freien Verkehr in der Nacht, die einen Hinweis darauf gibt, dass sich die Qualität des Straßennetzes, etwa durch Baustellen, verschlechtert hatte. Das bedeutet, dass der Vergleich der jüngeren und älteren Fahrleistungen nicht mehr zulässig ist, und dass die Grenze zwischen dem hellen und dem dunklen Teil der Balken in Abb. 6.1 tiefer angesetzt werden müsste. Eine Quantifizierung dieser Grenze ist allerdings mit Vorsicht zu genießen, da die Fahrleistung im freien Verkehr über Jahrzehnte konstant blieb und diese Änderung erst recht neu ist.

6.1.2   Stau auf den Zufahrtsstraßen zur ursprünglichen Mautzone

Einzelne Zufahrtsstraßen in die ursprüngliche Londoner Mautzone führen durch die ab 2007 ebenfalls bemautete „Western Extension Zone" (WEZ). In Abb. 6.2 ist mit Ausnahme eines Wertes im Mai/Juni 2007 ein kontinuierlicher Zustand erkennbar, mit Verzögerungen die unter dem repräsentativen Wert von 1,5 min pro Kilometer.

6.1.3   Autobusperformance in der ursprünglichen Mautzone

Im Gegensatz zum U-Bahnnetz, das nur eine geringfügige Änderung des Nutzerverhaltens zeigte, wirkte sich die Einführung der Stadtmaut auf die Busnutzung stark aus. Die Ergebnisse der regelmäßig stattfindenden Fahrgastzählungen werden in der Abbildung unten dargestellt. Mit Einführung der Stadtmaut ergab sich ein substanzieller Anstieg der Busfahrgäste in der Londoner Innenstadt, der danach relativ stabil erhalten blieb. Im Jahr 2007 wurden 113.000 Fahrgäste gezählt, die in der Morgenspitze mit Bussen in die Innenstadt transportiert wurden (Abb. 6.3).

Eine deutliche Verbesserung durch die Einführung der Stadtmaut wurde auch bei der Pünktlichkeit der Busse verzeichnet. Verspätungen gingen in der ursprünglichen Mautzone 2003 bezogen auf 2002 um 30 % und 2004 um 18 % zurück. Durch die allgemeine Verschlechterung der Stausituation ab 2006 stiegen die Verspätungen 2007 wieder um 8 %. Die Busse auf den etwas weiter außerhalb liegenden Straßen zeigten immerhin noch eine Verringerung der Verspätungen von 5 % und im gesamten Busnetz gingen die Verspätungen zwischen 1 und 3 % zurück (Abb. 6.4).

6.1.4   Verkehrliche Emissionen

Die Einführung der Stadtmaut im Jahr 2003 führte zu einer Verringerung der vom Straßenverkehr stammenden Emissionen von Stickoxiden (NO_x), Feinstaub (PM_{10}) und Kohlendioxid (CO_2) in und außerhalb der Mautzone. Diese Verringerung ist in erster Linie auf die Verkehrsverringerung zurückzuführen, der sich in der Mautzone einstellte sowie auf die Tatsache, dass der verbleibende Verkehr flüssiger lief [134].

Die Emissionsverringerungen zeichneten sich trotz des Hintergrundes der technologischen Erneuerung der Fahrzeugflotte ab, die durch die Europäische Gesetzgebung herbeigeführt wird (Stichwort „Euroemissionsklassen"), durch die kontinuierliche Verringerung von Schadstoffemissionen erreicht wird. Seit Einführung der Stadtmaut 2003 wurde die kontinuierliche Verbesserung infolge der Flottenerneuerung beibehalten und wurde – alle anderen Faktoren konstant gehalten – zum wichtigsten Faktor für die verkehrlichen Emissionen. Die Effekte der Stadtmaut sind allerdings ebenfalls messbar, nämlich als „zusätzliche" Verringerung zum allgemeinen Abwärtstrend, sie stellen allerdings für die nachfolgenden Jahre keinen Quantensprung dar. Diese Verbesserung ist in Tab. 6.2 dargestellt,

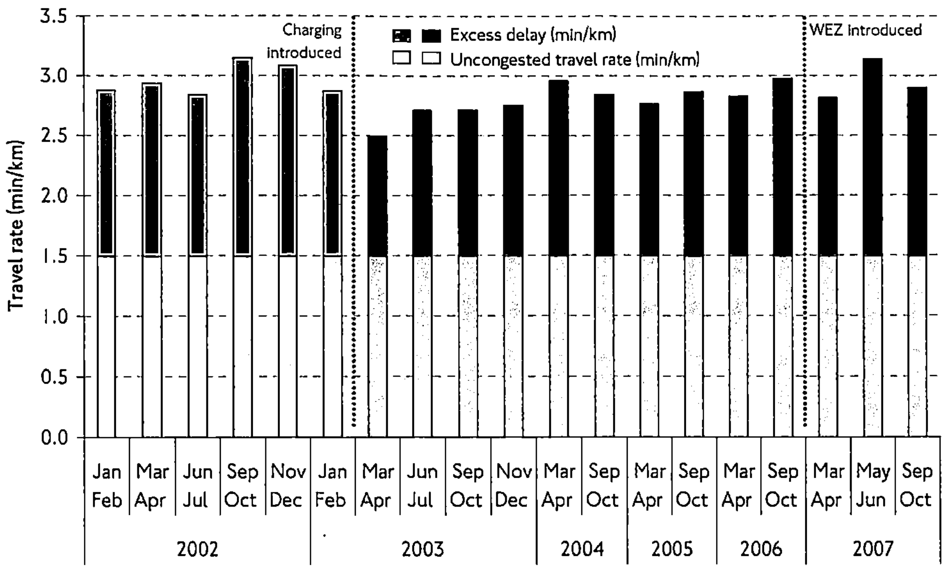

Abb. 6.2 Stau in den Zufahrtsstraßen zur ursprünglichen Londoner Mautzone. (Quelle: [133])

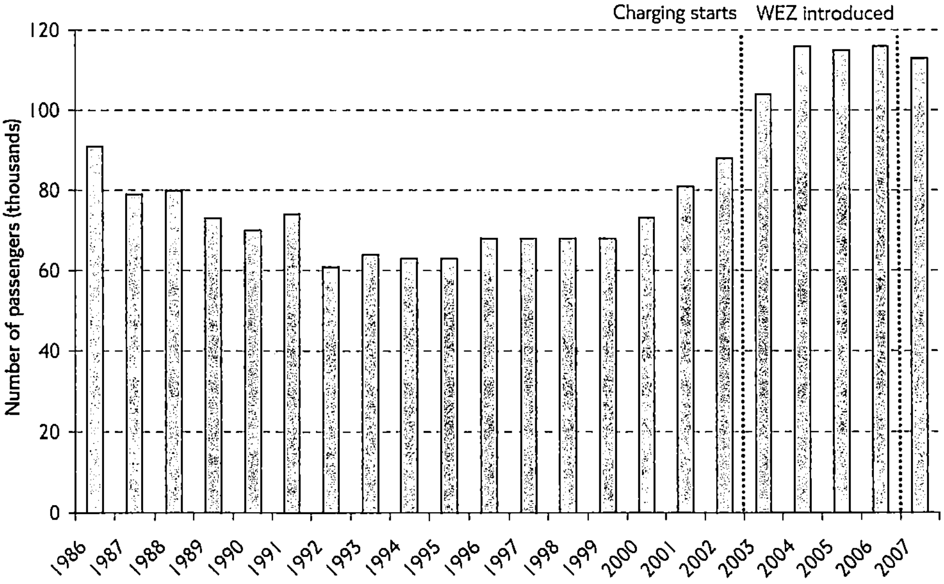

Abb. 6.3 Anzahl der Buspassagiere in die Londoner Innenstadt in der Morgenspitze von 7:00 bis 10:00. (Quelle: [133])

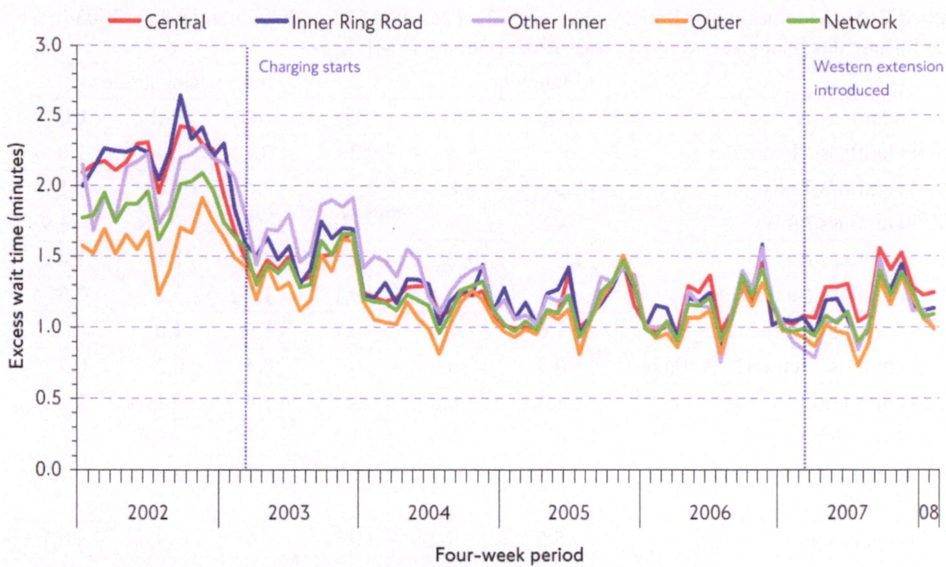

Abb. 6.4 Busverspätungen an Hochfrequenz-Routen in und um die ursprüngliche Mautzone an Wochentagen von 2002 bis 2008. (Quelle: [133])

wobei die Situation vor und nach Einführung der Maut gegenübergestellt wird mit der Ergänzung um die Hintergrundverbesserung infolge Technologiewandels bei den Fahrzeugen.

Folgende Veränderungen sind bei den Emissionen augenscheinlich:

- Die infolge der Stadtmaut herbeigeführten Veränderungen von Verkehrsfluss und Fahrgeschwindigkeit führten direkt zu einer Verringerung von rund 8 % bei den NO_X und rund 6 % bei PM_{10} innerhalb der Mautzone.
- Die die Mautzone umschließende innere Ringstraße verzeichnete eine leichte Verkehrszunahme sowie eine geringe Veränderung der Fahrzeugzusammensetzung, was zu einer Erhöhung der PM_{10}-Emissionen von rund 3 % bei gleichbleibenden NO_X-Emissionen führte.
- Der Einfluss des Technologiewandels im Fahrzeugbestand war substanziell und bewirkte eine rund 7 %-ige Verringerung der NO_X-Emissionen und eine rund 10 %-ige Verringerung der PM_{10}-Emissionen.
- Die gesamten Verringerungen gleich welcher Ursache von 2002 bis 2003 betrugen 13 % bei NO_X und 16 % bei PM_{10} innerhalb der Mautzone sowie 7 % sowohl bei NO_X als auch bei PM_{10} an der inneren Ringstraße.
- Vermutlich führte die Stadtmaut auch zu einer Verringerung von rund 16 % der CO_2-Emissionen aus dem Straßenverkehr innerhalb der Mautzone, resultierend aus der Verkehrsabnahme und der damit im Zusammenhang stehenden Energieeinsparung. Das Äquivalent am Inneren Ring war eine Verringerung von 5 % hauptsächlich infolge der Veränderung der Fahrgeschwindigkeit.

Tab. 6.2 Veränderungen der Emissionen von NO_x, PM_{10} und CO_2 in Prozenten im Jahr 2003 (nach Einführung der Stadtmaut) verglichen zu 2002. (Quelle: [134])

Veränderung	Mautzone			Innere Ringstraße		
	NO_x	PM_{10}	CO_2	NO_x	PM_{10}	CO_2
Verkehrsfluss Motorräder	–	0,4	0,2	0,2	2,4	1,0
Verkehrsfluss Taxis	2,3	3,8	2,4	2,0	3,6	2,1
Verkehrsfluss PKWs	−4,5	−4,6	−11,2	−1,6	−1,8	−3,9
Verkehrsfluss Busse	2,9	1,0	1,2	3,2	1,1	1,4
Verkehrsfluss Lieferwagen	−0,1	−0,1	−0,1	1,7	3,2	2,3
Verkehrsfluss Lastfahrzeuge	−1,6	−1,0	−0,7	1,6	1,0	0,7
Verkehrsfluss Schwerlastverkehr	−0,4	−0,2	−0,2	0,4	0,2	0,2
Verkehrsstärke	−1,4	−0,8	−8,4	7,4	9,7	3,8
Geschwindigkeit	−6,5	−5,5	−7,3	−7,7	−6,9	−8,5
Verkehrsstärke und Geschwindigkeit	−7,9	−6,3	−15,7	−0,2	2,8	−4,7
Fahrzeugbestand	−5,5	−9,2	−0,7	−6,7	−9,6	−0,7
Gesamte Emissionen	−13,4	−15,5	−16,4	−6,9	−6,8	−5,4
Zusätzliche Hintergrundänderung aus der Technologieerneuerung 2003–2006	−17,3	−23,8	−3,4	−17,5	−20,9	−2.4

Anmerkung: Die Berechnung der Veränderung von Verkehrsfluss und Fahrgeschwindigkeit beinhaltet den Beitrag von Reifen- und Bremsenabrieb von PM_{10}. Die zusätzliche Hintergrundänderung aus der Technologieerneuerung beinhaltet diesen Beitrag jedoch nicht

- Zwischen 2003 und 2004 konnte durch den Technologiewandel bei konstantem Betrieb der Stadtmaut eine Verringerung von rund 6 % bei NO_x und PM_{10} erzielt werden sowie eine Verringerung von rund 1 % bei CO_2. Diese Verringerungen gelten für den Verkehr in ganz London.
- Im Zeitraum nach Einführung der Maut wird geschätzt dass die Modernisierung der Fahrzeugflotte die Emissionen durch Straßenverkehr sowohl in der Mautzone als auch außerhalb der Zone um 17 % bei NO_x, 24 % bei PM_{10} und 3 % bei CO_2 unter der Annahme von gleich bleibender Flottenzusammensetzung verringert wurden.

6.1.5 Immissionen

Obwohl durch die Stadtmaut die Schadstoffemissionen teilweise substanziell verringert wurden konnte keine Verbesserung der Luftgüte erreicht werden. Dies hängt mit der geringen Größe der Mautzone sowie der Vielzahl anderer Faktoren ab, die die Luftgüte beeinflussen, die an Umweltmessstationen ermittelt wird. Diese Einflussfaktoren verwässern die Wirkung der Emissionsverringerung:

- Die Stadtmaut ist nur in rund einem Drittel der Stunden eines Jahres aktiv, deckt aber rund zwei Drittel des Verkehrs in der Londoner Innenstadt ab. Sie beeinflusst weniger als die Hälfte des Verkehrs in der Innenstadt während der mautpflichtigen Zeitspanne.
- Der Anteil der gesamten Fahrzeug-Kilometer Londons, der durch die Stadtmaut beeinflusst wird, beträgt weniger als 2 %.
- Die Emissionen aus den Fahrzeugauspuffen sind lediglich eine von mehreren Quellen der Schadstoffe. Die anderen Quellen sind Industrie und Haushalt, die ebenfalls die Luftgüte beeinträchtigen.
- Ein emittierter Schadstoff erfährt zwischen Ausstoß und Messung in einer Umweltmessstelle zahlreiche chemische Veränderungen. Diese sind teilweise vom Wetter abhängig und werden je nach vorherrschender Wetterlage begünstigt oder verhindert.
- Das Wetter selbst kann maßgeblich zum Aufbau einer Schadstoffkonzentration beitragen, ungeachtet von den ausgestoßenen Mengen. Insbesondere stabile Wetterbedingungen wie jene, die im Sommer 2003 vorherrschten, können ebenso zu erhöhten Schadstoffkonzentrationen führen wie das Einwirken von Schadstoffen aus umliegenden Regionen.
- Ob sich verringerte Schadstoffemissionen auf die Luftgüte auswirken hängt teilweise vom Ort der Messstelle in Bezug auf nahe gelegene verkehrliche Emittenten ab.
- Obwohl der allgemeine Trend hin zu sauberen Fahrzeugen geht, lassen sich gegensätzliche Effekte beobachten, wie etwa ein Ansteigen des Anteils von NO_x in Form von NO_2 als Abgas von Dieselfahrzeugen.

6.1.6   Nutzerverhalten

Es wurde erwartet, dass die Stadtmaut zu einer Verringerung des Verkehrs in der Mautzone während der mautpflichtigen Zeit führt [134]. Im Detail konnten dazu im ersten Jahr des Bestehens der Stadtmaut die folgenden Beobachtungen getätigt werden:

- Der Verkehr hat sich rasch auf die neuen Bedingungen eingestellt. Die neuen Verkehrsmuster stellten sich rasch ein und blieben konstant.
- Der Binnenverkehr innerhalb der Zone verringerte sich während der mautpflichtigen Stunden um 15 % (Fahrzeug-km von zweispurigen Fahrzeugen). Die Anzahl der zweispurigen Fahrzeuge, die in die Zone einfuhren, wurde um 18 % verringert. Beide Verringerungen übertrafen die Erwartungen des Betreibers.
- Der Gesamtverkehr auf der inneren Ringstraße nahm zwar zu, die Zunahme war allerdings geringer als befürchtet und es gab keine Verkehrsstörungen auf dieser wichtigen Ausweichroute.
- Es gab keinen Beweis für systematisches Ausweichen auf die Zeit außerhalb der mautpflichtigen Stunden innerhalb der Mautzone. Der in die Zone über die Radialstraßen einströmende Verkehr verringerte sich, und es gab Indizien für einen allgemeinen Rückgang des Verkehrs im gesamten Innenstadtbereich Londons.

- In den untersuchten Straßen der unmittelbaren Nachbarviertel der Mautzone gab es keine signifikanten Veränderungen der Verkehrszahlen.

Im zweiten Betriebsjahr wurden die folgenden Beobachtungen getätigt:

- Die Verkehrsmuster innerhalb und außerhalb der Mautzone blieben weitgehend stabil. Die Verkehrsstärken waren weitgehend in der Größenordnung jener des Vorjahres, somit blieben auch die veränderten Verkehrsmuster seit Einführung der Maut erhalten.
- Die Gesamtzahl der Fahrzeuge, die während der mautpflichtigen Stunden in die Zone einfuhren, war identisch zum Vorjahr und immer noch eine Verkehrsverringerung von 18 % darstellend. Es gab Hinweise auf stabilen bzw. leicht rückgängigen Binnenverkehr innerhalb der Mautzone.
- Die gemessenen Fahrzeug-Kilometer auf der inneren Ringstraße gingen leicht zurück
- Die Stärke des in die Zone einfahrenden Radialverkehrs blieb nahezu gleich, wodurch die erzielten Verkehrsverringerungen beibehalten werden konnten.
- Die Verkehrsstärken auf den untersuchten Straßen in den unmittelbaren Nachbarvierteln gingen leicht zurück.
- Es gab Hinweise auf einen kleinen jedoch ständigen Rückgang des Allgemeinverkehrs im Innenstadtteil Londons, wodurch die Bewertung der Auswirkung der Stadtmaut erschwert wurde.

Im dritten Betriebsjahr erfolgte eine Erhöhung der Stadtmautgebühr von £5 auf £8. In diesem Jahr wurde folgendes beobachtet:

- Die Verkehrsstärken blieben zu jenen der Vorjahre vergleichbar, es stellte sich eine Verringerung der Verkehrsstärke mit der Preiserhöhung ein.
- Der in die Mautzone einfahrende Verkehr nahm im Jahresmittel um 3 % ab, was sicherlich auf die Preiserhöhung zurückzuführen ist. Die Verkehrsverringerung bezogen auf das Niveau vor Einführung der Stadtmaut betrug rund 21 %.
- Der Binnenverkehr innerhalb der Zone blieb konstant bis leicht rückläufig.
- Die auf der inneren Ringstraße zurückgelegten Fahrzeug-km sanken leicht und erreichten das Niveau vor Einführung der Stadtmaut.
- Es gab keinerlei Hinweis auf Verkehrsanomalien auf den Straßen unmittelbar außerhalb der Mautzone, vielmehr blieb der allgemeine Verkehrsrückgang innerhalb Londons erhalten.

Im vierten Betriebsjahr wurden die folgenden Beobachtungen getätigt:

- Die meisten Verkehrszahlen blieben in der Größenordnung des Vorjahres, den Trend einer allgemeinen leichten Verkehrsverringerung innerhalb und außerhalb der Mautzone beibehaltend. Die Verkehrsmuster, die sich infolge der Stadtmaut einstellten, blieben weitgehend unverändert.

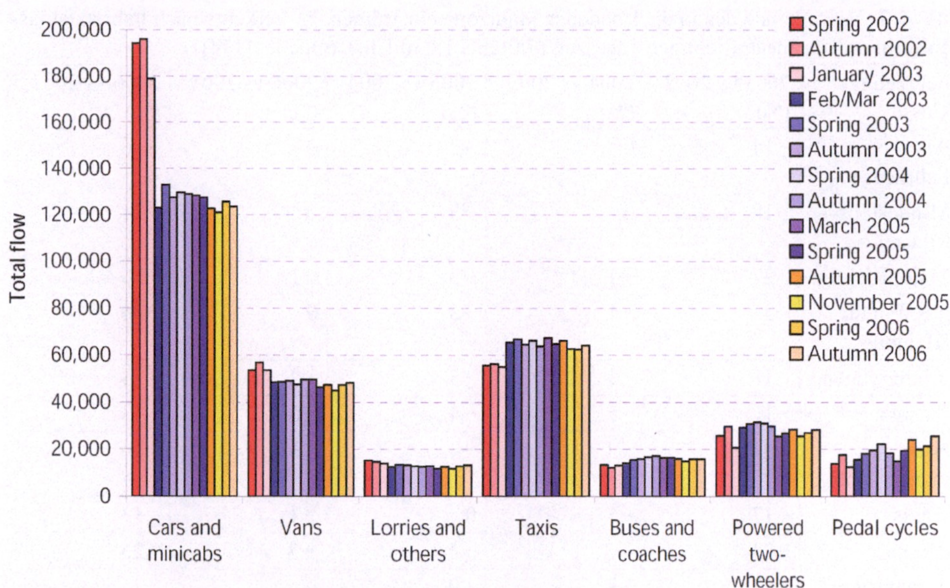

Abb. 6.5 Zeitliche Entwicklung des in die Londoner Mautzone einfahrenden Verkehrs während der mautpflichtigen Tageszeit (7:00 bis 18:30 Uhr). (Quelle: [134])

- Die Reaktion auf die Preiserhöhung im Vorjahr blieb erhalten.
- Der in die Mautzone einfließende mehrspurige Verkehr war um 21 % geringer als noch vor Einführung der Stadtmaut.
- Der Verkehr auf der inneren Ringstraße blieb nahezu unverändert
- Wie auch in den Vorjahren ging der Verkehr im gesamten Londoner Stadtgebiet leicht zurück.

Im Frühjahr und Herbst wurden umfangreiche manuelle Verkehrszählungen an wichtigen Ein- und Ausfahrtsstraßen der Mautzone durchgeführt. Ergänzt um die Daten von 16 permanenten automatischen Zählstellen ergibt sich ein Bild der Entwicklung des in die Zone einströmenden Verkehrs.

Abbildung 6.5 zeigt die zeitliche Entwicklung des in die Mautzone einströmenden Verkehrs anhand manuell klassifizierter Verkehrszählungen.

In den Jahren nach Einführung der Maut blieb das Verkehrsverhalten für alle Kraftfahrzeugkategorien etwa gleich. Die Änderungen können insgesamt folgendermaßen zusammengefasst werden:

- Gesamte Verkehrsverringerung: 16 %
- Verkehrsverringerung bei Fahrzeugen mit mindestens 4 Rädern: 21 %
- Verkehrsverringerung bei mautpflichtigen Fahrzeugen: 30 %

Tab. 6.3 Veränderung des in die Londoner Mautzone einströmenden Verkehrs nach Fahrzeugklassen während der mautpflichtigen Tageszeit (7:00 bis 18:30 Uhr). (Quelle: [134])

Fahrzeug-klasse	2003 vs 2002 (%)	2004 vs 2003 (%)	2005 vs 2004 (%)	2006 vs 2005 (%)	2006 vs 2002 (%)
Alle Fahrzeuge	−14	0	−2	0	−16
Mindestens 4 Räder	−18	0	−3	0	−21
Mautpflichtig:	−27	−1	−3	+1	−30
PKW und Kleinbusse	−33	−1	−3	0	−36
Lieferwagen	−11	−1	−3	+2	−13
Lastwagen	−11	−5	−4	+6	−13
Nicht mautpflichtig:	+18	+1	−4	−1	+16
Taxis	+17	−1	0	−3	+13
Busse	+23	+8	−4	+3	+25
Einspurige Kraftfahrzeuge	+12	−3	−9	0	0
Fahrräder	+19	+8	+7	+8	+49

Das wichtigste Ergebnis ist allerdings, dass die durch die Stadtmaut herbeigeführte Veränderung über die Jahre beibehalten werden konnte Tab. 6.3.

Abb. 6.6 zeigt die Tagesganglinie des in die ursprüngliche Mautzone einfließenden Verkehrs. Der Effekt der Stadtmaut ist klar erkennbar, sowohl was die Verringerung während der mautpflichtigen Stunden als auch den Anstieg des Verkehrs knapp außerhalb des Zeitfensters – zumindest im ersten Jahr nach Einführung der Maut – betrifft.

6.1.7 Verändertes Reiseverhalten

Im Zuge von Umfragen wurde das Mobilitätsverhalten der Reisenden als Folge der Einführung der Western Extension Zone im Jahr 2006 erhoben sowie versucht, die Beweggründe für Verhaltensänderungen zu ergründen. Die wichtigsten Ergebnisse sind wie folgt [133]:

- Aus Verkehrszählungen und Interviews wurde infolge der Maut ein Rückgang von Autofahrten mit einer Quelle außerhalb und dem Ziel innerhalb der Mautzone festgestellt.
- Rund die Hälfte der autofahrenden Nicht-AnwohnerInnen war bereit, die Maut zu bezahlen. Gemeinsam mit den Anwohnern steigt dieser Anteil auf 65 − 70 % der Rei-

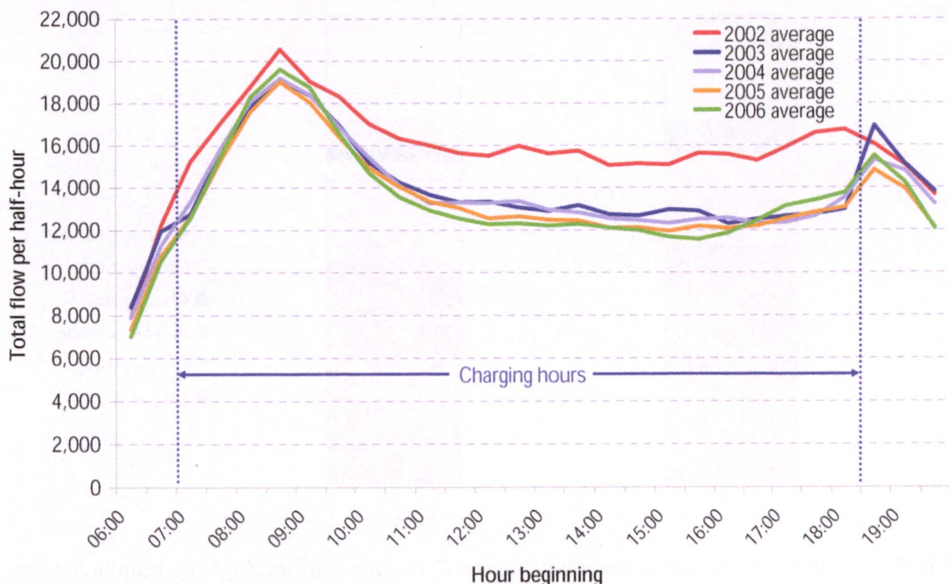

Abb. 6.6 Tagesganglinie des in die Mautzone einfahrenden Verkehrs während der mautpflichtigen Tageszeit (7:00 bis 18:30 Uhr). (Quelle: [134])

senden. Jene, die sich von der Maut abschrecken ließen, stiegen zu 40 % auf andere Verkehrsmittel um bzw. verzichteten 30 % auf die Fahrten.

- Nicht-Anwohner, die die Maut selbst bezahlen mussten (d. h. wo z. B. kein Ersatz durch den Dienstgeber geleistet wurde) tendierten am ehesten zu einer Verhaltensänderung um der Maut zu entgehen, was bei mehr als der Hälfte der Nutzer tatsächlich zutraf. Hingegen bei jenen, wo die Maut ersetzt wurde oder die einen Anwohnerrabatt genossen wurde in 8 von 10 Fällen das Einfahren in die Zone mit dem Auto beibehalten.
- Die Frequenz der Nutzung von Autos durch Anwohner der Zone blieb weitgehend gleich mit einer leichten Tendenz, die Frequenz zu erhöhen.
- Bezieher kleiner Einkommen gaben eher an, ihr Verhalten – in gleich welche Richtung – geändert und nicht beibehalten zu haben. Dies legt nahe dass die Bezieher kleiner Einkommen ein stärkeres Kostenbewusstsein hinsichtlich der Maut aufweisen, was zu ihrer Vermeidung führt, und wo dies nicht möglich ist, zur Selbstbestätigung dass die Ausgaben nicht verschwendet seien.
- Ein Viertel der Anwohner in der Western Extension benutzten ihr Fahrzeug vermehrt für Einkaufs- und Freizeitfahrten in die ursprüngliche Mautzone.
- Jene Autofahrer, die ihr Verhalten beibehielte und die Maut bezahlten rechtfertigten ihr Verhalten mit beruflichen Verpflichtungen, dem Mangel an Alternativen, Bequemlichkeit oder Zeitersparnis.
- Die Mehrheit der Maut bezahlenden Autofahrer zog es bei der jeweiligen Fahrt nicht in Betracht, nach einer Alternative zu suchen. Jene, für die eine Alternative in Betracht

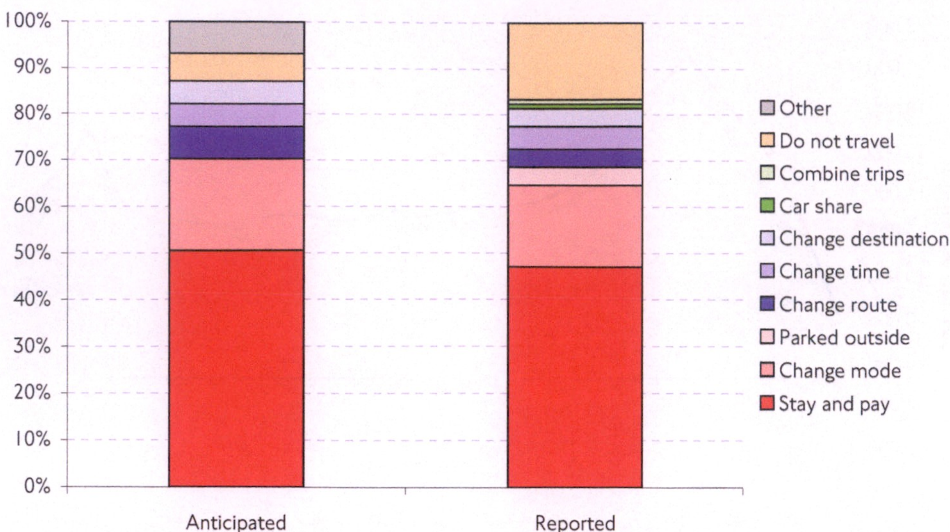

Abb. 6.7 Vergleich des geplanten und tatsächlichen Reiseverhaltens im Zuge der Einführung der Stadtmaut (Western Extension) bei Nicht-Anwohnern. (Quelle: [133])

kam, hätten die Verwendung anderer Verkehrsmittel vorgezogen. Jene, für die eine Verwendung öffentlicher Verkehrsmittel trotz verbesserter Servicequalität keine Option war oder die das Benutzen des Autos in der Stadt als Notwendigkeit betrachteten waren am Wenigsten bereit, Alternativen in Betracht zu ziehen.

- Rund ein Viertel der Anwohner sowie rund 4 von 10 Autofahrern, die die Maut bezahlten empfanden die Maut als wenig leistbar, dies betraf insbesondere die Bezieher niedriger Einkommen.

Reisend wurden nach ihrem Reiseverhalten befragt – vor der Einführung der Maut nach dem geplanten Reiseverhalten und nach Einführung der Maut nach dem tatsächlichen Verhalten. In Abb. 6.7 wird ersichtlich, dass die meisten Reisenden Nicht-Anwohner das Beibehalten des gegenwärtigen Verhaltens überschätzten, d. h. weiterhin mit dem Auto zu fahren und die Maut zu entrichten, und ihre Bereitschaft zum Wechseln des Verkehrsmittels oder auf die Fahrt zu verzichten unterschätzten. Nach Einführung der Maut entschied sich nur knapp die Hälfte der Nicht-Anwohner für die weitere Verwendung des Privatfahrzeugs.

Abb. 6.8 stellt das geplante dem tatsächlichen Reiseverhalten der Anwohner gegenüber. Hier wurde leicht unterschätzt, inwieweit das Verhalten beibehalten und die Maut entrichtet wird. Es ist bemerkenswert dass rund ein Fünftel der befragten Reisenden angaben, das Reiseverhalten umgestellt zu haben um die Maut nicht bezahlen zu müssen obwohl ein 90%-Rabatt für Anwohner bestand.

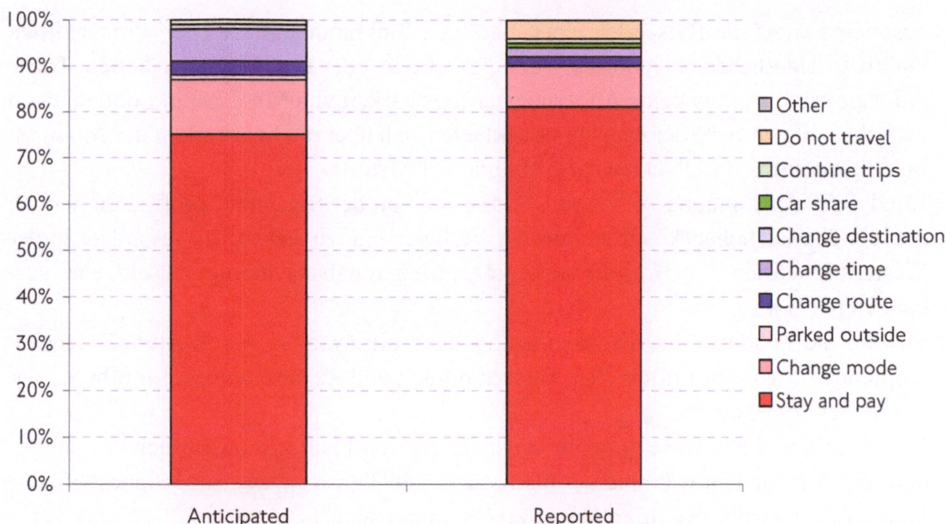

Abb. 6.8 Vergleich des geplanten und tatsächlichen Reiseverhaltens im Zuge der Einführung der Stadtmaut (Western Extension) bei den Anwohnern. (Quelle: [133])

6.1.8 Soziale Auswirkungen

Die sozialen Auswirkungen der Stadtmaut können als die Auswirkungen auf Leben, Arbeiten, Reisen und zwischenmenschliche Beziehungen definiert werden. Mit einem speziellen Interview-Programm wurde in London (konkret in der Western Extension) untersucht, wie viele Menschen durch die Maßnahme gewannen oder verloren. Insbesondere untersuchte das Programm den Einfluss der Maut auf Dienstleistungen, soziales Verhalten, die verfügbare Zeit sowie die Lebenshaltungskosten und finanzielle Bürden.

Die wichtigsten Erkenntnisse der Untersuchungen sind die folgenden:

- Drei von zehn Reisenden, einschließlich Anwohner, Arbeiter und Besucher verringerten die Anzahl der Autofahrten in die Mautzone. Die Verringerung der Fahrten um zumindest eine pro Woche traf auf mehr als ein Viertel der Reisenden zu. Am meisten wurden Autofahrten zum Pflegen sozialer Kontakte und Freizeitfahrten verringert bzw. es wurde für diese Fahrten eine andere Verkehrsmode benutzt.
- Der Anteil der Londoner Bürger, die mit dem Auto während der mautpflichtigen Zeit überhaupt in die Mautzone einfahren fiel von 26 auf 17 %. Insbesondere waren davon Fahrten zum Einkaufen und zur Unterhaltung sowie Fahrten von Gelegenheitsbesuchern betroffen.
- Es gab nur geringe Hinweise auf Auswirkungen für Geschäfte und Dienstleistungen. In den meisten Fällen erfolgte ein Modal Shift.
- Rund 40 % der Reisenden in die Mautzone stellten fest, dass die Maut gut leistbar sei, hingegen erwähnte einer von drei Reisenden, dass die Maut schwer leistbar sei, ins-

besondere wenn die Reisenden einer niedrigen Einkommensstufe oder wirtschaftlich inaktiven Haushalten angehörten, behindert waren oder kleine Kinder hatten. Diese Aussage sei allerdings keine Änderung zur Leistbarkeit von Mobilität in London, denn zwischen 40 und 50 % der Anwohner beklagten sich über die Leistbarkeit der Mobilität im Allgemeinen, vor UND nach Einführung der Maut.

- Rund 16 % der Londoner behaupteten, dass sie von der Stadtmaut profitieren, jedoch gab ein ähnlich hoher Anteil an, auf der Verliererseite zu stehen. Insbesondere in der Western Extension Zone war die ausgeprägte Meinung, benachteiligt zu sein, eher vorhanden (41 %).
- Sowohl die Londoner im Allgemeinen als auch die Anrainer der Western Extension empfanden, dass sich Luftqualität, Busversorgung und Reisezeiten seit Einführung der Stadtmaut verbesserten.
- Es gab keinerlei Hinweise auf eine Verringerung von Fahrten zum Besuch von Freunden oder Verwandten während der mautpflichtigen Tageszeit, allerdings fand für diese Fahrten ein Umstieg auf öffentliche Verkehrsmittel statt.
- Die Bereitschaft von Eltern, ihre Kinder mit dem Auto in Kindergarten oder Schule zu bringen, sank nach Einführung der Maut auf 25–30 % je nach Alter des Kindes von davor mehr als zwei Drittel.
- Die Einführung der Maut führte dazu, dass 40 % der Berufspendler vom Privatauto auf öffentlichen Verkehr umstieg. Jene, die nicht umstiegen, tendierten zur Meinung, dass sie die höheren Kosten nur schwer leistbar seien.
- Behinderte Personen waren weitgehend nicht von der Einführung der Stadtmaut betroffen, allerdings sank die Anzahl der Fahrten von Betreuern und Besuchern von behinderten Personen während der mautpflichtigen Tageszeit. Auch wenn diese Fahrten teilweise in die nicht mautpflichtige Tageszeit verlagert wurden beklagten behinderte Personen vereinzelt über Einsamkeit und Isolation während der Tageszeit.

Insgesamt ergab sich eine Verringerung von Fahrten mit dem Auto für Bewohner und Arbeitnehmer in der Mautzone, es gab allerdings keine Verringerung der Anzahl an Fahrten insgesamt sowie der Fahrten zum Einkaufen oder in Anspruch nehmen von Dienstleistungen.

Die finanzielle Bürde der Maut ist für eine signifikante Minderheit durchaus gegeben, allerdings ist die Leistbarkeit der Mobilität in London dadurch nicht gesunken. Die Mehrheit der Londoner war von der Einführung der Maut nicht betroffen, wobei rund die Hälfte der Befragten jeweils angab von der Maut zu profitieren oder durch sie Nachteile zu erleiden. Bürger, die direkt von der Maut betroffen sind, tendieren eher zum Wahrnehmen der Nachteile.

Zusammenfassend wurde festgestellt dass sich die meisten Bewohner Londons an die Gegebenheiten ohne Einbuße der Lebensqualität anpassen konnten, obwohl Bedenken hinsichtlich der Folgen auf die soziale Interaktion von Behinderten bestehen.

6.1.9 Handel und Gewerbe

Im Zuge der Einführung sowohl der ursprünglichen Mautzone als auch der Western Extension wurden die Auswirkungen auf Handel und Gewerbe untersucht.

In der ursprünglichen Mautzone konnte kein wahrnehmbarer Einfluss der Maut auf die Geschäftsleistung in der Zone festgestellt werden. Der Zuwachs an Beschäftigungsverhältnissen war nach Einführung der Maut höher als davor, allerdings dürfte das nicht mit der Maut zusammenhängen sondern viel eher mit der volkswirtschaftlichen Entwicklung von ganz London. Davor litt die Londoner Wirtschaftsleistung von den Folgen der „Dot-Com-Blase". Nach 2003 und zeitgleich mit der Einführung der Stadtmaut erfuhr London eine starke positive wirtschaftliche Entwicklung quer durch alle Sektoren, wodurch das Beschäftigungswachstum auch in der Mautzone anstieg.

In den wirtschaftlichen Schlüsselbereichen Finanzwirtschaft, Dienstleistungen, Hotels, Restaurants und Einzelhandel zeigte die Stadtmaut in den Jahren nach der Einführung einen positiven Einfluss. In der Mautzone ansässige Hotels, Restaurants und Einzelhandelsgeschäfte verzeichneten eine stärkere Wirtschaftsleistung seit Einführung der Maut und überflügelten andere Viertel Londons außerhalb der Zone.

Die Höhe der Mieten für Geschäftsräumlichkeiten folgt einem zyklischen Muster und wird von einer Kombination aus lokalen und stadtweiten Faktoren beeinflusst. Die Mieten in der Zone scheinen durch die Stadtmaut zumindest nicht negativ beeinflusst worden zu sein.

Infolge der Beschwerden durch den Einzelhandel wurde dieser auch genauer untersucht. Bereits vor Einführung der Maut unterlag dieses Segment sehr variablen Handelsbedingungen. Trotzdem schien die Einführung der Maut sich auf den Einzelhandel in der Mautzone nicht negativ ausgewirkt zu haben, sondern vielmehr stach der Einzelhandel in der Zone den Einzelhandel in anderen Vierteln Londons hinsichtlich Absatz, Profitabilität und Mitarbeiterwachstum aus.

Der jährliche Zuwachs an Mehrwertsteuernummmern, das heißt die Anzahl der neu registrierten Unternehmen reduziert um die gelöschten Unternehmen, war in den ersten vier Jahren der Maut höher als in den vier Jahren vor Einführung der Maut, was stark im Einklang mit den Gesamttrends in London war.

Die Mieten für gewerbliche Flächen wuchsen in der Mautzone nach Einführung der Maut stärker an als davor. Auch dies liegt im Trend mit der gesamtstädtischen Entwicklung. Die Mieten unterliegen anderen Faktoren deutlich stärker wie etwa den Auswirkungen der Finanzkrise seit 2007.

Insgesamt ergab sich im gesamten 5-jährigen Untersuchungszeitraum kein Hinweis auf einen negativen Einfluss der Stadtmaut in der ursprünglichen Mautzone auf Handel und Gewerbe.

Für die Western Extension ergab sich im letzten Impact Monitoring Bericht folgender vorläufiger Befund [133]:

- Die Anzahl der Besuche von Einzelhandelsgeschäften während der Woche behält einen Abwärtstrend bei, der in der Zeit vor Einführung der Maut begonnen hat. Auch am Wochenende ist ein vergleichbarer Abwärtstrend bemerkbar.
- In den ersten sechs Monaten nach Einführung der Western Extension stieg der Wertzuwachs der Büromieten innerhalb der Zone stärker als im restlichen Innenstadtgebiet Londons. Die Mieten für Einzelhandelsflächen stiegen in der Western Extension stärker als in vergleichbaren Vierteln außerhalb der Zone.
- Geschäftsleute und Arbeitgeber beklagten nach Einführung der Maut über schlechteren Absatz und geringere Profitabilität als im Jahr davor.
- Eine Befragung ergab, dass 90 % der Besucher von Geschäften und Restaurants in der Zone ihr Mobilitätsverhalten infolge der Maut nicht veränderten. Die verbleibenden 10 % verwendeten öffentlichen Verkehr anstelle des Privatfahrzeuges bzw. machten weniger Fahrten in die Zone.

6.2 Fallbeispiel Stadtmaut Stockholm

6.2.1 Verkehrsstärke

Die Stockholmer Stadtmaut hatte eine substanzielle Auswirkung auf die Verkehrsstärke. Abbildung 6.9 zeigt systematische jahreszeitliche Schwankungen mit anwachsender Verkehrsstärke im Frühjahr, einem Minimum im Juli und August (Sommerferien) und stabilen Verhältnissen während des restlichen Jahres Tab. 6.4.

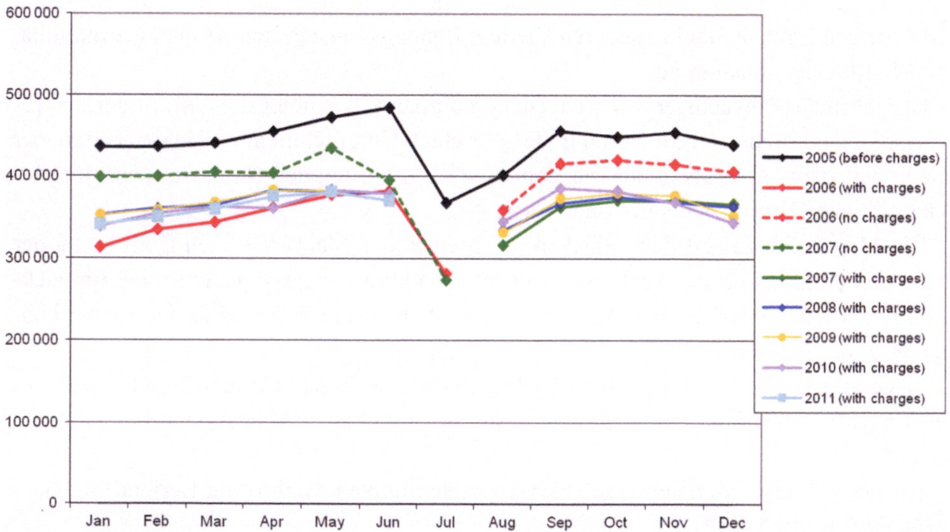

Abb. 6.9 Zeitliche Darstellung der Passagen über die Kordongrenze während der mautpflichtigen Tageszeit (6:00 bis 19:00 Uhr). (Quelle: [135])

Tab. 6.4 Verkehrsverringerung am Kordon bezogen auf die Verkehrszahlen 2005. (Quelle: [135])

	Jan	Feb	Mär	Apr	Mai	Jun	Jul	Aug	Sep	Okt	Nov	Dez	Ø
2006	−28	−23	−22	−21	−20	−21	−24	*−11*	*−9*	*−6*	*−9*	*−7*	−21[b]
2007	*−9*	*−8*	*−8*	*−11*	*−8*	*−18*[a]	*−26*[a]	−21	−20	−17	−18	−17	−19[c]
2008	−19	−17	−17	−16	−19	−22	−	−17	−19	−16	−19	−17	−18[d]
2009	−19	−18	−16	−16	−19	−24	−	−17	−18	−15	−17	−20	−18[d]
2010	−22	−19	−18	−21	−19	−22	−	−14	−15	−15	−19	−22	−19[d]
2011	−22	−20	−18	−17	−19	−23							20[d]

Die kursiven blauen Zahlen betreffen die Fahrleistung ohne Einhebung der Stadtmaut

[a] Die Zahlen von 2007 sind durch Straßenbauarbeiten beeinflusst

[b] März bis Juni

[c] August bis Dezember

[d] ohne Juli

In Abb. 6.8 ist ersichtlich, dass die Maut vom ersten Tag der Einführung an (Jänner 2006) eine substantielle Auswirkung auf die Verkehrsstärke hatte. In den folgenden Monaten stieg die Verkehrsstärke so stark an, dass sie selbst durch Laien bemerkt wurde. In der Folge entbrannte eine Debatte darüber, dass die Maut ihre Wirkung zu verlieren begann. Diese Steigerung lag allerdings in der Bandbreite der jahreszeitlichen Schwankung, vergleichbar zur Zeitreihe im Jahr vor der Maut. Trotzdem ist festzuhalten, dass die Fahrer zunächst überreagierten (−28 % im Jänner) und sich allmählich ein stabiler Zustand einstellte.

Die Autofahrer passten sich auf unterschiedliche Art und Weise an die neuen Gegebenheiten an. 24 % des Berufspendelverkehrs quer durch die Zone verschwand, ebenso 22 % des sonstigen Verkehrs durch die Zone, wobei hier die Hauptstrategie das Ändern des Fahrziels oder das Vermeiden von Fahrten war. Gewerblicher Verkehr (Lieferanten, Busse, Frachtverkehr) gingen um rund 15 % zurück, wobei in der Regel die Route geändert wurde.

Ab 1. August 2006 wurde keine Maut mehr eingehoben. Die Verkehrsstärken gingen sofort wieder auf nahezu das alte Niveau zurück, allerdings nicht ganz, eine Restwirkung blieb bestehen. Zwischen August 2006 und August 2007, also zwischen dem Ende des Versuchsbetriebes und dem Beginn der endgültigen Einführung blieben die Verkehrsstärken um 5–10 % unter dem Niveau von 2005.

Manche Autofahrer behielten die neue Gewohnheit bei, obwohl keine Maut mehr eingehoben wurde. Der Treibstoffpreis änderte sich zu wenig um eine solche relativ starke Verkehrsveränderung zu rechtfertigen. Offensichtlich etablierten manche Verkehrsteilnehmer während des Versuchsbetriebes neue Mobilitätsmuster, die auch nach dem Ende des Versuchsbetriebes beibehalten wurden. Eine Vermutung für die Ursachen könnte sein, dass vormalige Autofahrer auf der Suche nach Alternativen durchaus auf ein besseres Angebot stießen. Eine andere Hypothese ist, dass manche Autofahrer auf Motorräder umstiegen, die nicht der Maut unterworfen waren, und danach nicht mehr wieder zurück umstiegen.

Im August 2007 wurde die Maut wieder eingeführt. So wie auch während des Versuchsbetriebes zeigte die Stadtmaut wieder den bekannten Effekt auf die Verkehrsstärke. Im August 2007 waren 21 % weniger Passagen durch den Cordon als im August 2005.

Im ersten vollen Betriebsjahr gingen die Verkehrsstärken am Cordon leicht zurück. 2008 und 2009 blieb der Verkehr über den Cordon bei rund 18 % unter dem Niveau von 2005, was deutlich unter der Verringerung von 21 % zu Ende des Versuchsbetriebes liegt. 2010 und 2011 ging der Verkehr wieder auf -19 % bzw. -20 % bezogen auf 2005 zurück, was auf externe Faktoren zurückzuführen ist.

Das erneute Anwachsen des Verkehrs könnte zunächst darauf zurückgeführt werden, dass sich der Effekt der Maut mit der Zeit abschwächt, bzw. mit anderen Worten, dass die Preiselastizität des Verkehrs mit der Zeit abnimmt. Diese Interpretation greift allerdings zu kurz, denn mehrere externe Faktoren wie etwa das Bevölkerungswachstum beeinflussen die Verkehrsstärke ebenso wie etwa die Inflation oder die steuerliche Abzugsfähigkeit der Maut, die beide den realen Wert der Maut verringern.

6.2.2 Luftqualität

Infolge des Versuchsbetriebes 2006 wurden im Großraum Stockholm mit 1,44 Mio. Einwohnern und 35×35 km rund 55 t NO_x weniger emittiert [136]. Die Verringerung von Feinstaub PM_{10} beträgt 30 t, von denen rund zwei Drittel das Ergebnis der Emissionsverringerungen in der Innenstadt sind. Es wurden sowohl die Emissionen vom Reifenabrieb als auch jene aus den Abgasen verringert. Die CO_2-Verringerung im Großraum Stockholm wurde mit rund 41.000 t errechnet. Die prozentuellen Emissions-Verringerungen im Großraum Stockholm betragen rund 1–3 %, im Stadtgebiet rund 3–5 % sowie in der Innenstadt rund 8–14 %. Die Emissionen beinhalten auch die Auswirkungen der verstärkten Busnutzung während des Versuchsbetriebes, inklusive der Direktlinien zur und von der Innenstadt (Tab. 6.5).

Verringerte Emissionen vom Straßenverkehr bedeutet, dass die Luft reiner wurde. Die durchschnittlichen Verringerungen der NO_x-Pegel wurden mit 5–10 µg/m^3 Luft errechnet, jene beim Feinstaub PM_{10} mit 2–3 µg/m^3 Luft.

In zahlreichen Innenstadtstraßen mit vormals hohem Luftverschmutzungspegel wurde die Situation durch den Versuchsbetrieb verbessert. Die Mindesterfordernisse für saubere Luft werden nun durch geringere Verkehrsstärken leichter erreicht als zuvor. Allerdings können durch die Stadtmaut nicht überall in Stockholm die Grenzwerte eingehalten werden, dazu wäre eine noch größere Verkehrsverringerung notwendig.

Die Emissionsverringerung und die allgemeine Verbesserung der Luftgüte in Stockholm bedeutet, dass sich langfristig gesehen die Gesundheit der Stockholmer verbessern wird. Bei einer langfristigen Einwirkung von Luftschadstoffen können sogar relativ kleine Verbesserungen der Luftgüte wertvolle Gesundheitsverbesserung für große Bevölkerungsteile bewirken. Die wichtigste Verbesserung ist eine geringere Mortalität. Vorzeitige

Tab. 6.5 Berechnete Emissionsverringerungen durch Straßenverkehr infolge der Stockholmer Stadtmaut 2006 (Versuchsbetrieb) (Quelle: [136])

	Innenstadt		Stadtgebiet		Großraum Stockholm	
	t/Jahr	%	t/Jahr	%	t/Jahr	%
NO_x	45	−8,5	47	−2,7	55	−1,3
CO	670	−14	710	−5,1	770	−2,9
PM_{10} gesamt	21	−13	23	−3,4	30	−1,5
PM_{10} Abrieb	19	−13	21	−3,3	28	−1,5
PM_{10} Abgas	1,8	−12	1,8	−4,4	2,1	−2,4
Flüchtige organische Verbindungen (VOC)	110	−14	120	−5,2	130	−2,9
Benzol (C_6H_6)	3,4	−14	3,6	−5,3	3,8	−3,0
CO_2	36,000	−13	38,000	−5,4	41,000	−2,7

Todesfälle als Ergebnis langandauernder Einwirkung von Luftschadstoffen können beispielsweise durch Herzerkrankungen oder Lungenkrebs verursacht sein.

Die quantitative Verbesserung der Mortalität in Stockholm liegt bei 20 bis 25 weniger vorzeitigen Todesfällen pro Jahr in der Stockholmer Innenstadt. Im Großraum Stockholm liegt die Zahl in derselben Größenordnung. Abgesehen von den Langzeitauswirkungen der Stadtmaut auf die Lebenserwartung haben die Emissionen von Fahrzeugen auch einen Einfluss auf das Auftreten von Erkrankungen der Atemwege.

6.2.3   Lärm

Die Lärmbelastung gilt sowohl im Großraum Stockholm als auch in der Innenstadt als schwerwiegend [136]. Eine Möglichkeit, die Lärmbelastung zu verringern, ist die Verkehrsstärke zu verringern. Es war daher naheliegend zu untersuchen, ob die durch die Stadtmaut herbeigeführte Verkehrsverringerung auch zu einer Verringerung der Lärmbelastung führt.

Die ursprüngliche Annahme war, dass der Versuchsbetrieb zu keinen nennenswerten Verbesserungen der Lärmsituationen führt, da schon erhebliche Verkehrsverringerungen notwendig sind um eine Verbesserung herbeizuführen. Ein Halbieren der Verkehrsmenge würde eine Verringerung des Lärmpegels um 3 dBA bewirken, was eine kaum hörbare Verringerung ist.

Die Untersuchung der Lärmsituation ergab auch tatsächlich, dass sich die Lärmbelastung nur in einem sehr kleinen Ausmaß verbesserte. Insgesamt wurden 152 Messstellen untersucht, von denen sechs ein Ansteigen des Lärmpegels von 1–4 dBA zeigten, bei 18 anderen Messstellen wurde eine Lärmverringerung von 1–4 dBA festgestellt. Feste Messstellen zeigten, dass der Lärm um weniger als 1 bis 2 dBA zurückging. Die gemessenen Rückgänge des Lärmpegels sind also relativ moderat. Es ist kaum möglich die

Schwankung des Lärmpegels von 3 dBA wahrzunehmen. Damit eine wahrnehmbare Änderung des Schallpegels eintritt muss dieser um 8–10 dBA schwanken.

6.2.4   Einzelhandel und Wirtschaft

Die Auswirkung des Versuchsbetriebes auf den Einzelhandel im Großraum Stockholm sind gering [136]. Dies zeigt sich sowohl in Umfragen, die in Einkaufszentren und Warenhäusern innerhalb und außerhalb des Kordonringes durchgeführt wurden als auch in Konsumentenumfragen. Die festgestellten Unterschiede zum Zustand davor lassen sich überdies auf jahreszeitliche Schwankungen und Sonderveranstaltungen zurückführen. Der Handel mit nicht dauerhaften Konsumgütern stieg in der Zone geringer an als außerhalb, was auf ein verstärktes Inanspruchnehmen von Einkaufszentren außerhalb der Mautzone hindeutet. Dieser Effekt liegt allerdings ebenfalls im Trend des gesamten Landes und eine Wirkung der Stadtmaut lässt sich daher nur schwer ableiten. Wichtig ist allerdings, dass der Handel in der Innenstadt nur zu einem sehr geringen Anteil von Kunden abhängt, die mit dem Privatauto anreisen, was auch schon vor Einführung der Stadtmaut der Fall war. Auf den Tourismus zeigte die Maut keinerlei direkte Wirkung.

Die Auswirkung der Stadtmaut auf die Transportkosten von Firmen ist antivalent. Einerseits führt die Stadtmaut zu höheren Kosten im streng finanziellen Sinn. Die Zusatzkosten entsprechen jenem Mautbetrag, den Unternehmen zu bezahlen haben. Andererseits führt die Stadtmaut zu einer Verkehrsverringerung, wodurch bestimmte Transporte schneller durchgeführt werden können. Die Verringerung von Stau bedeutet auch, dass Fahrten pünktlicher und das Be- und Entladen in der Zone einfacher werden. Diese Faktoren führen zu einer Steigerung der Produktivität gewerblicher Transporte.

Die Auswirkungen der Stadtmaut können die Preise in der Zone beeinflussen, allerdings gab es Indizien für nur sehr kleine Änderungen von Kosten und Preisen. Transportkosten haben nur einen kleinen Anteil an den Preisen von Waren und Dienstleistungen, wodurch sich die Maut auf die Preise nur marginal auswirken. Die Kosten gewerblicher Transportleistung betrugen weniger als 0,5‰ (ein halbes Promille) des gesamten Wertes der in der Region hergestellten Waren und Dienstleistungen. Die durch verringerten Stau erzielten Produktivitätssteigerungen beim Transport schwanken sehr stark zwischen den Branchen und Unternehmen, allerdings wird der Produktivitätsgewinn ebenfalls sehr gering ausfallen.

Die Ausgaben für private Autofahrten in die Mautzone steigen zweifellos, wodurch die Stadtmaut zu einer Verringerung der verfügbaren Haushaltseinkommen führt. Allerdings tritt für Reisende, die zuvor mit dem Privatauto anreisten und infolge der Maut auf öffentlichen Verkehr umstiegen, der gegenteilige Effekt ein: Für diese Nutzergruppe sinken die Kosten für Berufspendelverkehr, was zu einem höheren verfügbaren Haushaltseinkommen führt, was zu einem potenziell höheren Konsum von Waren und Dienstleistungen (mit Ausnahme von Autofahrten in die Zone) führt.

Die jährlichen Gesamtkosten, den Haushalte für die Stadtmaut zu tragen haben, liegen bei rund 400 Mio. SEK (rund 45 Mio. €). Das gesamt verfügbare jährliche Einkommen in Stockholm beträgt rund 340 Mrd. SEK (rund 39 Mrd. €), somit betragen die Kosten für Maut rund 1‰ (ein Promille) des verfügbaren jährlichen Einkommens. Somit hat die Stadtmaut keine substanzielle Auswirkung auf den privaten Konsum in der Region. Zu betonen ist allerdings, dass es sich dabei um Durchschnittswerte für die gesamte Region handelt und von Haushalt zu Haushalt sehr wohl Unterschiede auftreten können. Auf das Haushaltseinkommen von Alleinerziehenden mit zwei Kindern kann die Stadtmaut durchaus Auswirkungen haben.

6.2.5   Kosten-Nutzen-Analyse

In der nachfolgenden Tabelle sind die volkswirtschaftlichen Kosten und Nutzen der Stadtmaut angeführt, wobei die Betriebs- und Investitionskosten unberücksichtigt sind [136].

Der Wert kürzerer und zuverlässigerer Reisezeiten für Autos wird mit rund 600 Mio. SEK (68 Mio. €) geschätzt. Die Straßenbenutzer bezahlen rund 760 Mio. SEK (86 Mio. €) über die Stadtmaut. Durch die Stadtmaut werden Autofahrer dazu ermuntert, das Mobilitätsverhalten zu ändern und öffentliche Verkehrsmittel zu benutzen. Manche ändern ihr Verhalten tatsächlich und andere behalten ihr Verhalten bei und profitieren vom verbesserten Verkehrsfluss. Die Verhaltensänderung wird mit einem volkswirtschaftlichen Verlust von 13 Mio. SEK (1,5 Mio. €) angesetzt.

Der Nutzen erweiterter Busdienstleistung (neue Direktverbindungen und erhöhte Frequenz entlang der Hauptverkehrsachsen) wird mit 181 Mio. SEK (20 Mio. €) geschätzt, wobei davon 157 Mio. SEK (18 Mio. €) durch schnellere und bequemere Busfahrten für die bestehenden Fahrgäste entstehen und die verbleibenden 24 Mio. SEK (2 Mio. €) für die neuen Fahrgeste infolge der Maut.

Durch den Verkehrsrückgang sinken auch die Emissionen von Treibhausgasen im Stockholmer Großraum um 2,7 %. Der volkswirtschaftliche Nutzen dieser Verringerung beträgt rund 64 Mio. SEK (7 Mio. €) pro Jahr. Die Emissionen von Luftschadstoffen und deren positiver Beitrag zur Lebenserwartung bewirken einen Gewinn von rund 5 Lebensjahren pro Jahr. Gemeinsam mit anderen ökologischen Effekten entsteht daraus ein volkswirtschaftlicher Nutzen von 22 Mio. SEK (2,5 Mio. €) pro Jahr.

Infolge des Verkehrsrückgangs sinkt auch die Zahl an Verkehrsunfällen um 3,6 %, was eine Verringerung von 15 Verkehrstoten bzw. schwer Verletzten zur Folge hat. Die Anzahl der leicht Verletzten sinkt um rund 50 pro Jahr. Der volkswirtschaftliche Nutzen daraus beträgt 125 Mio. SEK (14 Mio. €) pro Jahr.

Die Einnahmen und Ausgaben des öffentlichen Bereiches beinhalten eine höhere Anzahl an Fahrkartenverkäufen (rund 184 Mio. SEK bzw. 21 Mio. €), die Kosten zum Aufrechterhalten des Passagierkomforts bei größerer Passagierzahl (64 Mio. SEK bzw. 7 Mio. €), geringere Einnahmen aus der Treibstoffsteuer (53 Mio. SEK bzw. 6 Mio. €) so-

Tab. 6.6 Volkswirtschaftliche jährliche Kosten und Nutzen der Stockholmer Stadtmaut ohne Berücksichtigung von Investition und Betrieb des Mautsystems in Mio. SEK (1,0 €≅8,8 SEK). (Quelle: [136])

	Stadtmaut	Vermehrte Busnutzung	Gesamt
Kürzere Reisezeiten	523	157	680
Berechenbarere Reisezeiten	78	0	78
Modal Shift	−13	24	11
Mauteinnahmen	−763	0	−763
Gesamt: Straßenbenutzer	*−175*	*181*	*6*
Weniger Treibhausgasemissionen	64	0	64
Verbesserte Luftgüte	22	0	22
Verbesserte Verkehrssicherheit	125	0	125
Gesamt: Andere Faktoren	*211*	*0*	*211*
Einnahmen aus der Stadtmaut	763	0	763
Einnahmen aus ÖPNV	184	0	184
Einnahmen aus Treibstoffsteuer	−53	0	−53
Abnutzung der Infrastruktur	1	0	1
Erhalt des Komfortstandards im ÖPNV	−64	0	−64
Gesamte Einnahmen und Ausgaben des öffentlichen Bereichs inkl. Investition und Betrieb	*831*	*0*	*831*
Gesamter volkswirtschaftlicher Nutzen ausschließlich Investition und Betrieb des Mautsystems	*867*	*181*	*1048*

wie eine verminderte Abnutzung der Straßen (1 Mio. SEK bzw. 100 Tsd. Euro). Gemeinsam mit den Mauteinnahmen ergibt sich ein Überschuss von 831 Mio. SEK (94 Mio. €) ohne Investition und Betrieb des Mautsystems.

Der Vergleich der Kosten für Investition und Betrieb des Mautsystems mit diesem Überschuss hängt maßgeblich von der zeitlichen Perspektive ab.

Wird lediglich die Zeitspanne des Versuchsbetriebes vom 3. Jänner bis 31. Juli 2006 herangezogen sowie die Erweiterung des Busbetriebes vom 22. August 2005 bis 31. Dezember 2006, so übersteigen die Kosten klarerweise den gestifteten Nutzen. Allerdings war das Motiv für die Einführung des Versuchsbetriebes niemals, einen volkswirtschaftlichen Nutzen herbeizuführen, sondern – aus politischer Sicht – Erfahrungen zu sammeln die für dauerhafte Maßnahmen verwendet werden sollen.

Viel relevanter ist die Betrachtung des volkswirtschaftlichen Nutzens einer permanenten Installation der Stadtmaut (siehe Tab. 6.7).

Die jährlichen Betriebskosten des Mautsystems werden mit rund 220 Mio. SEK (25 Mio. €) geschätzt. Da das System einen finanziellen Überschuss bewirkt, werden auch noch Opportunitätskosten hinzugezählt. Somit ergibt sich bei permanentem Betrieb und bei Abzug der Betriebskosten des Mautsystems ein äußerst profitables System mit einem

Tab. 6.7 Volkswirtschaftlicher Nutzen der Stockholmer Stadtmaut im permanenten Betrieb in Mio. SEK (1,0 €≅8,8 SEK). (Quelle: [136])

	Stadtmaut	Vermehrte Busnutzung	Gesamt
Gesamter volkswirtschaftlicher Nutzen ausschließlich Investition und Betrieb des Mautsystems (s. Tab. 6.6)	867	181	1048
Betriebskosten	−220	−341	−561
Opportunitätskosten	118	−181	−62
Jährlicher Nettoüberschuss ohne Berücksichtigung der Investitionen	*765*	*−341*	*424*

Tab. 6.8 Volkswirtschaftlicher Nutzen der Stockholmer Stadtmaut im permanenten Betrieb in Mio. SEK (1,0 €≅8,8 SEK). (Quelle: [136])

	Stadtmaut	Vermehrte Busnutzung	Gesamt
Gesamter volkswirtschaftlicher Nutzen ausschließlich Investition und Betrieb des Mautsystems (s. Tab. 6.6)	867	181	1048
Betriebskosten	−220	−177	−397
Opportunitätskosten	118	−94	25
Abschreibungskosten	−50	−3	−53
Opportunitätskosten	−26	−2	−28
Jährlicher Nettoüberschuß	*690*	*−95*	*595*

jährlichen volkswirtschaftlichen Überschuss von 765 Mio. SEK (87 Mio. €). Andererseits ist die Erweiterung des Busbetriebes wenig profitabel, denn dieser kostet jährlich 522 Mio. SEK (59 Mio. €) während der Wert kürzerer Reisezeiten lediglich 181 Mio. SEK (20 Mio. €) jährlich beträgt.

Wird auch noch die Abschreibung der getätigten Investitionen berücksichtigt, so ergibt sich der in Tab. 6.8 dargestellte volkswirtschaftliche Nutzen.

In dieser Berechnung sind die Investitionskosten gleich den Start-up-Kosten des Systems und beinhalten nicht nur die Kosten für das Mautsystem selbst sondern auch die Betriebskosten im ersten Halbjahr 2006 sowie anderen Zusatzkosten wie etwa für Lichtsignalanlagen, die Überwachung des Systems sowie für die Einhebung der Steuer. In den Kosten des Mautsystems sind auch Kosten für Mitarbeiterschulung, Testen und Informationskampagnen enthalten sowie die Kosten für das Abschalten des Systems in der zweiten Jahreshälfte 2006 und für die Bewertung der Ergebnisse. Diese Gesamtkosten betragen rund 2 Mrd. SEK (227 Mio. €), von denen rund die Hälfte bereits vor Einschalten des Systems angefallen ist.

Die Investitionen werden wie üblich bei Investitionen in Verkehrsinfrastruktur über eine Laufzeit von 40 Jahren abgeschrieben. Die Betriebskosten beinhalten alle Wartungs- und Re-Investitionskosten die mit dem Betrieb des Systems in Zusammenhang stehen und beinhalten auch technische Neuerungen.

Unter Berücksichtigung der Abschreibung von Investitionen erzielt die Stadtmaut einen volkswirtschaftlichen Überschuss von SEK 690 Mio. (78 Mio. €) pro Jahr.

6.3 Fallbeispiel Ecopass Mailand

Ecopass war von 2. Jänner 2008 bis 31. Dezember 2011 in Betrieb und wurde danach durch Area C abgelöst. Die Mautzone betrug 8,2 km² bzw. 4,5 % des Gemeindegebietes von Mailand. Von Beginn des Betriebes an erfolgte eine messtechnische Überwachung von Luftqualität, Verkehrsstärke, öffentlichem Verkehr, Verkehrssicherheit, Auswirkungen auf die Umwelt sowie eine Erhebung der sozialen Akzeptanz und wirtschaftlicher Aspekte [137]. Die Wirkungsanalyse hätte nur im ersten Betriebsjahr untersucht werden sollen, wurde aber mehrfach verlängert.

Zuletzt wurden von AMAT, der städtischen Agentur für Umwelt und Mobilität, die folgenden Gesamtergebnisse veröffentlicht:

- Verringerung des Verkehrs um 14,4 %
- Verringerung des Anteils der am Stärksten Schadstoffe emittierenden Fahrzeuge (Klassen 3, 4, 5): −48,1 %
- Steigerung des Anteils von schadstoffschwachen Fahrzeugen (Klasse 1): 46,7 %
- Verringerung von Unfällen: 21,3 %
- Steigerung der Geschwindigkeit des ÖPNV: 11,8 %
- Steigerung der Passagierzahlen in der U-Bahn: 12,5 %
- Durchschnittliche tägliche Verringerung von PM_{10} von − 15 % sowie von abgasbedingten PM_{10} von − 30 %.

Von Beginn an wurde durch Ecopass Stau verringert, was sich nahezu in einer Halbierung der mautpflichtigen Personenkraftfahrzeuge von 38,7 auf 20,1 % Anteil bzw. einer Verringerung der mautpflichtigen gewerblichen Fahrzeuge von 73,5 auf 57 % Anteil niederschlug. Insgesamt wechselten die Mailender infolge der Maut auf öffentlichen Verkehr bzw. saubere Mobilität, was im starken Gegensatz zu den Behauptungen steht, die noch vor Einführung kolportiert wurden.

Im Laufe der Zeit erfolgte allerdings eine Modernisierung der Fahrzeugflotte, die durch Ecopass beschleunigt wurde. In den ersten Monaten des Jahres 2010 waren nur noch 10 % der Privat-PKWs mautpflichtig, worauf im Juni 2011 eine Verschärfung in Form der Aufhebung der Ausnahmegenehmigung für Euro-4-Fahrzeuge ohne Partikelfilter erfolgte, und danach für 14,4 % der Privatfahrzeuge und für 35,8 % der gewerblichen Fahrzeuge Mautpflicht bestand. Nichts desto weniger erodierten die am Anfang von Ecopass gewonnenen Verringerungen der Feinstaubemissionen wieder infolge einer Zunahme der Verkehrsstärke. Die Feinstaubbelastungen durch Reifen- und Bremsabrieb überstieg die von den Motoren stammenden Werte, wodurch zunehmend klar wurde, dass das Ecopass-Schema verändert werden müsse.

Das Quantifizieren der Auswirkung von Ecopass auf die Luftgüte ist komplex. Der stärkste Effekt wurde zunächst durch das Ausbleiben einer relativ geringen Anzahl an Fahrzeugen erreicht, eine stetige Verringerung wurde allerdings nur durch den Gesamtverkehr betreffende Maßnahmen erreicht, die 2009 im Mailänder Klimaplan (Plan für Energie und ökologische Nachhaltigkeit) ausgearbeitet wurden.

Auf jeden Fall wurde die jährliche Durchschnittskonzentration von PM10 in Mailand zwischen 2006 und 2010 stetig verringert, was nur teilweise auf das Wetter zurückgeführt werden kann. Es wurde das politische Ziel einer PM_{10}-Belastung von 40 µg/m³ bzw. 25 µg/m³ für $PM_{2,5}$ erreicht. Auch die Tage mit Grenzwertüberschreitung konnten beachtlich verringert werden, nämlich von 160 auf 80, was allerdings immer noch über den Mindeststandards der Luftreinhalterichtlinie liegt, die maximal an 35 Tagen eine Überschreitung des Tagesdurchschnittwertes von 50 µg/m³ bei PM_{10} vorsieht. Der Rußanteil im Feinstaub konnte im Vergleich zu außerhalb der Zone halbiert werden und auch die Konzentration anderer verkehrsbedingter Schadstoffe sie CO (Kohlenmonoxid), NO_2 (Stickstoffdioxid), SO_2 (Schwefeldioxid) oder C_6H_6 (Benzol) konnte verringert werden.

Eine Verschärfung der Maßnahme wurde nötig um die gewünschte Luftverbesserung weiter voranzubringen, im Gespräch war eine echte Stadtmaut, bei der alle Fahrzeuge ausgenommen Fahrzeuge ohne Abgasemissionen gebührenpflichtig sind. Nach der Sammlung von 22.000 Unterschriften für diese Maßnahme erfolgte ein Referendum, bei dem sich über 80 % der Wähler für eine Umwandlung in eine Stadtmaut aussprachen, wenn die kolportierten Einnahmen daraus in Höhe von 40–50 Mio. € pro Jahr in nachhaltige Mobilität reinvestiert werden. Am 16. Jänner schließlich erfolgte die Umwandlung in das gegenwärtig laufende „Area C". Schema. In den ersten Betriebsmonaten von Area C erfolgte eine Verkehrsverringerung von weiteren 33 %.

6.3.1 Verkehrsstärke

Grundlage für die Detailanalysen sind die in den ersten zweieinhalb Betriebsjahren durchgeführten Analysen von AMAT [138, 139, 140]. Am Ende dieser Periode wurde immer noch eine Verkehrsverringerung von 12,9 % bezogen auf den Zustand vor Einführung der Maut gemessen, allerdings ist bereits ein Verkehrsanstieg von 1,8 % bezogen auf die Vergleichsperiode des Vorjahres feststellbar. Das durchschnittliche Anwachsen der Verkehrsstärke wird auf die geringere Anzahl der mautpflichtigen Fahrzeuge infolge der Modernisierung des Fahrzeugbestandes zurückgeführt. Außerhalb der Zone blieb das Verkehrsaufkommen nahezu unverändert auf −6,6 % bezogen auf den Wert vor Einführung von Ecopass.

Der Erneuerungstrend bei den Fahrzeugen und die damit im Zusammenhang stehende Verringerung der mautpflichtigen Jahre wurde durch Aufheben der Ausnahmeregelung im Juni 2010 für Euro-4-Fahrzeuge ohne Partikelfilter gestoppt. Danach betrug der Anteil der mautpflichtigen Fahrzeuge 20,9 %, was etwa dem Wert im Februar 2010 entspricht, wo für 3 Wochen diese Ausnahme ebenfalls aufgehoben wurde. Der Trend sowie diese

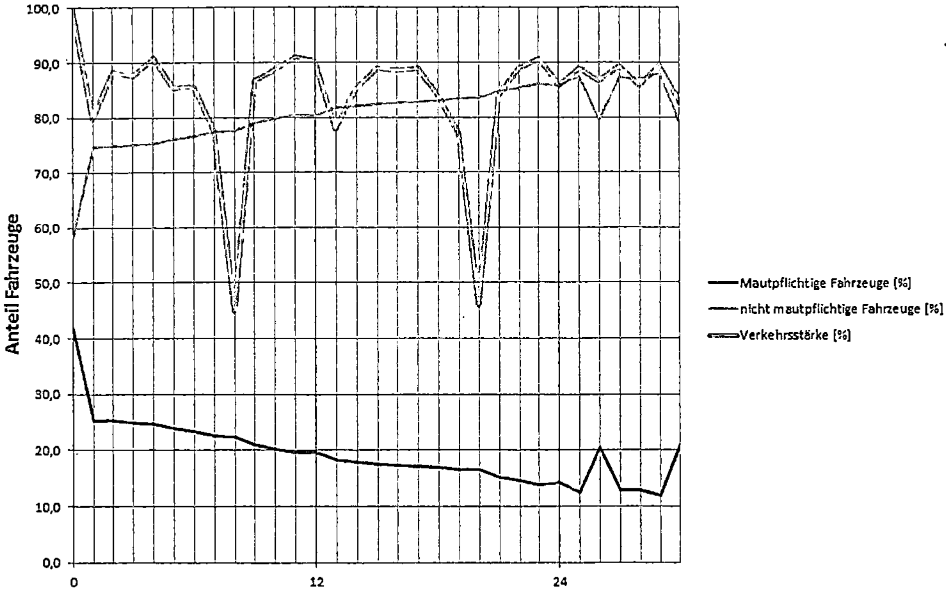

Abb. 6.10 Zeitlicher Verlauf des Gesamtverkehrs als Anteil am Referenzwert vor Einführung von Ecopass sowie der Anteile der mautpflichtigen und nicht mautpflichtigen Fahrzeuge seit Betriebsbeginn im Jänner 2008. (Quelle: [138, 139, 140])

beiden Ereignisse im Februar (Monat 26) und Juni 2010 (Monat 30) können in Abb. 6.10 klar erkannt werden.

6.3.2 Feinstaub

Feinstaub PM_{10} stammt hauptsächlich von dieselbetriebenen Kraftfahrzeugen ohne Partikelfilter, insbesondere Lastfahrzeuge und ältere Fahrzeuge, aber auch von einspurigen Kraftfahrzeugen mit 2-Takt-Motor.

Die geschätzten Emissionen beziehen sich auf den Referenzwert vor Inbetriebnahme von Ecopass und sinken beständig seit Inbetriebnahme. Die starken monatlichen Schwankungen hängen mit der Umgebungstemperatur zusammen: bei niedrigeren Temperaturen werden höhere Feinstaubkonzentrationen gemessen als bei höheren Temperaturen weil einerseits viele Motoren nicht unter Betriebstemperatur laufen („kalt" betrieben werden) und andererseits sich keine Konvektionsströmungen ausbilden.

Die Methodologie zum Schätzen der verkehrsbezogenen Feinstaubemissionen in der Mautzone beruht auf der Anzahl der Einfahrten in die Zone, die mit dem Emissionsberechnungsprogramm der Joint Research Centres der Europäischen Kommission, COPERT [141] in Version 7.1, unter Berücksichtigung der Umgebungstemperatur und den Eigenschaften der Treibstoffe analysiert wurden. Auch die Zusammensetzung der in die Zone einfahrenden Fahrzeugflotte wurde berücksichtigt und in rund 100 Fahrzeugklassen zusammengefasst. Zusätzlich zu den verkehrsbezogenen Emissionen wurden auch die Emissionen des hypothetischen Verkehrs, der ohne die Maut vorgeherrscht hätte, berechnet. Dieser Wert wird als Referenzwert des jeweiligen Monats herangezogen. Die Emissionen und Referenzwerte sind in Abb. 6.11 dargestellt.

6.4 Fallbeispiel Umweltzonen in den Niederlanden

Die seit dem 1. Juli 2007 in 11 niederländischen Städten eingeführten Umweltzonen für Lastfahrzeuge werden einem jährlichen Monitoring unterzogen um die Auswirkungen auf die Luftqualität zu untersuchen [142].

Insgesamt betrachtet verändern die Umweltzonen die Zusammensetzung der Lastwagenflotte in den Städten. Lastfahrzeuge sind nun bedeutend sauberer in Städten mit Umweltzonen im Vergleich zur Situation vor Einführung der Zonen. In der Folge werden modernere Fahrzeuge eingesetzt (i.e. Euro-4 statt Euro-2) oder Fahrzeuge mit Partikelfilter. Damit verbessert sich auch die Luftqualität in den Zonen beträchtlich: Entlang der Straßen von Umweltzonen lagen die NO_2-Konzentrationen im Durchschnitt um 0,16 µg/m^3 unter dem Niveau vor Einführung der Umweltzonen, und PM_{10} sank um 0,06 µg/m^3. An verkehrsreichen Straßen mit mehr als 1200 Lastfahrzeugen pro Tag können Verringerungen von 0,3 µg/m^3 bei NO_2 und 0,15 µg/m^3 bei Feinstaub erzielt werden. Im Vergleich zu anderen Maßnahmen, die die Luft in Städten verbessern sollen, zählen die Umweltzonen zu den effektivsten Maßnahmen.

Nach Einführung der Zonen erfolgte eine rasche Umstellung der Fahrzeugflotten. Bereits im zweiten Halbjahr des Betriebes entsprachen rund 60–75 %, und im ersten Halbjahr 2009 bereits 80 bis 85 % der Lastfahrzeuge den geforderten Umweltstandards. Allerdings ist das Potenzial der Umweltzonen noch nicht ganz ausgeschöpft. Kann der Anteil der umweltverträglichen Fahrzeuge weiter gesteigert werden, so errechnet sich ein Absenken der durchschnittlichen NO_2-Konzentrationen um weitere 0,1 µg/m^3 und der PM_{10}-Konzentrationen um 0,05 µg/m^3.

Diesem Nutzen stehen Investitionskosten von rund 1,4 Mio. € sowie jährliche Betriebskosten (für die Überwachung) von rund 600.000 € gegenüber sowie Kosten für die Modernisierung der Fahrzeugflotte in Höhe von 15 bis 18 Mio. €.

6.4.1 Auswirkung auf die Fahrzeugflotte

Von den nicht den Mindeststandards entsprechenden Lastfahrzeugen in den Umweltzonen, i.e. (Euro 0, Euro 1, Euro 2 ohne Partikelfilter und Euro III ohne Partikelfilter), rüsteten bis zum Jahr 2009 rund 59 % einen Partikelfilter nach. Rund 10 % erwirkten eine Ausnahmegenehmigung, und nahezu ein Drittel fährt in Übertretung der Umweltzone ein (siehe Abb. 6.12).

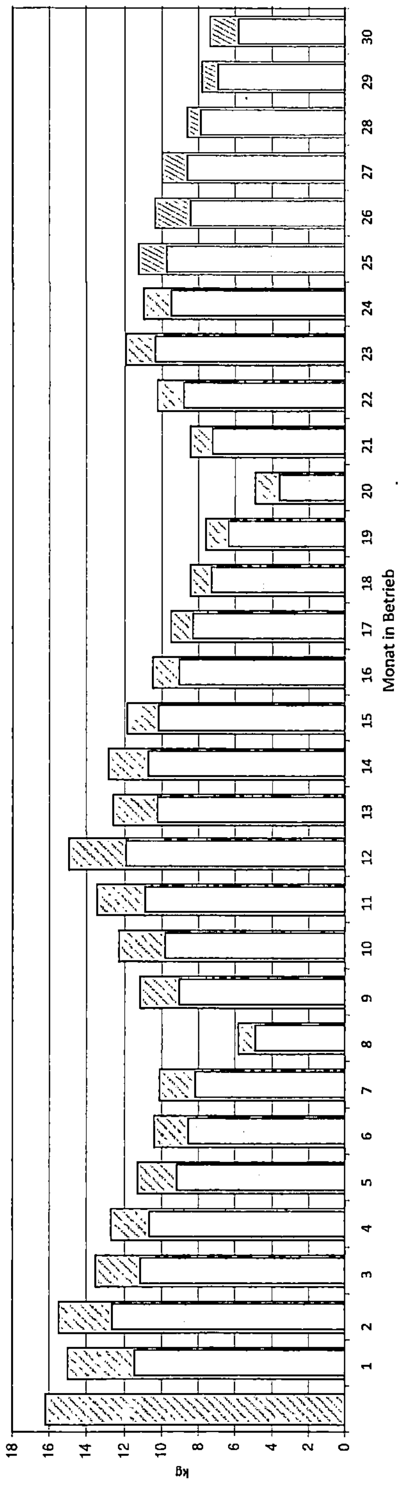

Abb. 6.11 Zeitlicher Verlauf der Feinstaubemissionen PM_{10} in kg seit Betriebsbeginn von Ecopass im Jänner 2008. (Quelle: [138, 139, 140])

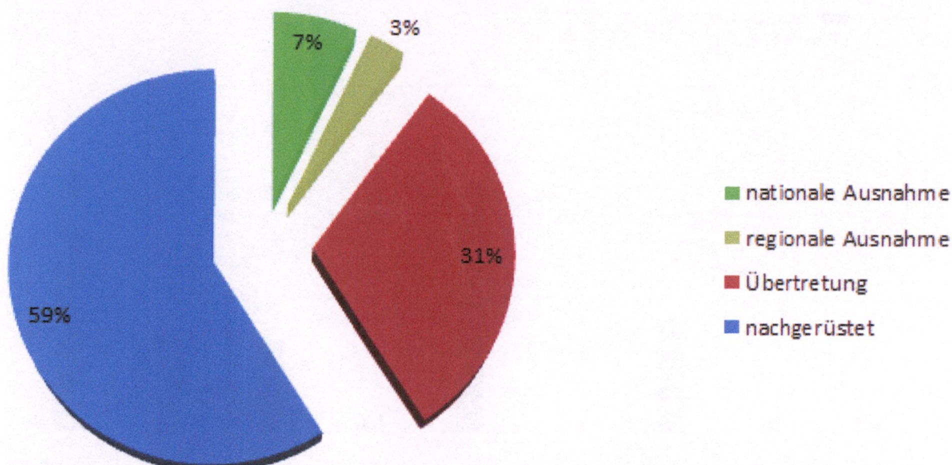

Abb. 6.12 Zusammensetzung der nicht den Mindeststandards niederländischer Umweltzonen entsprechenden Lastfahrzeuge. (Quelle: [142])

Die Flottenzusammensetzung in der Umweltzone ist deutlich sauberer als in den Innenstädten ohne Umweltzone. Es wurde auch festgestellt, dass die Einführung von Umweltzonen nicht zu einer Zunahme oder Abnahme der Zahl von Lastwägen führt und dass auch kein Umstieg auf Lieferwägen erfolgt. Vielmehr erfolgt bei Lastwägen ein Umstieg auf höheren EURO-Emissionsklassen und ein Aufrüsten mit Diesel-Partikelfilter (siehe Abb. 6.13).

6.4.2   Auswirkungen auf die Luftgüte

Die Berechnungen der Luftgüte zeigen, dass die Umweltzonen im Jahr 2009 die durchschnittliche jährliche NO_2-Konzentration um 0,16 µg/m³ und die PM_{10}-Konzentration um 0,06 µg/m³ verringert haben. Im Januar 2010 erfolgte eine Verschärfung der Zufahrtskriterien (Wegfall der landesweiten Ausnahme für Euro-2-Fahrzeuge mit Partikelfilter), wodurch die NO_2-Konzentration weiter sank.

Die Berechnung zeigt für das Jahr 2010, dass der maximal erreichbare Effekt (Optimal 100 % in Abb. 6.14) bei NO_2 im Vergleich zur ursprünglichen Praxis ungefähr um den Faktor 2 höher ist.

Für das Jahr 2010 ist, dass die maximal erreichbare Effekt („optimal" in Abb. 6.14) bei NO2 etwa um den Faktor 2 höher ist als tatsächlich infolge von Ausnahmegenehmigungen und der Durchsetzungspraxis der Fall ist. Zwischen 2010 und 2013 steigt der maximal erreichbare Effekt infolge der natürlichen Modernisierung der Flotte und der geringer werdenden Anzahl der Fahrzeuge, die nicht den Zufahrtskriterien entsprechen (Euro III und Euro 0/I/II ohne Partikelfilter). Dieser Rückgang wird noch durch die Verschärfung der Zufahrtskriterien im Jahr 2013 verstärkt (nur noch Euro IV und Filter), wodurch der

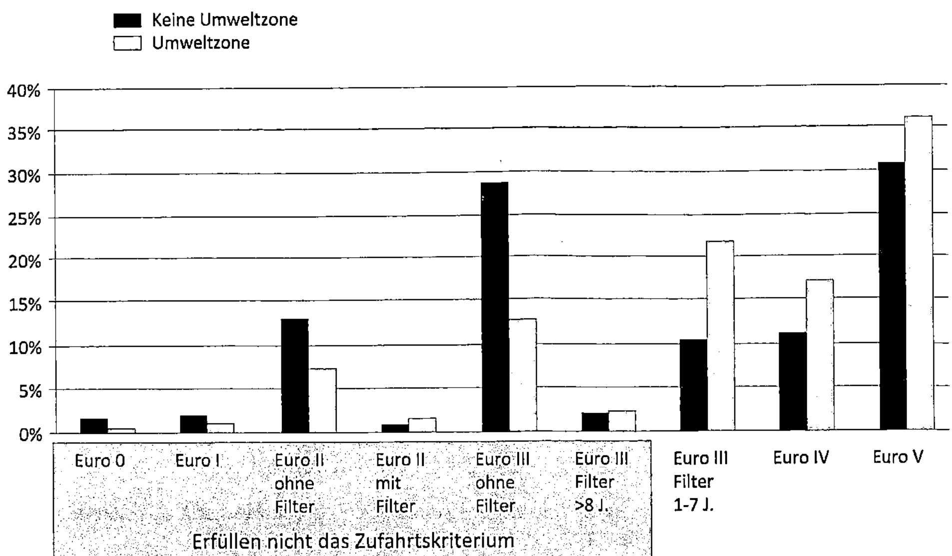

Abb. 6.13 Vergleich der Zusammensetzung der Lastwagenflotte in niederländischen Städten mit und ohne Umweltzone nach Euro-Emissionsklassen. (Quelle: [143])

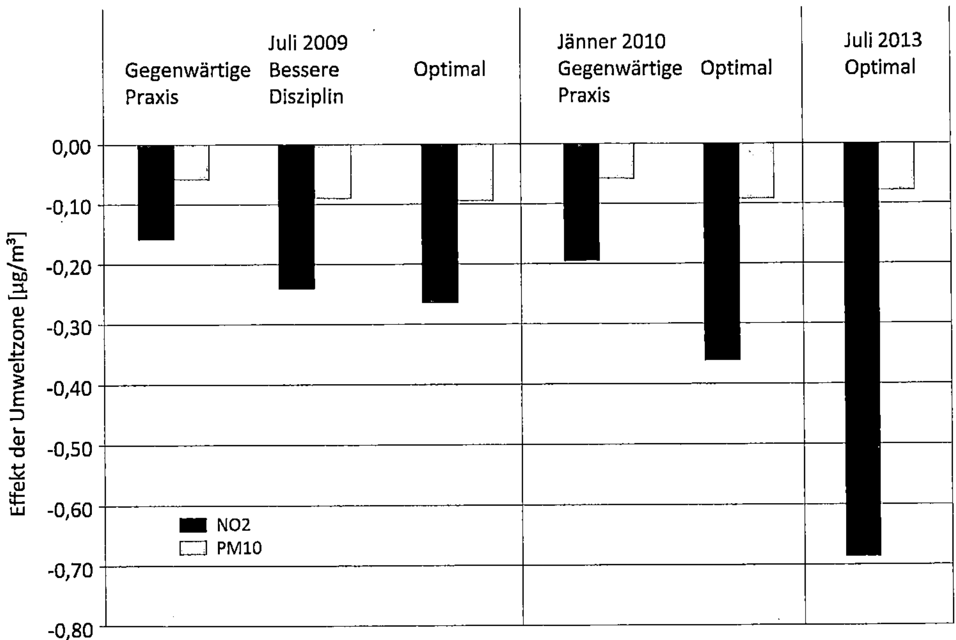

Abb. 6.14 Durchschnittlicher Entwicklung NO_2 und PM_{10}-Konzentrationen entlang der Straßen in niederländischen Umweltzone. (Quelle: [142])

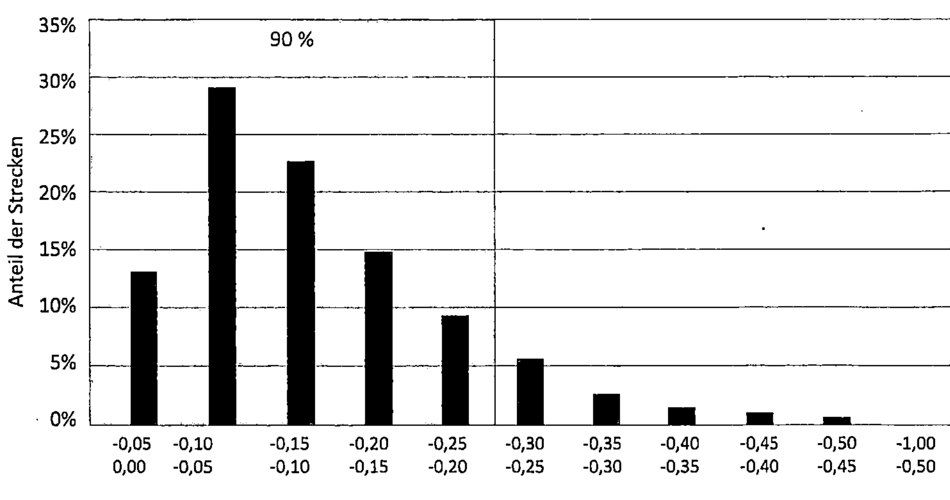

Abb. 6.15 Häufigkeitsverteilung des Effekts der Umweltzone auf die NO_2-Konzentrationen entlang der Straßen im Jahr 2009. (Quelle: [142])

Netto-Effekt auf bei NO_2 im Jahr 2013 ist fast doppelt so groß wie im Jahr 2010. Bei PM_{10} entspricht die Wirkung der Umweltzone im Jahr 2013 jener im Jahr 2010. Im theoretischen Fall, dass die Einhaltung 100 % beträgt und es keinerlei lokale Ausnahmen mehr gibt, ist die Wirkung der Umweltzone sogar 60–70 % höher als mit der gelebten Praxis von 2009.

Auf Straßen mit starkem LKW-Verkehr kann durch die Umweltzone die Konzentrationen von NO_2 um mehr als 0,3 g/m³ von PM_{10} um rund 0,15 g/m³ verringert werden. Diese Wirkung ist bei NO_2 um den Faktor 2 und bei PM_{10} um den Faktor 3 höher als die durchschnittliche Wirkung in der Umweltzone. Die Häufigkeitsverteilung derartiger Effekte ist in Abb. 6.15 und Abb. 6.16 dargestellt. Der Effekt auf die NO2-Konzentration liegt bei 90 % der Straßen bei −0,25 µg/m³, was einem durchschnittlichen Effekt von −0,16 µg/m³ entspricht. Bei Feinstaub liegt der Effekt der Umweltzone an 90 % der Straßen bei −0,1 µg/m³, was einer durchschnittlichen Verringerung von 0,06 µg/m³ entspricht.

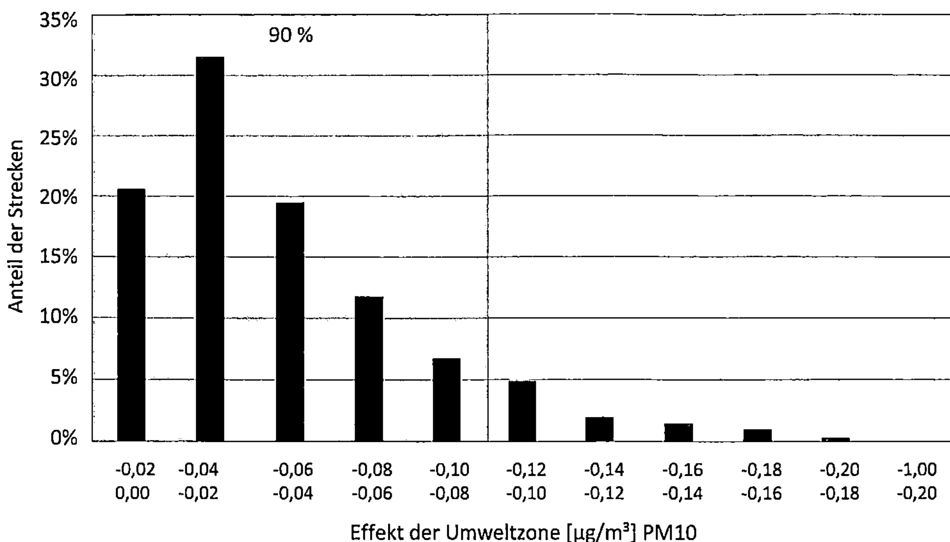

Abb. 6.16 Häufigkeitsverteilung des Effekts der Umweltzone auf die PM_{10}-Konzentrationen entlang der Straßen im Jahr 2009. (Quelle: [142])

6.5 Fallbeispiel Umweltzone London

Die Luftqualität in London zählte Anfang des Millenniums zu den schlechtesten Europäischer Städte. Vor allem die Grenzwerte von NO_2 und PM_{10} überschritten die Vorgaben nationaler und europäischer Gesetze, vor allem entlang stark befahrener Straßen. Nach einer Machbarkeitsstudie wurde schließlich eine Umweltzone, die das gesamte Stadtgebiet Londons abdeckt, als die effektivste Maßnahme identifiziert.

Die Londoner Umweltzone wurde im Februar 2008 in Betrieb genommen, im Juli 2008 erfolgte die erste von mehreren geplanten Verschärfungen der Zutrittskriterien. Im Zuge dessen erfolgte eine erste Effektstudie über die Wirksamkeit der Maßnahme um in einer kontroversiellen Debatte Klarheit über die Konsequenzen und Angemessenheit der Maßnahme zu erreichen [144].

Die antizipierte Wirkung der Umweltzone lag tatsächlich in einer Modernisierung der Fahrzeugflotte in einem Ausmaß, das erst 3–4 Jahre später erreicht hätte werden können. In erster Linie sollten die PM_{10}-Konzentrationen verringert werden, und in einem geringeren Ausmaß jene von NO_X. Die beschleunigte Modernisierung der Flotte erzeugt allerdings Kosten bei den Frachtführern. In der Praxis gibt es nur sehr wenige Ausnahmeregelungen, allerdings erfolgt die Modernisierung der Flotte nicht schlagartig, weil Frachtführer mit Fahrzeugen, die das Zufahrtskriterium nicht erfüllen, ein Tagesticket kaufen können. Zudem erfolgt die Modernisierung der Flotte nicht auf den neuesten Stand der Technik da bestehende Fahrzeuge auch mit Partikelfiltern nachgerüstet werden können um dem Zufahrtskriterium zu entsprechen.

Betreffend die Luftgüte sollten infolge der verringerten Fahrzeugemissionen die ersten beiden Phasen der Umweltzone im Großraum London eine Verringerung der Überschreitungen der PM_{10}-Konzentrationen des gesetzlichen Rahmens von rund 7 % bewirken. Die PM_{10}-Emissionen werden im ersten Jahr um rund 2 % verringert. Dabei ist allerdings zu beachten, dass diese Verringerung lediglich durch verkehrliche Emissionen bewirkt wird, der zu rund 70 % zu den gesamten PM_{10}-Emissionen beiträgt. Auch ist zu berücksichtigen, dass rund ein Drittel der PM_{10}-Emissionen nicht aus den Motorabgasen sondern vom Reifen- und Bremsabrieb stammt, die durch die Maßnahme nicht beeinflusst werden können.

NO_2 ist der zweite Luftschadstoff, bei dem in London regelmäßig Überschreitungen der gesetzlichen Grenzwerte zu verzeichnen waren. Insgesamt wird eine Verringerung bei den NO_2-Emissionen von 4 % berechnet.

Eine Auswirkung des Schemas ist ein erhöhter Kostendruck auf Fahrzeugbetreiber um den Zufahrtskriterien zu entsprechen. Auf die gesamte Güterbeförderungsflotte bezogen sind die Umrüstkosten relativ klein und bestehen in erster Linie aus vorgezogenen Investitionen. Die gesamten Kosten der Modernisierung der Fahrzeugflotte zum Entsprechen des Zufahrtskriteriums werden mit £ 80–110 Mio. geschätzt. Rund zwei Drittel der Kosten konnten direkt an die Kunden abgewälzt werden, die Auswirkung dieser Kostensteigerung ist angesichts der Größe der betroffenen Wirtschaftskraft als äußerst gering einzuschätzen. Das verbleibende Drittel der Kosten wird durch die Fahrzeughalter getragen. Die gesamte Kostensteigerung entspricht rund 0,1 % der gesamten Betriebskosten des Frächtergewerbes auf Landesebene.

6.5.1   Auswirkung auf die Fahrzeugflotte

Auf der Grundlage der Daten stationärer Umweltmessstationen und von Verkehrsanalysen mit Kennzeichenkameras wurde der berechnete Effekt bestätigt [145]. Die Daten der Kennzeichenkameras ergeben, dass sich die Anzahl der Fahrzeuge, die nicht das erforderliche Zufahrtskriterium erfüllten, nach Inbetriebnahme der Umweltzone deutlich verringerte (siehe Abb. 6.17). Die Auswertung nach Inbetriebnahme wurde zusätzlich in die Zeit vor und nach Juli 2008, in dem die erste Verschärfung der Zufahrtskriterien erfolgte, unterteilt. An der in Abb. 6.17 gezeigten Messstelle sank der Anteil der nicht konformen Lastfahrzeuge über 12t von 19 auf 3 %, der Anteil der nicht konformen Lastfahrzeuge zwischen 3,5t und 12t sank von 40 auf 4 % nach der ersten Verschärfung. Die Zahl der nicht konformen Fahrzeuge war an allen Messstellen konsistent. Zusätzlich wurde ein stetiger Anstieg jener Fahrzeuge gemessen, die bereits mit den Verschärfungen von Phase 4 ab 2012 konform waren, von 5 auf 25 % Ende 2008. Busse erfuhren bereits ein Modernisierungsprogramm und waren größtenteils konform. Auch der Anteil der Lastfahrzeuge über 12t, die ab Phase 3 nicht mehr konform gewesen wären, begann bereits zu sinken.

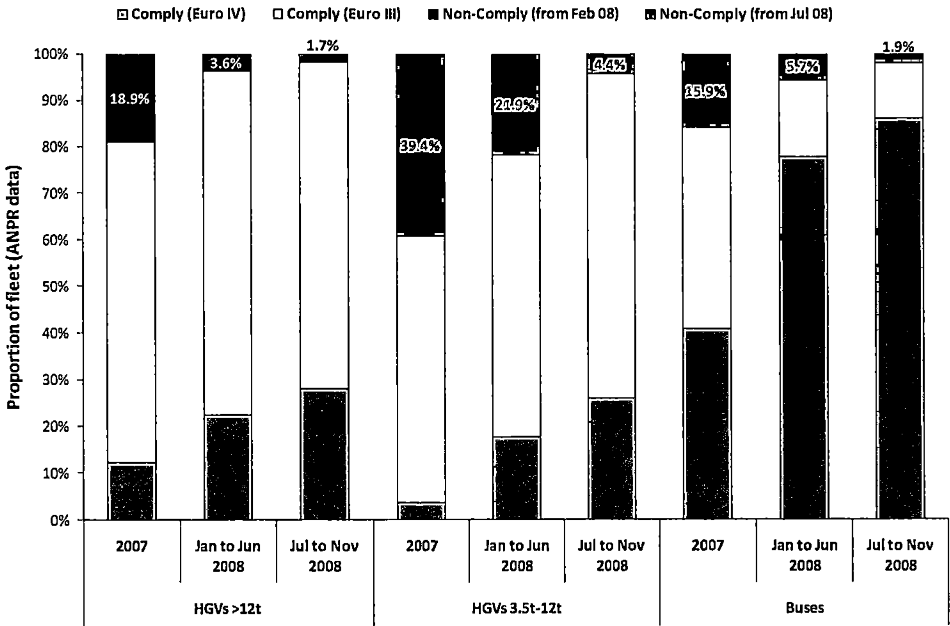

Abb. 6.17 Verteilung der Fahrzeuge hinsichtlich ihrer Entsprechung zum Zufahrtskriterium an einer Messstelle auf Grundlage von ANPR-Kameradaten. (Quelle: [145])

Insgesamt konnten die folgenden Feststellungen getroffen werden:

- Die Zusammensetzung des Verkehrs und die Anzahl der Fahrzeuge änderten sich kaum durch die Einführung der Umweltzone.
- Der Anteil der nicht konformen Lastfahrzeuge über 12t sank allerdings von 20–30 % auf weniger als 5 % im ersten Betriebsjahr.
- Der Anteil der nicht konformen Lastfahrzeuge zwischen 3,5t und 12t sank von 35–40 % auf weniger als 5 % infolge der Phase-2-Verschärfung.
- In den Außenbezirken Londons wurde ein höherer Anteil schwerer Lastfahrzeuge festgestellt als in den inneren Stadtteilen.

6.5.2   Auswirkung auf die Luftgüte

Im Zeitraum zwischen 1. Jänner 2008 und 31. März 2009 erfolgte eine umfangreiche Untersuchung der Entwicklung der Luftgüte [145]. Insgesamt wurde – entgegen den Vorhersagen – kein Effekt der Umweltzone auf die PM_{10}- und NO_x-Immissionen gemessen, sehr wohl aber bei $PM_{2,5}$ und Ruß, zwei Feinstaubkomponenten von höchster Relevanz.

Als Grund für ein Ansteigen der PM_{10}- und NO_x-Immissionen trotz der Umweltzone und anderer Maßnahmen in London scheint ein ausgesprochen starker Wechsel der Fahrzeugflotte auf Dieselkraftstoff zu sein (Im Jahr 1997 waren noch 16 % der verkauften

Fahrzeuge in Großbritannien dieselbetrieben, zum Zeitpunkt der Einführung der Umweltzone waren es bereits 44 %). Als weiterer Grund könnte die steigende Fahrzeugmasse sein. Die PM_{10}-Emissionen vom Verbrennungsvorgang können zwar mittlerweile technisch gut beherrscht werden, jene von Reifen- und Bremsabrieb hingegen nicht, und diese nehmen mit schwereren Fahrzeugen zu.

7.1 Eigenschaften der makroskopischen Modellierung

Ein Modell ist die vereinfachte Darstellung der realen Welt, wobei nur der Teil des Interesses dargestellt wird. Da nur die für das Problem relevanten Teile abgebildet werden ist das Modell problem- und standpunktspezifisch. Obwohl Modelle nur vereinfachte Darstellungen der Realität sind können sie sehr komplex werden. Ein makroskopisches Modell im Sinn der Verkehrstechnik ist ein Modell, das auf Verkehrsnetze von einer größeren Distanz blickt, Verkehrsströme als Ganzes untersucht und nicht einzelne Fahrzeuge. Weiters spezifiziert ein makroskopisches Modell einer Stadtmaut die stauspezifische Problemstellung und sucht nach einer Art monetärer Lösung des vorherrschenden Staus.

Der erste Schritt beim Verschaffen eines Überblicks über die Situation ist das Bilden eines mentalen Modells. Mit einem derartigen Modell wird versucht, die gegenwärtige Situation zu verstehen, Probleme zu identifizieren und die Expertendiskussion zu unterstützen. Allerdings kann nur das mathematische Modell auf Grundlage mathematischer Formeln das Verkehrssystem replizieren und ein analytisches Ergebnis erzielen. Weiters geben Formulieren, Kalibrieren und die Verwendung des Modells die Möglichkeit, die Problemstellung und innere Funktionsweise des Systems besser zu verstehen. Dieses Kapitel beschreibt die theoretische Bildung eines Verkehrsmodells als Beitrag zu einem guten Entscheidungsfindungsmechanismus im Verkehrswesen. Kapitel 8.1 liefert ein Beispiel einer Implementierung dieser Theorie in einem Stadtmautmodell.

In der Realität sind die Verkehrsströme im Straßennetz das Ergebnis der Interaktion zwischen zwei Elementen. Einerseits entscheidet der einzelne Reisende über Anzahl und Entfernung der Reisen. Normalerweise halten Reisende die Nachteile der Reisen auf einem Minimum, für gewöhnlich Reisezeit, Kosten oder Länge der Reise. Die Entscheidung wird auch durch Kenntnis oder Unwissen über den Zustand des Verkehrsnetzes beeinflusst. Reisende versuchen Staustrecken nach Möglichkeit zu vermeiden. Andererseits

© Springer Fachmedien Wiesbaden 2014
D. Leihs et al., *City-Maut*, DOI 10.1007/978-3-658-03786-4_7

hängen die Nachteile des Reisens, wie z. B. die Reisezeitsteigerung infolge Staus, von der Anzahl der Reisenden ab. Entsprechend sind die Verkehrsströme am Straßennetz das Ergebnis des Verhältnisses aus der Nachfrage nach der Verkehrsinfrastruktur und dem Angebot der Verkehrsinfrastruktur – in Echtzeit. Zum Beeinflussen der Entscheidung von Reisenden gibt es zahlreiche Werkzeuge wie beispielsweise Echtzeit-Verkehrsinformation. Eine mögliche Maßnahme um das Verhältnis aus Angebot und Nachfrage zu verändern ist eine Stadtmaut. Die Effekte einer Stadtmaut sind vielfältig wie z. B. die Entscheidung über Abfahrts- und Ankunftszeitpunkt, die Wahl des Verkehrsmittels bis hin zu einem veränderten Besiedlungsverhalten. Die Rolle der Verkehrsmodellierung ist es, die Reaktion der Reisenden vorherzusagen und u. a. eine passende Mauthöhe festzulegen.

Im Fall der Stockholmer Stadtmaut wurde während der Designphase des Systems ein Verkehrsnachfragemodell gesucht. Es wurde die schwedische Methode zur Berechnung der Verkehrsvorsage verwendet um die Auswirkung unterschiedlicher Mauthöhen auf die Verkehrsnachfrage zu untersuchen [1]. Diese Methode modelliert die Häufigkeit von Fahrten sowie die Wahl von Fahrtziel und Verkehrsmittel. Die Modelle sind nach Reisezweck, Alter, Geschlecht, Einkommen und anderen Kriterien segmentiert. Die Verkehrszuordnung wurde berechnet um den gegenwärtigen Zustand des Verkehrssystems zu ermitteln. Die Netzwerkbelastung konnte auf bestimmten Strecken hinsichtlich Verkehrsstärken und Reisezeit sowohl am Straßennetz als auch für den ÖPNV ermittelt werden. Die Bedeutung der makroskopischen Modellierung während der Designphase der Stadtmaut ist durch die Bewertung des Unterschiedes zwischen den vorhergesagten und gemessenen Auswirkungen der Stadtmaut auf die Verkehrsnachfrage dokumentiert [153]. Die Schlussfolgerung ist, dass die bewährten Methoden der Verkehrsmodellierung ausreichend zuverlässig sind um die Entscheidungsfindung zu unterstützen, solange die Analysten sich über die anhaftenden Unzulänglichkeiten des Modells im Klaren sind. Darüber hinaus ist die Erfahrung mit dem Stockholmer Verkehrsmodell auf andere Fälle ebenfalls anwendbar – ein Stadtmautmodell, das auf einer genauen Analyse der Stadt beruht, kann zuverlässige Prognosen liefern.

Für eine andere skandinavische Stadt untersuchte die „Helsinki Region Congestion Study" die möglichen Effekte einer Stadtmaut auf mehreren Ebenen – Leistungsfähigkeit und Sicherheit des Verkehrssystems, seinen Auswirkungen auf Ökologie, Wirtschaft und Besiedlungspraxis [166]. Das Verkehrsnachfragemodell vergleicht die Situation des Referenzjahres 2007 mit der Vorschau auf 2017 ohne eine Stadtmaut sowie mit einer Stadtmaut in drei verschiedenen Varianten. Diese Varianten sind ein einfacher Kordon, der die Mautzone umschließt, mehrfache Kordons nach einem Zwiebelschalenmodell sowie eine fahrleistungsabhängige Maut. Fahrleistungsabhängige Modelle liefern tendenziell optimistische Ergebnisse hinsichtlich der Verringerung der Fahrleistung in der verstauten Zone. Im Falle von Helsinki wurden Fahrten zu den Spitzenzeiten je nach gewählter Route, Abfahrtszeit usw. mit rund 0,1 €/km bemautet. Der Bericht endet mit der Feststellung, dass der volkswirtschaftliche Nutzen einer Stadtmaut die Implementierungs- und Betriebskosten übersteigt.

7.2   Das vierstufige Verkehrsmodell

In diesem Kapitel wird das traditionelle vierstufige Verkehrsnachfragemodell beschrieben, gefolgt von einer Beschreibung der mathematischen Vorgehensweise in Kap. 8.1. Es werden die beim Modell für das Stadtmautbeispiel verwendeten Techniken vorgestellt. Auf weitere Modelle wird mit den Literaturhinweisen an den jeweiligen Stellen verwiesen.

Die Modellierung der Verkehrsnachfrage wird durch das vierstufige Modell (FSM, four step model) bestimmt. Dieses Modell wurde in den 1950er Jahren in den USA als Teil der Verkehrsanalyse entwickelt, um die Entwicklung des Interstate Highway-Netzwerks während der wirtschaftlichen Boomjahre zu fördern. Das FSM kann zweigeteilt werden: der erste Teil bildet, kalibriert und bewertet die Nachfrageseite des Verkehrsnetzes (Schritt 1 bis 3) und erzielt einen nicht ausgeglichenen Zustand des Verkehrsnetzes. Der zweite Teil besteht aus der Umlegung der Verkehrsnachfrage auf das Verkehrsnetz, bis ein ausgeglichener Zustand hinsichtlich der Reisekosten erreicht wird [160, 163, 165].

In Kap. 7.3 wird das FSM hinsichtlich des grundlegenden mathematischen Hintergrunds der einzelnen Modellteile detailliert beschrieben, um einen Überblick über die Funktionsweise zu verschaffen. Eine Alternative zum FSM bieten aktivitätsbasierte Modelle, bei denen die Fahrten einzelner Personen durch einzelne oder verkettete Aktivitäten der Reisenden ersetzt werden. Dabei ist es wichtig, dass die Aktivitätsabfolge, ihre Dauer und Zeitgestaltung, die Lebensgewohnheiten und Reiseentscheidungen des Einzelnen sowie der Ort der Aktivitäten in der Zone genau bestimmt werden. Eine große Anzahl an Auswahl, Abfolgen, Orten usw. führt zu einer hohen Komplexität, die in weiterer Folge wieder vereinfacht werden muss. In der weiteren Folge wird lediglich die FSM-Methode verfolgt.

Verkehrsvorhersagemodelle sind allgemein in der Lage auf geänderte Bedingungen im Verkehrssystem einzugehen, in unserem Fall die Einführung einer Stadtmaut in einem bestimmten Gebiet. Das Verkehrsvorhersagemodell ist ein mathematisches Modell, das sowohl deterministische als auch stochastische Untermodelle enthält. Abbildung 7.1 zeigt die Bildung eines allgemeinen Modells ausgehend von einer Theorie über das Problem. Zunächst wird das Problem wie beispielsweise Verkehrsstau beschrieben. Danach wird eine Theorie gebildet, wie das Problem behoben werden kann. Das Modell wird dann mit Daten geladen die beispielsweise aus der Feldbeobachtung oder von Messstellen stammen. Schließlich wird das Modell mit verfügbaren Daten kalibriert (z. B. Reisezeitmessungen). Das kalibrierte Modell liefert die ersten Ergebnisse. Durch die Verwendung zusätzlicher Eingabedaten kann das Modell validiert werden, was im Falle von Diskrepanzen zu einer neuerlichen Kalibration führt. Diese Abfolge ist grundsätzlich sowohl für die mikroskopische als auch makroskopische Verkehrsmodellierung gültig.

Wie bereits erwähnt setzt sich das vollständige Modell aus einer Anzahl an Teilmodellen zusammen. Der Input für die Teilmodelle ist das Verkehrsverhalten am Straßennetz auf Grundlage der individuellen Wahl von Fahrtziel, Verkehrsmittel, Abfahrtszeitpunkt, etc. Die Modellierung des Verhaltens jedes einzelnen Reisenden ist allerdings komplex, daher erfolgt normalerweise eine Aggregation um ein funktionierendes und zuverlässiges

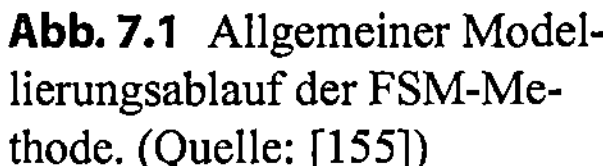

Abb. 7.1 Allgemeiner Modellierungsablauf der FSM-Methode. (Quelle: [155])

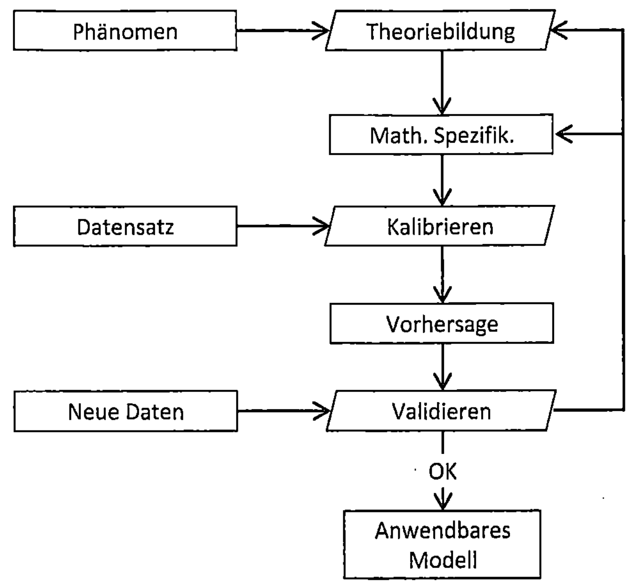

Abb. 7.2 Verkehrsnachfragemodell. (Quelle: [155])

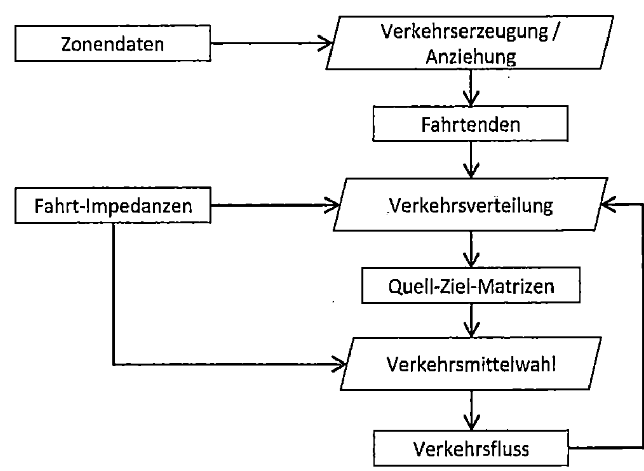

Modell zu bilden (Die nicht aggregierten Bildung individueller Verhaltensmodelle hat sich erst in den letzten Jahren etabliert). Bei der FSM-Methode werden die einzelnen Reisenden nach sozialen und wirtschaftlich homogenen Kategorien aggregiert. Innerhalb jeder Kategorie werden die einzelnen Fahrten nach Reisezweck und Personentyp aggregiert. Bei den Teilmodellen der FSM-Methode handelt es sich das Modell der Verkehrserzeugung, Verkehrsverteilungsmodell und das Modell zur Verkehrsmittelwahl (Abb. 7.2).

7.3 Angebots- und nachfragegesteuerte Verkehrssystemmodellierung

Die Beschreibung der FSM-Methode wird in zwei Teile untergliedert; zuerst werden die Nachfragemodelle beschrieben, danach die Angebotsmodelle. Kapitel **Fehler! Verweisquelle konnte nicht gefunden werden.** beinhaltet das Zusammenwirken der beiden Modellteile in der Verkehrsmittelwahl. Abbildung 7.3 zeigt sowohl die Interaktion als auch die Inputs und Ergebnisse des Modells. Klarerweise besteht der erste Schritt darin, Inputdaten der unterschiedenen Quellen zu sammeln um den gegenwärtigen Zustand des Verkehrsnetzes zu modellieren. Die Inputdaten hängen von der Art des Modells und dem gewünschten Ergebnis ab. Auf der Angebotsseite sammeln die Verkehrsanalysten normalerweise Infrastrukturdaten (Straßen und Anlagen) sowie Performancedaten (Verkehrsfluss, durchschnittliche Geschwindigkeit und Dichte der Links sowie deren Kapazität). Auf der Nachfrageseite des Modells werden stammen die Flächennutzung und demografischen Daten üblicherweise von Volkszählungen (Größe der Bevölkerung, Struktur der Haushalte sowie Struktur der Flächennutzung). Die volkswirtschaftlichen Daten wie z. B. Einkommen der Bürger oder Motorisierungsgrad, stammen ebenfalls von Volkszählungen. Die Reise- und Mobilitätsdaten stammen hauptsächlich von Reisetagebüchern und Umfragen. Die Methoden zum Erheben der Mobilitätsdaten unterteilen sich hauptsächlich in „Schnappschuss-Aufnahmen" in Form von Umfragen sowie in Längsschnitts-Datenerhebungen. Die Daten im zweiten Fall (auch als Paneldaten bezeichnet) können über einen längeren Zeitraum, beispielsweise mehrere Jahre, erhoben werden um das Mobilitätsverhalten einer Person zu untersuchen. Die Daten zur bekundeten Präferenz (RP, Revealed Preference Data) und deren Einschränkungen können durch Daten ersetzt werden, die mit der Kontingenten Bewertungsmethode (SP, Stated Preference Data) erhoben wurden. SP-Daten werden auf Grundlage von Umfragen gesammelt, bei denen Reisende ihre Vorlieben in verschiedenen Szenarien angeben. Diese Methode liefert Daten sowohl über bestehende als auch über

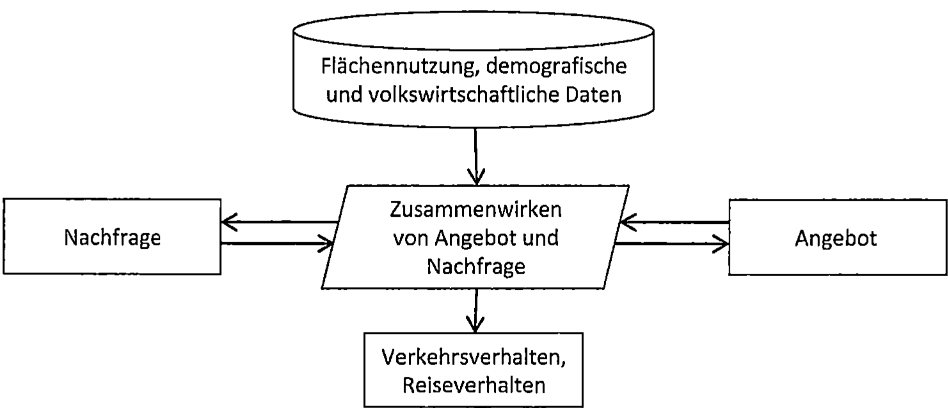

Abb. 7.3 Allgemeine Modellstruktur. (Quelle: [151])

hypothetische Erscheinungen, hängt aber von der Qualität der jeweiligen individuellen Antworten ab (der Unterschied zwischen bekundeter Präferenz und dem tatsächlichen Verhalten kann groß sein). Beide Methoden fanden in die Verkehrsanalytik Eingang, es hängt von der Erfahrung des Analysten ab, die passende Technik für die Modellbildung zu wählen.

7.3.1 Nachfragemodelle

Nachfragemodelle werden verwendet um die Verkehrsmenge vorauszusagen, die im untersuchten Gebiet im untersuchten Zeitraum auftritt. Diese Anzahl an Fahrten – eine wichtige Variable in der Verkehrsnachfragemodellierung – ergibt sich aus der demographischen Struktur im Gebiet, den Bewegungsmustern der Bewohner sowie der Qualität des Verkehrssystems. Nachfragemodelle sagen die Verteilung der Fahrten für verschiedene Zeiträumen, Verkehrsmittel und Strecken voraus. Die nächsten Absätze geben einen Einblick in die Methode der Nachfragemodellierung, die in Kap. 8.1 verwendet wurden.

7.3.1.1 Verkehrserzeugung

Die Verkehrserzeugungsmodelle sagen die Verkehrsmenge (in unserem Fall die Anzahl der Fahrten) zwischen allen Quellen und Zielen voraus. Um Verkehr zu generieren ist das Unterteilen des Gebietes in kleinere Zonen erforderlich. In der Verkehrsnachfragemodellierung wird zwischen dem untersuchten Gebiet und dem benachbarten, außen liegenden Gebiet unterschieden. Das untersuchte Gebiet kann ein Stadtzentrum mit außerhalb umliegenden Wohnvierteln sein. Normalerweise ist nur der Verkehr von Interesse, der im untersuchten Gebiet endet oder beginnt bzw. hindurchfließt. Danach wird das Verkehrsnetz in Form von Links sowie die Kreuzungen in Form von Knoten gebildet. Für jeden Link werden die Anzahl an Spuren, die Kapazität der Straße sowie entsprechende Verzögerungsfunktionen modelliert. Das gesamte Netzwerk nimmt die Form eines gerichteten Graphen an, in dem die Links ihre initiale Impedanzfunktion ausschließlich aus ihrer Länge und der Geschwindigkeit bei freiem Verkehr beziehen.

In vielen makroskopischen Verkehrsmodellen ist eine Aggregation erforderlich: Die Zonen, die Quelle und Ziel von Fahrten sind, wie etwa Wohnviertel, Stadtzentren oder Gewerbegebiete, werden nach verschiedenen volkswirtschaftlichen Variablen aggregiert. Das Modellieren von Mobilitätsentscheidungen auf der Ebene einzelner Haushalte ist nicht trivial, ist aber zumeist auch nicht notwendig. Der praktische Ansatz liegt in diesem Fall in den Aggregationen der Zone entsprechend einer Reihe an Annahmen und Bedingungen:

- Die Zonen sollten so homogen als möglich sein um Diskrepanzen beim Aggregieren der volkswirtschaftlichen Eigenschaften der Zone zu vermeiden;
- Die einzelnen Zonen werden durch einen Flächenmittelpunkt repräsentiert, der mit den Einfahrts-/Ausfahrts-Knoten verbunden ist. Der Flächenmittelpunkt liegt nicht notwendigerweise in der Mitte des Gebietes sondern ist ein symbolischer Mittelpunkt. Die Verbindungsmodelle sollten die Kosten realistisch abgebildet haben;

- Definitionsgemäß sind die Zonen unterschiedlich groß;
- Die Zonen sollten mit der administrativen Zoneneinteilung vergleichbar sein. Damit wird das Verwenden von Volkszählungsdaten möglich.
- Die Größe der Zonen sollte hinsichtlich des Aggregationsfehlers so optimiert werden, dass alle Aktivitäten an der Stelle des Flächenmittelpunktes stattfinden.

Die absolute Anzahl der Fahrten, die durch die Quellen (O_j) erzeugt und durch die Ziele (D_j) angezogen wurden bildet die Grundlage für die folgende Verteilung der Fahrten im Netzwerk. Diese Modelle werden daher auch als Verkehrserzeuger- und Anziehungsmodelle bezeichnet. Beispiele für die an der Verkehrserzeugung und Anziehung beteiligten Faktoren sind in angeführt (Tab. 7.1):

Das älteste und einfachste Verkehrserzeugungsmodell ist das Wachstumsfaktormodell. Dieses Modell berücksichtigt ein Anwachsen der Fahrten pro Zeiteinheit auf Grundlage volkswirtschaftlicher Faktoren wie etwa den. Die Anzahl der Fahrten wird entsprechend Formel 7.1 berechnet. Der Wachstumsfaktor wird aus den Daten des jeweiligen Jahres abgeleitet und für die folgenden Jahre berechnet.

$$T_i = F_i t_i \tag{7.1}$$

T_i ist die zukünftige Anzahl an Fahrten, t_i ist die gegenwärtige Anzahl an Fahrten. Der Faktor Fi entspricht dem Wachstumsfaktor:

$$F_i = \frac{f\left(P_i^d, I_i^d, C_i^d\right)}{P_i^c, I_i^c, C_i^c} \tag{7.2}$$

In der Gleichung sind unterschiedliche Variablen enthalten wie die Bevölkerung (P), das Einkommen (I) oder der Motorisierungsgrad (C). Die Exponenten unterscheiden

Tab. 7.1 Verkehrserzeugung und –Anziehung beeinflussende Faktoren

Modelle für die Verkehrserzeugung	Modelle für die Verkehrsanziehung
Haushaltsbezogen	Anstellungsbezogen
• Einkommen	• Anzahl der Dienstnehmer
• Motorisierungsgrad	• Größe industrieller Objekte
• Haushaltsstruktur	• Firmenumsatz
Zonenbezogen	Flächennutzung
• Flächennutzung	• Industrie, Ausbildungsstätten, Freizeitstätten
• Quadratmeterpreis	• Einkaufsmöglichkeiten
• Bevölkerungsdichte und Grad der Urbanisierung	• Dienstleistungen
	• Lagermöglichkeiten
Erreichbarkeit	
• Menge und Qualität der Verkehrsverbindungen in der Zone	

zwischen dem Betrachtungsjahr (*d*) beziehungsweise dem gegenwärtigen Jahr (*c*). Das Wachstumsfaktormodell liefert infolge seines Unvermögens, Veränderungen im Verkehrsnetz zu berücksichtigen, wie sie etwa durch eine Stadtmaut entstehen, nur ein einfaches Verkehrserzeugungsmodell.

Das lineare Regressionsmodell wird oft zum Modellieren der Verkehrserzeugung und –Anziehung verwendet. Dieses Modell sagt die abhängige Variable Y auf Grundlage einer linearen Funktion der unabhängigen Variablen X (Motorisierungsgrad, Einkommen etc.) voraus:

$$Y = a + b_1 X_1 + b_2 X_2 + \ldots b_n X_n \tag{7.3}$$

Die Koeffizienten a und b dieser linearen Regression werden auf Grundlage der verfügbaren Daten aus Umfragen mit der Methode der kleinsten Quadrate geschätzt (kalibriert). Obwohl diese Methode direkt ist, können zahlreiche Probleme auftreten. Das Phänomen der Multikollinearität tritt auf wenn eine oder mehrere der unabhängigen Variablen eine wechselseitige Korrelation haben. Diese Erscheinung betrifft allerdings nur die Berechnung der individuellen Wirkvariablen und nicht die Zuverlässigkeit des Modells an sich. Dieses Problem kann durch sorgfältige Wahl der Variablen vermieden werden. Aber auch eine sorgfältige Variablenwahl kann problematisch werden da einzelne Variablen nicht dem Erfordernis der Linearität genügen; die Umwandlung der Variable in eine zusätzliche Scheinvariable könnte notwendig werden.

Auch das Logit-Modell kann für die Modellierung der Verkehrserzeugung verwendet werden. Die Theorie der „Discrete Choice"-Analyse wird detailliert in Kap. 7.3.1.3 beschrieben. Die Wahl, ob jemand die Fahrt antritt oder nicht, kann als Binäres Logit Modell (BLM) gestaltet werden. Die dieser Wahl zugrundeliegenden Parameter hängen von der Einzelperson ab, wie z. B. Alter, Bildung und zusätzliche Daten wie Familienstand, Anzahl der Kinder usw. Ein Beispiel, wie mit einem BLM die Wahrscheinlichkeit von Alternative 1 (Antreten der Fahrt) berechnet wird, erfolgt mit nachvollziehbarer Nützlichkeit des Antretens der Fahrtvariante $V1$ anstelle von $V2$ in Gl. 7.4:

$$Pr(1) = \frac{1}{1 + e^{-(V_1 - V_2)}} \tag{7.4}$$

Mit dieser Gleichung wird die Entscheidung des einzelnen Reisenden modelliert; in der gesamten Zone ist eine Aggregation der Entscheidungen allen Reisenden erforderlich. Da allerdings das Logit-Modell nicht linear ist, würde eine einfache Aggregation zu falschen Ergebnissen führen [156].

Es ist offensichtlich dass verschiedene Verkehrserzeuger- und Anziehungsmodelle zu unterschiedlichen Ergebnissen hinsichtlich der Anzahl der Fahrten führen, weswegen Gl. 7.5 nicht halten wird. Da die Verkehrserzeugermodelle auf Basis umfangreicher Umfragen eher der Realität entsprechen als die Verkehrserzeugermodelle auf Grundlage der Zonendaten, wird in der Praxis unterstellt dass die gesamte Anzahl an Fahrten T in den

Verkehrserzeugermodellen um den Faktor f korrigiert werden müssen („ausbalancieren der Fahrten") (siehe Gl. 7.6):

$$\sum_i O_i = \sum_i D_j \tag{7.5}$$

$$f = T \big/ \sum_j D_j \tag{7.6}$$

7.3.1.2 Verkehrsverteilung

Nachdem wie im vorangegangenen Kapitel beschrieben Fahrten in den Quell- und Zielzonen erzeugt wurden, muss die räumliche Verteilung dieser Fahrten sowie die Zuordnung von Quellen und Zielen zu den einzelnen Fahrten ermittelt werden. Das Ergebnis dieser Prozedur ist eine Fahrtenmatrix oder Quell-Ziel-Matrix (OD-Matrix, „Origin-Destination"). Ähnlich zur Verkehrserzeugung gibt es beim Herstellen einer OD-Matrix mehrere Möglichkeiten. Hier werden zwei Methoden der Verkehrsverteilung beschrieben, ein allgemeines und ein erweitertes Gravitationsmodell mit einem maximalen Entropieerfordernis. Die Methode der Wachstumsfaktoren wird nur kurz angerissen, da sie sich zum Modellieren einer Stadtmaut nur wenig eignet.

Die Fahrtenmatrix in Tab. 7.2 ist in erster Linie eine zweidimensionale Matrix mit i Zeilen mit den Quellen und j Spalten mit den Zielen. Das Ergebnis ist ein nicht symmetrisches Datenfeld T_{ij} wobei O_i die gesamte Anzahl an Fahrten, die der Zone i entspringen, ist. D_j stellt die gesamte Anzahl an Fahrten dar, die in der Zone j enden.

Wenn das Modell sowohl die gesamte Anzahl an Fahrten aus der Quelle O als auch die gesamte Anzahl der Fahrten ins Ziel D beinhaltet, dann spricht man von einem doppelt

Tab. 7.2 Allgemeine Form einer Fahrtenmatrix

Quellen	Ziele					
	1	2	3	$...j$	$...z$	$\sum_i T_{ij}$
1	T_{11}	T_{12}	T_{13}	$...T_{1j}$	$...T_{1z}$	O_1
2	T_{21}	T_{22}	T_{23}	$...T_{2j}$	$...T_{2z}$	O_2
3	T_{31}	T_{32}	T_{33}	$...T_{3j}$	$...T_{3z}$	O_3
$\vdots$						
I	T_{i1}	T_{i2}	T_{i3}	$...T_{ij}$	$...T_{iz}$	O_i
$\vdots$						
Z	T_{z1}	T_{z2}	T_{z3}	$...T_{z1}$	$...T_{zz}$	O_z
$\sum_i T_{ij}$	D_1	D_2	D_3	$...D_j$	$...D_z$	$\sum_{ij} T_{ij}=T$

abhängigen Modell. Im Gegensatz dazu beinhalten einfach abhängige Modelle nur eines dieser beiden Attribute. Die Bedingungen werden folgendermaßen formuliert:

$$\sum\nolimits_j T_{ij} = O_i, \qquad \sum\nolimits_i T_{ij} = D_j \tag{7.7}$$

Die Fahrtenmatrix kann in weitere Untermatrizen zerlegt werden. Jede einzelne Untermatrix könnte beispielsweise die Fahrtenmatrix für ein bestimmtes Verkehrsmittel, eine bestimmte Bevölkerungsgruppe, etc. darstellen. In diesem Fall beinhaltet die Notation für die Fahrtenmenge T_{ijn}^k die Angabe des Verkehrsmittels k und der Gruppenzugehörigkeit n. Werden dynamische Verkehrsverteilungen berechnet, dann beinhaltet die Notation auch noch die jeweilige Zeitperiode.

Die Wachstumsfaktormethode unterstellt das Vorhandensein einer Basis-Fahrtenmatrix und die Anwendung eines Wachstumsfaktors für das vorherzusagende Jahr. Die Wachstumsfaktoren spiegeln normalerweise wirtschaftliches Wachstum wider, die entsprechend bestimmter volkswirtschaftlicher Schlüssel auf die ganze Zone angewendet werden. Die Vorhersagequalität dieses Modells hängt allerdings maßgeblich von der Qualität der Wachstumsfaktoren ab. Zudem sind die Wachstumsfaktoren eng an den volkswirtschaftlichen Status der Zone angebunden – nach Einführung der Stadtmaut würden die Wachstumsfaktoren nicht mehr gelten. Das würde zuerst ein Modellieren der Wachstumsfaktoren anhand der geänderten Landnutzung, den Gewohnheiten der Bevölkerung, etc. erfordern. Im Folgenden wird daher die Wachstumsfaktormethode ausgelassen.

Dem Gravitationsmodell liegt ursprünglich das Newton'sche Gravitationsgesetz zugrunde. Die Analogie liegt im Modellieren einer Masse (Quell-/Zielzone) und dem Abstand zu dieser Masse ähnlich wie beim Gravitationsgesetz. Dieses vereinfachte Modell wurde wie folgt verallgemeinert:

$$T_{ij} = \alpha O_i D_j f(c_{ij}) \tag{7.8}$$

Der Parameter α entspricht einem proportionalen Faktor und die gesamte Anzahl an Fahrten ist eine Funktion der allgemeinen Kosten (gelegentlich als Abschreckungsfunktion bezeichnet). Diese allgemeinen Kosten können gesondert modelliert werden; üblicherweise berücksichtigt die Darstellung der Kosten verschiedene nachteilige Faktoren, die eine Fahrt behindern:

$$c_{ij} = a_1 X_1 + a_2 X_2 + \ldots + a_m X_m + Y \tag{7.9}$$

Die Variablen X_1 bis X_n stellen Behinderungen der Fahrt dar wie z. B. die Reisezeit im Fahrzeug, Wartezeiten, Umstiegszeiten, monetäre Kosten usw. Die Parameter a_m sind eine Gewichtung und die Variable Y bezeichnet ein modales Handicap (ein Parameter, der alle Nachteile beinhaltet, die nicht mit den Faktoren davor abgedeckt wurden). Die Abschreckungsfunktion wird normalerweise in der untersuchten Zone empirisch kalibriert und ist üblicherweise eine exponentielle oder Potenzfunktion.

Die allgemeine Form des Gravitationsmodells ersetzt den proportionalen Faktor durch zwei Ausgleichsfaktoren A_i und B_j, wodurch sich folgende Gleichung ergibt:

$$T_{ij} = A_i O_i B_j D_j f(c_{ij}) \tag{7.10}$$

Im Falle eines einfach abhängigen Gravitationsmodells (z. B. hinsichtlich der Quelle) ist der Ausgleichsfaktor B_j gleich eins und A_i ergibt sich wie folgt:

$$A_i = \frac{1}{\sum_j D_j f(c_{ij})} \tag{7.11}$$

Beim doppelt abhängigen Gravitationsmodell sind die Ausgleichsfaktoren:

$$A_i = \frac{1}{\sum_j B_j D_j f(c_{ij})}$$

$$B_j = \frac{1}{\sum_i A_i O_i f(c_{ij})}$$

Diese wechselweise Abhängigkeit der Ausgleichsfaktoren ist für eine iterative Berechnung der Faktoren erforderlich. Die Prozedur wird zunächst gelöst, indem einer der beiden Faktoren gleich eins gesetzt wird. Der andere Faktor wird dann anhand des Ergebnisses geschätzt. Dieser Vorgang wird bis zur Konvergenz wiederholt [155].

Das dritte Modell zum Ermitteln der Verkehrsverteilung ist die Maximum-Entropie-Methode. Dabei wird ein bestimmter Verteilungswert der Fahrten im Verkehrsnetz angenommen, es erfolgt aber in der Grundform des Modells keine Minimierung der Fahrtkosten. Dieses Modell wird in der Verkehrsnachfragemodellierung kaum verwendet, ist aber integraler Teil des Gravitationsmodells und kann dadurch die Differenz zwischen der theoretischen Verkehrsverteilung und den realen Bedingungen ausgleichen. In weiterer Folge wird die Erweiterung des Gravitationsmodells um die Maximum-Entropie-Methode beschrieben.

Die mathematische Formulierung der Minimierung der Fahrtkosten ist folgendermaßen:

$$min\ C = \sum_{i=1}^{I} \sum_{j=1}^{J} c_{ij} T_{ij}$$

Diese Zielfunktion ist nicht nur von der gesamten Anzahl an Quell- und Zielfahrten sowie der gesamten Anzahl der Fahrten abhängig, sondern auch vom Maximum-Entropie-Erfordernis. Die Aufgabe dieses Erfordernisses ist es, die Verkehrsnachfrage im Verkehrsnetz dispers zu verteilen und nicht nur die Fahrtkosten zu minimieren. Dieses Element entspricht dem nicht optimalen Verhalten einzelner Reisender etwa infolge schlechter Ortskenntnis. Das Erfordernis ist folgendermaßen formuliert:

$$\sum_{j=1}^{J} T_{ij} = O_i, \; i = 1, \ldots, I$$

$$\sum_{i=1}^{I} T_{ij} = D_j, \; j = 1, \ldots, J$$

$$\sum_{i=1}^{I} \sum_{j=1}^{J} T_{ij} \ln T_{ij} \geq \overline{H}$$

$$T_{ij} \geq 0, i = 1, \ldots, I, j = 1, \ldots, J$$

7.3.1.3　Discrete Choice Analyse

In diesem Kapitel wird die Modellierung der Situation beschrieben, in der einzelne Reisende eine Auswahl aus einer begrenzten Anzahl an Alternativen zu treffen haben. Dazu ist umfassende Literatur verfügbar, hier erfolgt die Einschränkung auf die zwei am Häufigsten verwendeten Modelle, nämlich das Multinomiale und das Nested Logit-Modell (logistic probability unit) und ihre Verwendung zum Modellieren einer Stadtmaut. Die allgemeine Hypothese der Discrete Choice Modellierung lautet: „Die Wahrscheinlichkeit, dass Einzelne ein Optimum wählen, ist eine Funktion ihrer sozioökonomischen Charakteristik und der relativen Attraktivität der Option" [163]. Die Attraktivität der Optionen bzw. Alternativen wird anhand ihrer Nützlichkeit gemessen, die ein Indikator des Wertes für den Einzelnen ist, der versucht wird zu maximieren [148]. Eine Möglichkeit, die unvollständige Kenntnis über die tatsächliche Einzelentscheidung auszugleichen bietet das Konzept der zufälligen Nützlichkeit. In diesem Konzept wird angenommen, dass der einzelne Reisende ein scharfes Urteilsvermögen hat, der Modellierer hingegen nicht. Dies führt zur Formulierung der Nützlichkeit wie folgt:

$$U_{in} = V_{in} + \varepsilon_{in}$$

Diese Formel beschreibt die Nützlichkeit der alternative i aus den Auswahlmöglichkeiten C_n aus dem Blickwinkel des Einzelnen n. Die Nützlichkeit besteht aus zwei Elementen, nämlich dem deterministischen (bzw. systematischen) Term V_{in} sowie dem stochastischen (bzw. zufälligen) Term ε_{in}. Der zufällige Term deckt mehrere Ungewissheiten ab – nämlich nicht bekannte Alternativen, nicht bekannte Individualcharakteristiken, Messfehler und Näherungsvariable, und ist extremwertverteilt oder logistisch verteilt. Mit dieser Problemformulierung wird die Alternative mit dem höchsten Nutzwert gewählt. Die Wahrscheinlichkeit, dass Alternative i durch den Einzelnen n gewählt wird ist [156, 163]:

$$P(i \mid C_n) = P\left[U_{in} \geq U_{jn} \, \forall j \in C_n\right] = P[U_{in} = \max_{j \in C_n} U_{jn}]$$

Bei der Verkehrsnachfragemodellierung wird das Multinomiale Logit Modell (MNL) häufig verwendet. Das Modell beruht auf der Annahme, dass die Fehlerterme der Nutzenfunktionen Gumbel-verteilt (Extremal-I-verteilt) sind. Weiters wird angenommen, dass die Fehlerterme identisch und unabhängig auf die Alternativen der einzelnen Reisenden verteilt sind [147]. Die Wahrscheinlichkeit, dass ein einzelner Reisender n die Alternative i aus den Möglichkeiten C_n wählt ist:

$$P(i \mid C_n) = \frac{e^{\mu V_{in}}}{\sum_{j \in C_n} e^{\mu V_{in}}}$$

Wobei μ ein strikt positiver Skalierungsparameter der Gumbel-Verteilung ist. Eine wichtige Eigenheit von MNL-Modellen ist die Unabhängigkeit irrelevanter Alternativen. Diese Eigenheit sagt aus, dass die Zuteilung zu zwei paarweisen Alternativen unabhängig von der getroffenen Auswahl ist. Mit anderen Worten ist die Zuteilung durch den systematischen Nutzen der anderen Alternativen nicht beeinflusst. Damit kann etwa die Auswahlwahrscheinlichkeit eines neuen Verkehrsmittels berechnet werden, noch bevor es in Betrieb gegangen ist. Eine Erscheinungsform dieser Eigenheit ist die Einheitlichkeit der Kreuzelastizität: eine Änderung der Attribute der Alternative i ändert die Nützlichkeit aller anderen Alternativen j $\neq$ i einheitlich. Dieses Modell weist allerdings einen Nachteil auf, der gelegentlich als „Blue-Red Bus Paradoxon" bezeichnet wird, und der durch das Korrelieren der Alternativen durch bessere Modelle wie etwa das Nested Logit Modell behoben werden kann [149].

Auf der Suche nach Modellierungsoptionen treten auch andere interessante Discrete Choice-Modelle zu Tage. An erster Stelle liegt das Probit-Modell, das ähnlich dem Logit-Modell ist, allerdings mit dem Unterschied dass der Zufallsterm eine multivariate Normalverteilung aufweist. Die kumulative Verteilungsfunktion des Zufallsterms ist folgendermaßen festgelegt:

$$f(\varepsilon) = (2\pi)^{-\frac{J}{2}} |\Sigma|^{-\frac{1}{2}} e^{-\frac{1}{2}(\varepsilon' \Sigma^{-1} \varepsilon)}$$

Da die Verteilung die Varianz in mehreren Dimensionen voraussagt, wird eine willkürliche Kovarianzmatrix Σ zwischen den Vektoren der Zufallsvariablen ε_j eingeführt. Der Ausdruck $|\Sigma|$ bildet die Determinante der Kovarianzmatrix; J ist die Anzahl an Alternativen und ε der Zufallsterm. Unglücklicherweise verhindert diese Verallgemeinerung ausgenommen im binären Fall, dass das Probit-Modell geschlossen ist, weswegen die Auswahlwahrscheinlichkeiten eine numerische Simulation benötigen (z. B. Monte-Carlo-Simulation).

Ein anderes Discrete Choice-Modell ist die Familie der Logit Mixture-Modelle. Diese Modelle verbinden die Eigenschaften der Probit- und Logit-Modelle durch das Auftrennen des Fehlerterms in zwei Teile. Der erste Teil kommt vom Probit-Modell mit einer Normalverteilung, der zweite Teil ist unabhängig und identisch nach dem Logit-Modell extremwertverteilt (u. i. v.). Gleichung 7.12 zeigt ein Beispiel einer Nutzenfunktion für die Alternative j, den Einzelnen Reisenden q in der Situation t mit geteiltem Fehlerterm:

$$U_{jqt} = \beta_{jqt} X_{jqt} + \Omega_{jqt} Y_{jqt} + \upsilon_{jqt} \tag{7.12}$$

Wobei β der angenäherte Parameter des beobachteten Attributes X, Ω der Vektor der Zufallsvariablen mit Normalverteilung $N(0,\Sigma)$ und Y der Vektor der unbekannten Attribute sind. Der Zufallsterm υ_{jqt} schließlich steht für die u. i. v. Extremwertverteilung [159]. Es wird betont, dass jedes Discrete Choice-Modell, das von der Maximierung der Zufallsnützlichkeit abgeleitet wird, Auswahlwahrscheinlichkeiten aufweist, die beliebig gut an jene der MNL-Modelle angenähert werden können. Logit Mixture-Modelle bieten eine Verallgemeinerung des Logit und Probit-Vorgehens und erlauben das Handling der unbeobachteten Heterogenität beispielsweise in der Zufallsverteilung der persönlichen Charakteristik der einzelnen Reisenden.

Discrete Choice-Modelle wurden bereits vor vielen Jahrzehnten entwickelt, jedoch erst jetzt und mit den Möglichkeiten moderner Computersimulation finden diese Modelle Eingang in komplexe Problemstellungen wie etwa das Modellieren von Verkehrsnetzen. Vermutlich ist das Logit-Modell wegen der geschlossenen Form (im Gegensatz zum Probit-Modell) und wegen seiner Einfachheit (im Gegensatz zu den Logit-Mixture-Modellen) das am Häufigsten verwendete. Der Vorteil des Probit-Modells liegt in seiner Normalverteilung, da der Zentrale Grenzwertsatz sagt, dass eine ausreichend große Anzahl an Iterationen mit Zufallsvariablen dazu tendiert, normalverteilt zu sein. Allerdings ist diese Eigenheit in Logit-Modellen durch Verwendung der logistischen Verteilung des Zufallsterms ε abgedeckt, der die Normalverteilung gut annähert. In der Verkehrsmodellierung werden Discrete Choice-Modelle unter anderem zum Modellieren der Routenwahl und Reisezeitwahl verwendet. Die Anwendung der Routenwahl wird in Kap. 8.1 gezeigt.

7.3.2 Angebotsmodelle

Eine Art um Angebotsmodelle zu unterteilen ist anhand der Verkehrsdienstleistungen — ein kontinuierlicher Dienst (Auto, Motorrad, Gehen) oder ein nicht-kontinuierlicher oder fahrplangestützter Dienst (öffentlicher Verkehr). Eine weitere Unterteilung der Angebotsmodelle erfolgt nach dem Zeitbereich — die Modelle sind entweder statisch (ein Tag lang) oder dynamisch (mit einer weiteren Unterteilung in eine Dynamik innerhalb eines Tages oder in eine Von-Tag-zu-Tag-Dynamik). Da das Beispiel der Stadtmaut in Kap. 8.1 als statisches Tagesgleichgewicht mit begrenzter Zeitdynamik (Reisende können das Vermeiden der Spitzenzeit wählen), konzentrieren sich diese Ausführungen auf die Beschreibung des statischen Angebotsmodells.

Angebotsmodelle bilden das Gegenstück zu Nachfragemodellen als Input für die Verkehrsmittelwahl. Bei der Verkehrsmittelwahl treffen Angebots- und Nachfragemodell aufeinander und wo die Akteure des Verkehrssystems in Interaktion treten. Einfache Angebotsmodelle sind statisch während fortschrittlichere Modelle den Zeitfaktor berücksichtigen um eine genauere Mengenabschätzung hinsichtlich der Verkehrsdynamik zu erreichen. Die meisten gegenwärtigen verkehrsplanerischen Softwarepakete enthalten solche Modelle und der Verkehrsplaner muss sich nicht mit schrittweisen Graphenmodellen beschäftigen, wie sie im nächsten Kapitel beschrieben sind. Es ist allerdings wichtig den Hintergrund der Angebotsmodelle zu kennen um gegebenenfalls das Vorgehensmodell anzupassen um bessere Ergebnisse zu erzielen [151].

Um ein Angebotsmodell bilden zu können werden einzelne Modellparameter vorab benötigt, wie zunächst die Inzidenzmatrix Δ, die das Verhältnis zwischen Links und Wegen – diese sind eine Aneinanderreihung von Links zwischen Quelle und Ziel, darstellt. Die Matrix wird mit Hilfe des Graphenmodells G(N,L) gebildet, das aus Knoten $N \in \{n_1, n_2 \ldots n_i\}$ und Links $L \in \{a_1, a_2 \ldots a_j\}$ besteht. Die Inzidenzmatrix ist definiert als:

$$\Delta = \left[\delta_{ak} \right]_{ak}$$

Wobei $\delta_{ak} = 1$ wenn der Link a zum Weg k gehört, ansonsten ist $\delta_{ak} = 0$. Jeder Link des gerichteten Graphen verfügt über verallgemeinerte Reisekosten, die den negativen Nutzen einer Fahrt auf diesem Link repräsentieren. Normalerweise setzen sich die Kosten als einfache Summe aus Reisezeiten, direkten Kosten (z. B. Stadtmaut) usw. zusammen. Diese internen Kosten sind durchwegs Nutzerbezogen und werden insbesondere zum Modellieren der Fahrtwahl des Reisenden verwendet. Zum Bewerten der Auswirkung des Systems auf die Umwelt, Bevölkerung, usw., können auch Externe Kosten wie etwa für Luftverschmutzung, Lärm oder die Abnutzung der Straßen eingefügt werden. Die Reisekosten können folgendermaßen ausgedrückt werden:

$$c_a(f) = c_a(f, b_a, \theta_a)$$

wobei die Kosten c_a eine Funktion des Verkehrsflusses f auf dem Link, des negativen Nutzens b_a und des Parameters θ_a sind.

Der Streckenfluss h_k entspricht der Anzahl der Fahrzeuge entlang der Strecke k während der Simulationsperiode. Der Linkfluss f_a entspricht der Summe aller Anteile des Streckenflusses entlang Link a während der Simulationsperiode. Der mathematische Zusammenhang kann folgendermaßen ausgedrückt werden:

$$\vec{f} = \Delta \cdot \vec{h}$$

Ein weiteres wichtiges Element von Angebotsmodellen ist die Linkcharakteristik, die durch eine gelegentlich als „Volume Delay Function" (VDF) bezeichnete Leistungsfunktion des Links ausgedrückt wird. Diese Funktion setzt die Reisezeit auf dem Link in Bezug mit dem Verkehrsfluss. In dem Modell wird ein Stau – als Zustand mit einem Mengen-Kapazitäts-Verhältnis größer als 1,0 – adäquat in der durchschnittlichen Reisezeit auf dem Link reflektiert. Es gibt unterschiedliche VDF für Verkehrsadern, Autobahnen und Neben-straßen abhängig von der freien Geschwindigkeit und der Kapazität. Die geschlossene Form dieser Beziehung ist normalerweise das Produkt der freien Geschwindigkeit und der normalisierten Stauformel; eine Funktion des US-amerikanischen Bureau of Public Roads wird beispielhaft angegeben:

$$tr_a(x_a) = t_a \left(1 + \gamma_1 \cdot \left(\frac{x_a}{Q_a} \right)^{\gamma_2} \right)$$

In dieser Gleichung ist tr_a die durchschnittliche Reisezeit auf Link a, q_a ist der Fluss der versucht in Link a einzufahren, Q_a ist die Kapazität auf Link a und γ sind kalibrierbare Parameter. Die Kalibrierung dient dazu, mit den Verkehrszählungen bei unterschiedlichen Bedingungen übereinzustimmen. Je höher der Wert von γ_2 umso heftiger wird die Auswirkung der Verkehrsflüsse hinsichtlich Stau.

Um die Angebotsmodelle in einer statischen Aufstellung zu beenden gibt Tab. 7.3 einen Überblick über die unterschiedlichen Untermodelle. Die resultierenden Flüsse auf den Links sind das Produkt der transponierten Link-Weg-Inzidenzmatrix und den Reisekosten, die unter anderem eine Funktion des Flusses auf der Strecke sind.

Der Fluss auf der Strecke wird folglich in das Angebotsmodell auf Grundlage der Berechnungen von Kap. 7.3.1.1 und 7.3.1.2 eingegeben. Abbildung 7.4 zeigt die Struktur des Angebotsmodelles und seiner Interaktion mit externen Elementen.

Tab. 7 3 Angebotsmodelle und –Untermodelle

Untermodell		Angebotsmodell
Graphenmodell	N, L, Δ	
Ausbreitungsmodell des Flusses im Netzwerk	$\vec{f} = \Delta \cdot \vec{h}$	$g = \Delta^T \cdot c\left(\Delta \cdot \vec{h}\right)$
Leistungsfähigkeit der Links	$c_a(f) = c_a\left(f, b_a, \theta_a\right)$	
Leistungsfähigkeit der Strecke	$g = \Delta^T \cdot c$	

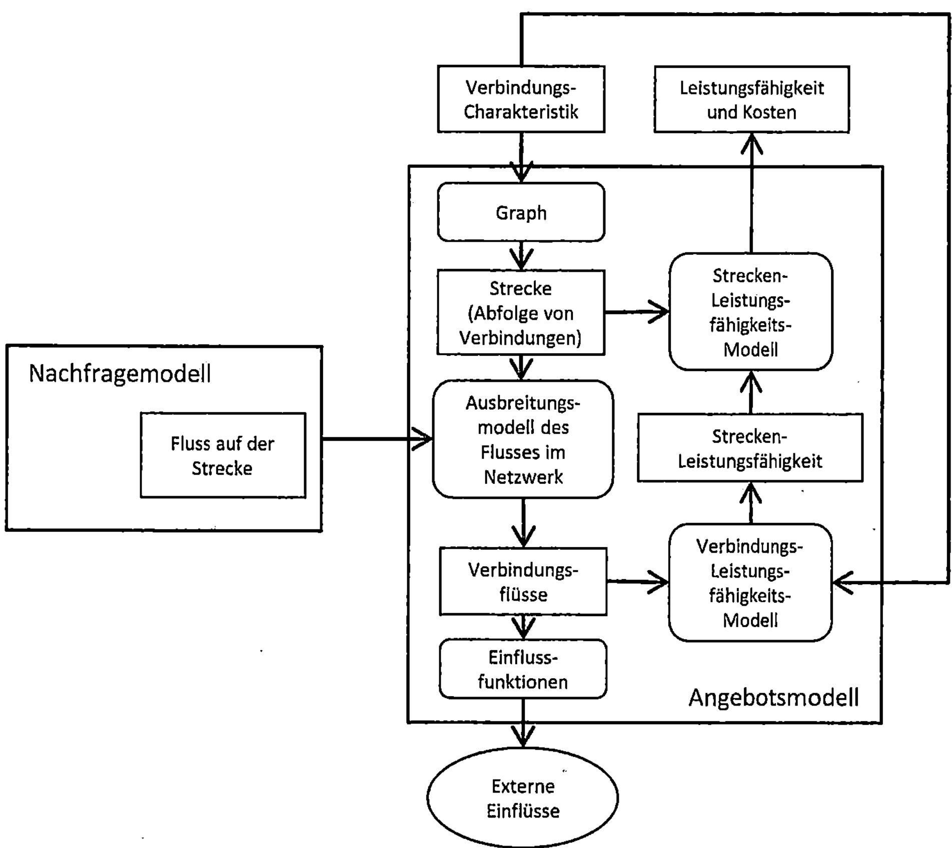

Abb. 7.4 Angebotsmodell und seine externen Interaktionen

7.3.3 Verkehrsumlegung

Beim Zusammentreffen von Angebots- und Nachfragemodellen erfolgt die Umlegung der
Verkehrsnachfrage auf das Verkehrsnetz. In diesem Kapitel werden mehrere Arten des
Gleichgewichts von Verkehrsnetzen und eine weit verbreitete Methode zum Lösen der
Interaktion von Angebot und Nachfrage beschrieben.

7.3.3.1 Gleichgewicht von Verkehrsnetzen

Das Problem des Findens des Gleichgewichtes der Verkehrsnetzwerke wird auch als Verkehrsumlegung bezeichnet. Nach einer kurzen Einführung der Gleichgewichtsbedingungen wird der mathematische Hintergrund dieses Problems beschrieben. Das Konzept des
Gleichgewichts stammt aus der Wirtschaft − ein Gleichgewicht im monetären Sinn stellt
sich ein wenn die Grenzkosten der Produktion und des Verkaufs eines bestimmten Gutes
gleich dem Grenzpreis des Gutes ist. Dem Gut entspricht im Verkehrswesen die Einzel-

fahrt mit den Grenzkosten und dem Nutzen, der sich durch die Fahrt ergibt, unter den Gleichgewichtsbedingungen.

Das Gleichgewicht von Verkehrsnetzen kann auf zahlreichen unterschiedlichen Ebenen erreicht werden. Beim Straßennetz-Gleichgewicht ist die Zuordnung der Fahrten im Straßennetz im stabilen Zustand, in dem kein Reisender mehr eine Strecke mit geringerer Reisezeit finden kann. Die Reisenden repräsentieren die Nachfrage zwischen den Quell-Ziel-Paaren. Die Kosten der Reise auf dem Link entsprechen üblicherweise der Reisezeit in Abhängigkeit der Verkehrsstärke. Es ist logisch anzunehmen, dass jeder Reisender seine Kosten der Reise auf dem Link minimieren will. Bei steigender Nachfrage im Straßennetz steigt die Staumenge auf den Links sowie die Reisezeiten. Die natürliche Reaktion der Reisenden ist die Wahl der Links mit kürzeren Reisezeiten um die Kosten zu verringern, was zu einer Annäherung an den Gleichgewichtszustand führt. Wardrop definierte dieses Kriterium folgendermaßen [169]:

Die Reisezeiten auf allen momentan verwendeten Routen sind gleich oder kleiner als jene, die ein einzelnes Fahrzeug auf einer leeren Route benötigen würde.

Ortúzar und Willumsen verallgemeinerten dieses Kriterium [163]:

Im Gleichgewichtszustand ordnet sich der Verkehr im verstauten Netz derart, dass alle verwendeten Routen der Quell-Ziel-Paare gleiche und minimale Kosten aufweisen während alle nicht verwendeten Routen gleiche oder höhere Kosten aufweisen.

Die grundlegende Lösung dieses Gleichgewichtsproblems liegt im Bilden eines nichtlinearen Optimierungsprogrammes und in dessen Lösung [165]. Ähnlich zu den vorangegangenen Definitionen wird das Nutzergleichgewicht als stabiler Zustand definiert, in dem kein Reisender mehr seine Reisezeit durch unilaterales Verändern der Fahrtroute verbessern kann [165]. Mathematisch wird das Nutzergleichgewicht folgendermaßen dargestellt:

$$\min z(x) = \sum_{a \in a} \int_0^{x_a} t_a(w)\, dw$$

$$s.t. \sum_{r \in R_{ij}} h_{ijr} = T_{ij}, \qquad \forall (i, j)$$

$$x_a = \sum_{i,j} \sum_{r \in R_{ij}} \delta_{ijr}^a h_{ijr}, \qquad a \in A$$

$$h_{ijr} \geq 0$$

Wobei x_a der Fluss auf Link a, h_{ijr} der Fluss auf der Strecke r die die Verbindung zwischen der Quelle i und dem Ziel j, t_a der Reisezeit auf Link a, T_{ij} die gesamte Nachfrag sind. δ_{ijr}^a ist 1 wenn der Link a Teil der Strecke r als Verbindung des Quell-Ziel-Paares $i - j$ ist, ansonsten ist es 0.

Normalerweise wird das Verkehrsnetz sowohl durch Privatfahrzeuge als auch durch ÖPNV benutzt. Teilen sich Privatfahrzeuge und ÖPNV die Linkkapazität im Wegenetz, kann es im Fall einer Sättigung des Links zu einem geänderten Routing beider Moden kommen. Bei Privatfahrzeugen ist die Routenänderung eher eine Kurzfrist-Entscheidung der Fahrer, beim ÖPNV eine langfristige Entscheidung durch den Betreiber. Zusätzliche Kapazitäten etwa in Form weiterer Buslinien verändern die Linkkapazität hin zu einem neuen *multimodalen Gleichgewichtspunkt.* Ähnliches geschieht wenn der Straßenbetreiber beispielsweise die Spurnutzung einschränkt, wie etwa Spuren für mehrfach besetzte Kraftfahrzeuge.

Die höchste Ebene bei der Verkehrsnetzbetrachtung ist das *Systemgleichgewicht.* Dieses stellt sich durch wechselnde Muster bei der Modalwahl, Routenwahl und Wahl des Reisezeitpunktes im Wegenetz ein. Allerdings ist eine neuerliche Einschätzung der Fahrtmatrizen erforderlich um Verkehrsmuster zu erhalten, die mit den Reisekosten der initialen Verkehrsflüsse konsistent sind. Eine iterative Herangehensweise ist erforderlich, im nächsten Kapitel wird ein Beispiel für die Anwendung des Frank-Wolfe-Algorithmus gegeben. Es gibt sowohl stochastische als auch deterministische Methoden um die Last am Wegenetz zu und den Gleichgewichtspunkt zu ermitteln [163].

7.3.3.2   Berechnen der Verkehrsumlegung

Das Problem der Routenwahl zwischen jedem Quell-Ziel-Paar kann auf unterschiedliche Weise gelöst werden. Nachfolgend wird als Beispiel die *Method of Successive Averages* (MSA) als die am häufigsten verwendete heuristische Lösung zum Berechnen der Netzlast bei der Verkehrsumlegung sowie der Frank-Wolfe-Algorithmus als Werkzeug zum Berechnen des Wardrop-Gleichgewichtes verwendet.

Die MSA ist ein iterativer Algorithmus in dem Fluss auf dem Link in der aktuellen Iteration als lineare Kombination des Flusses der vorangegangenen Iteration und einem zusätzlichen Fluss in der aktuellen Iteration berechnet wird. Die folgenden Schritte werden durchlaufen:

1. Starten mit einem möglichen Fluss auf dem Link
2. Berechnen der minimalen Kosten für den initialen Fluss
3. Zuteilen der Fahrten zum kürzesten Weg, Errechnen der zusätzlichen Flüsse
4. Berechnung der Schrittweite
5. Berechnung neuer Quell-Ziel-Fahrten
6. Berechnen neuer Reisekosten auf Grundlage der gegenwärtigen Flüsse, Überprüfen der Konvergenz oder Rückkehr zu Schritt 2

In diesem iterativen Algorithmus drängen sich zwei wichtige Fragen auf: Die Wahl der richtigen Schrittweite und das Ermitteln der Lösung, die nahe genug am Gleichgewicht liegt. Die ursprüngliche MSA beginnt mit einer großen Schrittweite und verringert den Wert allmählich bis zum Erreichen des Gleichgewichtes. Da bei dieser Herangehensweise die Geschwindigkeit zum Erreichen der Konvergenz und des Gleichgewichtes sehr gering werden kann, werden verbesserte Techniken wie beispielsweise die *Method of Successive Weighted Averages* (MSWA) verwendet [157]. Eine andere Technik zum raschen Erreichen der Konvergenz ist der Algorithmus von Frank und Wolfe mit einem quadratischen Programmieralgorithmus, der auch als Konvexkombinations-Methode bekannt ist [154].

Der iterative Algorithmus ist auf nicht-lineare Programmierung mit konvexer Zielfunktion anwendbar und verwendet die Methode der zulässigen Richtungen. Das bedeutet, dass der Algorithmus den nächsten Optimierungsschritt nicht auf Grundlage der Steilheit der Richtung der benachbarten Kandidaten ermittelt, sondern auf Grundlage der möglichen Schrittweite. Unter anderem findet der Algorithmus Verwendung beim Auffinden des Gleichgewichtes in Verkehrsnetzen. Im ersten Schritt findet er die machbaren Lösungen unter den linearen Bedingungen. Danach erfolgt eine Suche in negative Gradientenrichtung entgegen zum Verringern der Zielfunktionen. Die neue Lösung wird als konvexe Kombination bezeichnet. Der Vorgang wird beim Erfüllen des Ende-Kriteriums beendet. Im nächsten Schritt erfolgt eine *Line-Search* zur Bestimmung der Schrittweite. Nach dem Ermitteln des Minimums der Zielfunktion wird der Zähler aktualisiert und der Algorithmus kehrt zum Konvergenztest zurück. Tabelle 7.4 gibt einen Überblick über die Schritte des Algorithmus mit k Iterationen.

Tab. 7.4 Der Frank-Wolfe-Algorithmus

Annahme ist eine konvexe Problemstellung mit f als konvexe Funktion in der Region S (Polyeder)	*Minimieren* $f(x)$ $x \in S$
0. Wählen der Initialsituation	$x_0 \in S, k = 0$
1. Lösen eines Optimierungsproblems mit dem das Gleichgewicht in der Netzlast bestimmt wird	$\min z(x) = \sum_{a \in a} \int_0^{x_a} t_a(w)\,dw$ $s.t. \sum_{r \in R_{ij}} h_{ijr} = T_{ij}\,, \quad \forall (i,j)$ $x_a = \sum_{i,j} \sum_{r \in R_{ij}} \delta_{ijr}^a h_{ijr}, \ a \in A$ $h_{ijr} \geq 0$
2. Bestimmen der Suchrichtung d_k durch Minimieren der Taylorentwicklung erster Ordnung von f für x_k. Damit wird die optimale Lösung y_k erzielt und die Suchrichtung berechnet	$\min z_k(y) = f(x_k) + \nabla f(x_k)^T (y - y_k)$ $y \in S$ $d_k = y_k - x_k$
3. Überprüfen der Endbedingung	*relativer Abstand* *Normalisierter Abstand*
4. Bestimmen der Schrittweite α_k, Durchführen einer Line-Search:	$\min_{\alpha \in [0,1]} f(x_k + \alpha d_k)$
5. Berechnen der neuen Quell-Ziel-Matrix	*Setzen von* $x_{k+1} = x_k + \alpha d_k$ *Berechnen* $v_{k+1} = v(g_{k+1})$
6. Update	$k = k + 1$ *Rückkehr zu Schritt* 1

Der zweite wichtige Parameter, der bestimmt werden muss, ist die Ende-Bedingung (das Maß für die Konvergenz). Das am häufigsten verwendete Maß für den Abstand zwischen dem aktuellen Arbeitspunkt und dem Ende-Punkt ist der relative normalisierte Abstand. Die Berechnung des relativen Abstands vergleicht die gesamte Systemreisezeit mit der Reisezeit am kürzesten Weg im Wegenetz. Der relative Abstand ergibt sich folgendermaßen:

$$RG = \frac{\sum_a v_a^* c_a - \sum_a v_a^{SP} c_a}{\sum_a v_a^* c_a}$$

Der Nenner ist das Produkt aus dem Fluss auf Link v_a^* und den Kosten c_a auf Link a, während der Term v_a^{SP} die Gesamtkosten anhand des Flusses am kürzesten Pfad berechnet. Der empfohlene Wert für den relativen Abstand zum Erreichen eines akzeptablen Gleichgewichts ist meistens 0,01 % (0,0001) [150].

Beim normalisierten Abstand wird als gutes Maß die durchschnittliche Kostenüberschreitung im Vergleich zur Kostenüberschreitung auf allen Strecken herangezogen [163]:

$$AEC^n = \frac{\sum_{ijr} T_{ijr} EC_{ijr}}{\sum_{ij} T_{ij}}$$

Wobei C_{ijr} und T_{ijr} die aktuellen Kosten und gesamte Anzahl an Fahrten von der Quelle i zum Ziel j auf der Route r sind und E die Toleranz (Obergrenze des gesamten Fehlverkehrs). Der Basiswert des normalisierten Abstandes in der Software Emme/3 ist 0,5 min, was bedeutet dass die Iterationen angehalten werden wenn die aktuelle Reisezeit auf der Strecke um weniger als 30 s von der minimalen Reisezeit abweicht. Die resultierenden Flüsse auf den Links und Strecken werden für die Analyse des Zusammenhangs von Ursache und Wirkung verwendet, in unserem Fall vor und nach Einführung einer Stadtmaut.

8.1 Makroskopische Modellierung

Dieses Kapitel ist der Modellierungspraxis einer Stadtmaut in einem Ballungsraum gewidmet und soll Anhaltspunkte zum Lösen ähnlicher Modellierungsprobleme geben. Die hier eingesetzte Modellierungsmethode beinhaltet zahlreiche Annahmen und Vereinfachungen, um der Verständlichkeit des Ablaufes im begrenzten Rahmen dieses Buches Rechnung zu tragen. Alle Annahmen und Vereinfachungen werden eindeutig festgehalten. Dieses Kapitel soll kein Handbuch zum Modellieren einer Stadtmaut sein sondern soll ein Grundverständnis für die Problematik und einen Anhaltspunkt für weitere Analysen liefern.

8.1.1 Einführung

Für die praktische Implementierung eines Stadtmautmodells wurde Stuttgart als Beispielstadt gewählt. Stuttgart ist ein Wirtschafts- und Industriestandort und ist ein natürlicher Umschlagspunkt in der Region mit den damit einhergehenden Verkehrsproblemen auf den Verkehrsachsen und im Stadtzentrum. Im Zentralraum leben rund 600.000 Einwohner, im Großraum rund 2,7 Mio. Eine dichte Besiedlung und ein hoher Motorisierungsgrad (399 Fahrzeuge pro 1000 Einwohner) erzeugen eine starke Verkehrsnachfrage und in der Folge eine große Anzahl an Fahrten. Das Stadtmautmodell soll untersuchen, inwieweit die Einführung einer Stadtmaut die Staumenge zu verringern vermag. Das Modell ist in der Lage, unterschiedliche Mautszenarien abzubilden, so beispielsweise eine entfernungsabhängige Gebühr oder eine zeitabhängige Gebühr. Diese unterschiedlichen Szenarien erzeugen aggregierte Verkehrscharakteristiken, die für den Entscheidungsprozess der Art und Höhe der Gebühr bedeutend sind.

Das Modell folgt der Einführung in Kap. 7 und ist ein statisches vierstufiges Modell zum Ermitteln des Verkehrsgleichgewichts. Der Zeitbereich des Modells deckt die Morgenspit-

© Springer Fachmedien Wiesbaden 2014

D. Leihs et al., *City-Maut*, DOI 10.1007/978-3-658-03786-4_8

ze einschließlich der Anschwellzeit mit einer eingeschränkt möglichen Verschiebung der Spitzenstunde. Das Modell wird mit der Verkehrsplanungssoftware Emme/3 erzeugt.

Das wichtigste Ziel des Modells ist, die absolute und relative Verringerung der Fahrten nach Einführung einer Stadtmaut im Modellgebiet zu untersuchen. Das Modell bezieht sich auf die Stunde der Morgenspitze, in der der Berufs- und Ausbildungspendelverkehr stattfindet, allerdings ist eine Erweiterung des Modells um einige wenige Stunden möglich. Es werden zwei Gebührenszenarien modelliert – ein kordon-basiertes und ein distanz-basiertes Gebührenmodell. Beide Konzepte werden als taugliche Variante einer Stadtmaut betrachtet, der unterschiedliche Einfluss auf die Verkehrsnachfrage und das soziale Wohl wurden bereits untersucht [166, 158].

8.1.2 Entwicklung des Basismodells

Entsprechend der in Kap. 7 vorgestellten Modellstruktur wird ein vierstufiger Ansatz zum Erzeugen des Basismodells gewählt. Danach erfolgt eine iterative Kalibrierung des Basismodells. Am Schluss werden einzelne Parameter während der Empfindlichkeitsanalyse bestimmt.

Das Straßennetz im Ballungsraum Stuttgart besteht insgesamt aus einigen tausend Kilometern Länge, ein derartiger Detailgrad ist allerdings weder nötig noch wünschenswert. Aus diesem Grunde wird das Wegenetz vereinfacht, und lediglich die wichtigsten Verkehrsadern werden modelliert. Das Stadtgebiet besteht aus dem Zentrum, das mit Satelliten durch eine Anzahl an Radialstraßen verbunden ist. Diese Radialstraßen repräsentieren die wichtigsten Verbindungen in der Zone dar und leiden häufig unter Stau, wie beispielsweise die B14 oder B27. Die etwas weiter außerhalb gelegenen Wohnviertel werden durch eine halbkreisförmige Autobahn (A8 und A81) mit überregionaler Bedeutung umschlossen, die die Ost-West- und Nord-Süd-Achse sowie der am weitesten Außen liegende Link im Modell repräsentiert. Der unvollständige Straßenring wird durch die Tangentialstraße B10 ergänzt, die von Osten in die Stadt führt und nahe dem Stadtzentrum in die B27 mündet. Nachdem sich die B10 teilt, verlässt sie das Stadtgebiet wieder, was die äußere Grenze des Modells repräsentiert. Im Norden befinden sich weitere wichtige Links, wie z. B. die B14 und L1193. Das gesamte Netzmodell deckt eine Fläche von rund 200 km^2 ab (Abb. 8.1).

Das Ziel des Modells ist, den Effekt einer Stadtmaut mit einem kordon- und einem distanzbasierten Gebührenmodell abzuschätzen, daher ist es nötig, die Links in Untergruppen entsprechend der zukünftigen Lage des Kordons zu unterteilen. Insgesamt gibt es drei Linkgruppen, nämlich jene im Innenbereich (innerhalb des Kordons), jene im Zwischenbereich und jene außerhalb des mautpflichtigen Bereichs. Insgesamt existieren rund 500 Links mit 169 Knoten.

Die Flächenmittelpunkte repräsentieren die Zonen mit all ihren Attributen. Diese werden mit dem restlichen Netz verbunden und stellen Quellen und Senken der Fahrten dar. Die Verbindungen berücksichtigen die Charakteristik des Straßennetzes im Innenbereich und repräsentieren der kürzeste Link im Modell. In der Innenzone entspricht ihre Länge

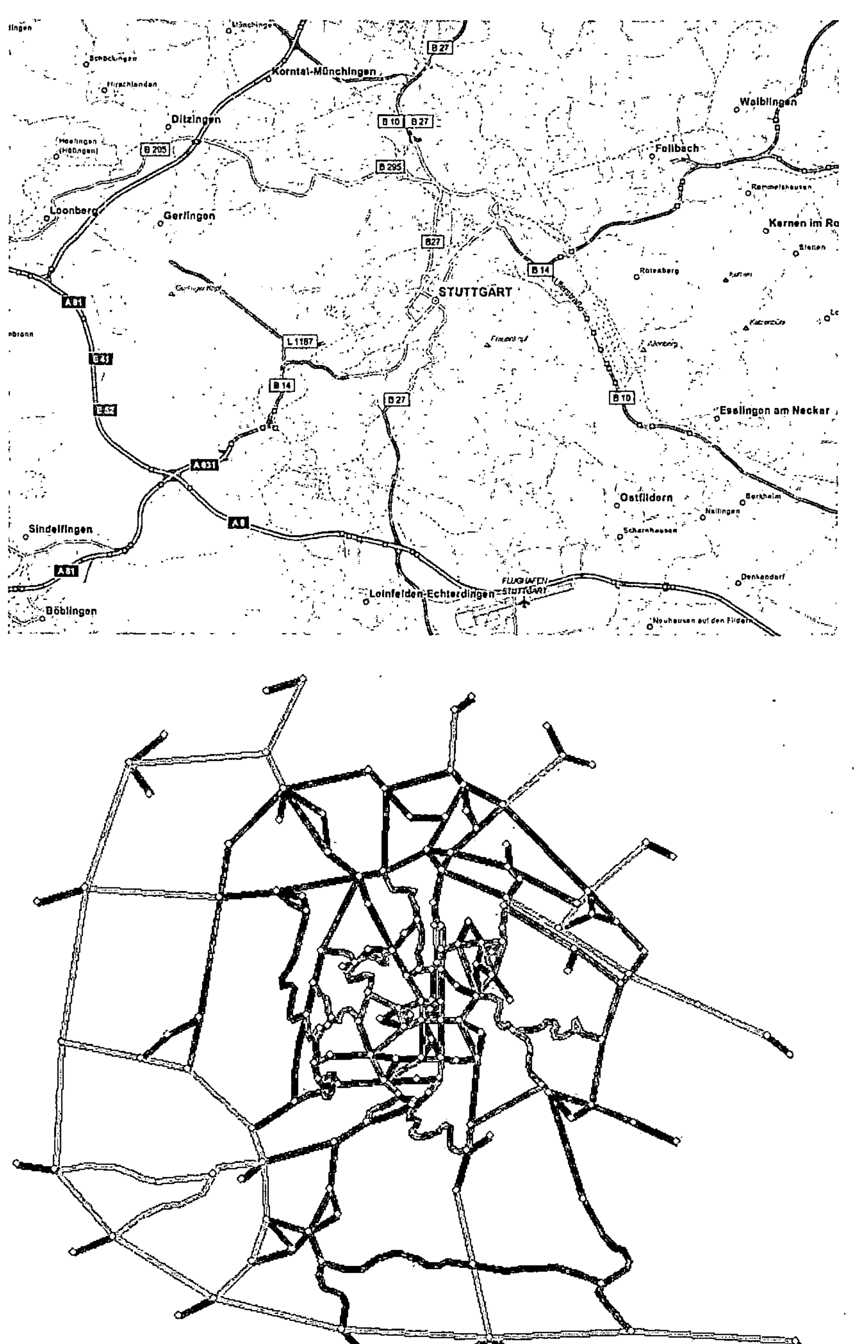

Abb. 8.1 Das Straßennetz des Modellgebietes (*oben*, [174]) sowie die Repräsentation im Modell (*unten*, eigene Grafik)

Tab. 8.1 Die wichtigsten Eigenschaften des Netzmodells

Knoten:	121	Kapazitätsbeschränkungsfunktionen:	5
Davon Zonen	48	Links	30 km/h, stark störanfällig
Innenzone	15	Innerstädtische Links	50 km/h, stark störanfällig
Zwischenzone	16	Sammelstraßen	70 km/h, wenig störanfällig
Außenzone	17	Verkehrsadern	90 km/h, Kreuzungen
Davon Kreuzungen	121	Autobahnen	130 km/h, Autobahnkreuze
Links	340	*Anschlüsse*	158
Gesamtlänge	480,4 km	Gesamtlänge	113,2 km
Durchschnittliche Länge	1,2 km	Durchschnittliche Länge	0,7 km

Tab. 8.2 Die wichtigsten demografischen Daten zu Stuttgart

	Innenstadt	*Großraum Stuttgart*
Gesamtbevölkerung	616.137	2.700.622
Bevölkerung im erwerbsfähigen Alter	423.994	1.874.400
Gesamte Anzahl an Haushalten	303.210	1.247.000
Durchschnittliche Größe der Haushalte	2,03	2,17
Zugelassene KFZ pro 1000 Einwohner	399	558
Durchschnittliche Reisedistanz zum Arbeitsplatz mit dem KFZ (km)	14,3	17,1
Durchschnittliche Reisedauer zum Arbeitsplatz (min)	23,8	23,0
Anzahl an Berufspendlern	211.114	–

der durchschnittlichen Fußgeh-Entfernung zum nächsten Zustiegspunkt zum ÖPNV (ca. 5–8 min). In Tab. 8.1 werden die Eigenschaften des Netzmodells zusammengefasst.

Nach dem Bilden des physischen Verkehrsnetzes muss Verkehr erzeugt werden. Diese nicht triviale Aufgabe erfordert gute und zuverlässige demografische Daten oder umfangreiche Befragungen. Auf Grundlage der demografischen Daten (Tab. 8.2) schätzt das Modell die Zahl der Fahrten während der Morgenspitzenstunde auf rund 200.000. Diese Zahl wurde einer iterativen Kalibrierung unterzogen, um ein sinnvolles Maß an Stau während der initialen Verkehrszuordnung zu erhalten. Die Parameter, die mit den verfügbaren Netzdaten übereinstimmen müssen, sind die Link-Flüsse und Reisezeiten. Die daraus entstehende Anzahl an Fahrten, die der Verkehrssituation am besten entspricht wird folgendermaßen geschätzt:

$$\sum_{i=1}^{48} O_i = \sum_{j=1}^{48} D_j = 192375$$

Der zweite Schritt beim FSM ist die Verkehrsaufteilung – der erzeugte Verkehr wird zwischen den einzelnen Quellen und Senken verteilt um eine Quell-Ziel-Matrix zu erzeugen. Da das Modell die Verkehrsdynamik zur Morgenspitzenstunde zum Ziel hat, müssen mehrere Annahmen getroffen werden. Die Flächen der Außenzone werden so modelliert, dass sie Quellen von Verkehr sind während die Flächen der Innenzone vorwiegend Verkehrssenken sind. In der Innenzone wird kein Verkehr modelliert, dessen Quelle und Ziel in derselben Fläche liegt. Der Verkehr der Innenzone wird durch die Kapazitätsbeschränkungsfunktion der Zonenanschlüsse derart repräsentiert, dass Autofahrer die Fläche nicht mit der freien Geschwindigkeit erreichen können.

Die Verteilung der Fahrten wird mit einem einfach abhängigen Gravitationsmodell berechnet, dessen theoretischer Hintergrund in Kap. 7.3.1.2 beschrieben ist. Die Kostenfunktion wird durch die Matrix der freien Reisezeiten repräsentiert, die in der initialen Verkehrsumlegung während der Aufwärmperiode berechnet wurde. Das Ergebnis ist der Verkehrsverteilung ist eine initiale Quell-Ziel-Matrix. Die Tabelle wird durch ein Netzwerk ersetzt mit der berechneten Anzahl an erzeugten und beendeten Fahrten in jeder Zone (siehe Abb. 8.2). Die Quell-Ziel-Matrix wird als „initial" bezeichnet, da sie einem Prozess unterworfen wird, der neue Werte für die Verkehrsnachfrage bewirkt.

Die Größenordnung der Quell-Ziel-Matrix ist ein allgemeiner Wert für andere kostenrelevante Matrizen, die im nächsten Schritt, bei der Verkehrsmittelwahl, benötigt werden. In diesem Verkehrsmittelwahlmodell wird die Reaktion von Einzelreisenden auf unterschiedliche Mautszenarien ermittelt. Die Auswahlmöglichkeiten C_n bestehen aus drei verschiedenen Moden: Auto in der Spitzenstunde („car peak hour", CPH), Auto außerhalb der Spitzenstunde („car out of peak hour", CPOH) und öffentlicher Verkehr („public transport", PT). Die langsamen Moden werden in diesem Modell vernachlässigt, da sie infolge der Modellwahl mit den Verkehrserregern hauptsächlich außerhalb der Zone kaum zum Pendelverkehr beitragen. Die Option „Auto außerhalb der Spitzenstunde" repräsentiert die Möglichkeit, eine geänderte Abfahrtszeit zu wählen und bietet somit eine Form von Zeitdynamik. Die Zeiten außerhalb der Spitzenstunde werden als ungesättigt betrachtet, wodurch eine kleine Verschiebung der Nachfrage von der Spitzenstunde auf die Zeiten außerhalb der Spitzenstunde zu keinen Verkehrsstörungen führen.

Entsprechend der Theorie der Discrete Choice Analyse in Kap. 7.3.1.3 ist die Wahrscheinlichkeit, dass vom Reisenden n eine Alternative zu CPH aus den Wahlmöglichkeiten C_n gesucht wird die folgende:

$$P_{(CPH|C_n)} = \frac{1}{1 + e^{\theta(c_{CPH} - c_{PT})} + e^{\theta(c_{CPH} - c_{COPH})}}$$

wobei θ der Kostenempfindlichkeitsparameter und C_{CPH}, C_{COPH}, C_{PT} die Kosten infolge der schlechten Benutzbarkeit der jeweiligen Verkehrsmode sind. Die Kosten werden im Modell folgendermaßen bezeichnet:

- C_{CPH} Kosten für die Verwendung eines KFZ in der Spitzenstunde (Reisezeit zur Stoßzeit), wird in weiterer Folge der Stadtmaut unterworfen
- C_{COPH} Kosten für die Verwendung eines KFZ und Verschieben der Fahrt außerhalb der Stoßzeit, wird einer Kalibrierung unterworfen
- C_{PT} Kosten für die Benutzung des öffentlichen Verkehrs (Reisezeit im ÖPNV)

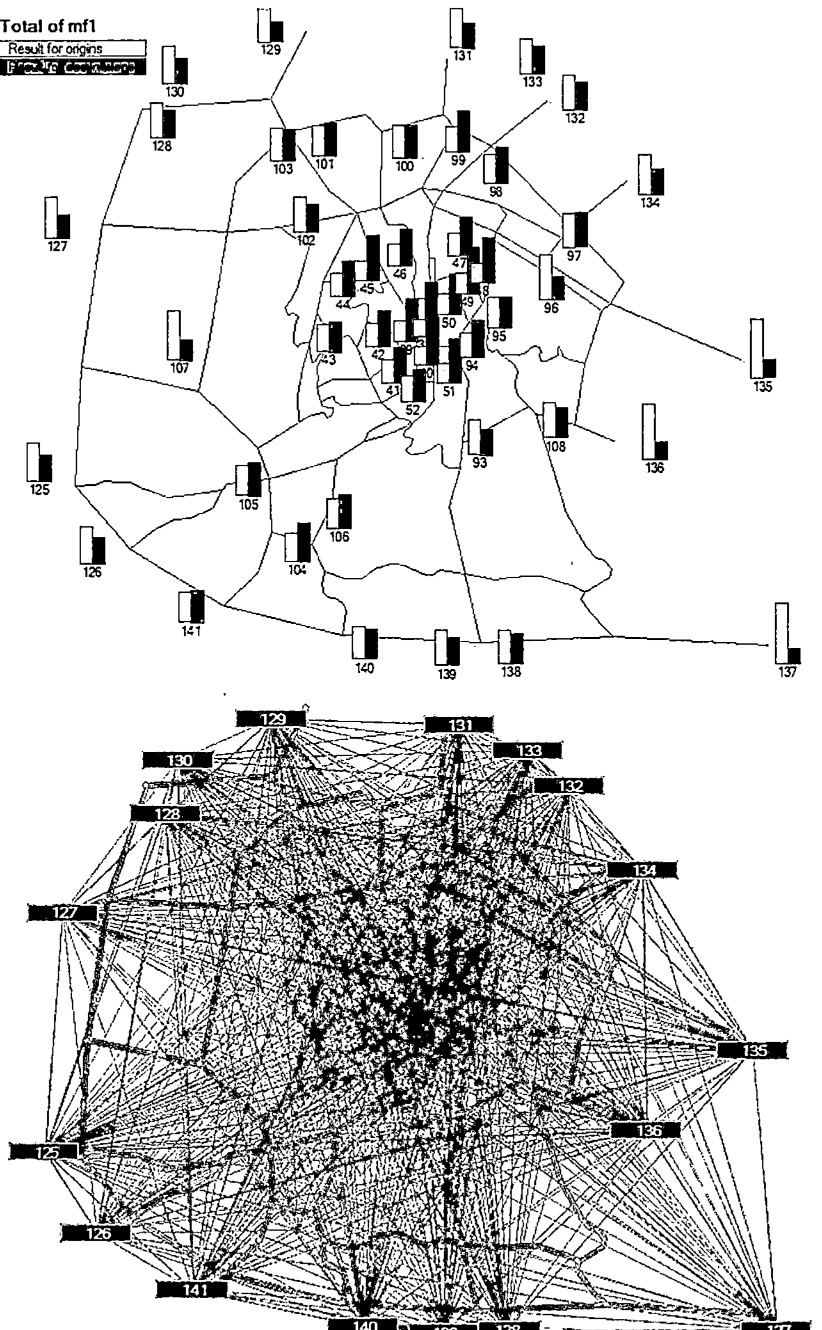

Abb. 8.2 Grafische Darstellung der Quell-Ziel-Matrix: Anzahl an erzeugten und beendeten Fahrten in jeder Zonenfläche (*oben*) sowie der Fahrten zwischen der Außenzone und den Innenzonen (*unten*) (eigene Darstellung)

Die Reisezeit für die Benutzung des öffentlichen Verkehrs wurde durch statische Zuordnung ohne Abhängigkeit des ÖPNV von der Verkehrssituation berechnet. Damit wird der öffentliche Verkehr als schienengebundenes System (S-Bahn, U-Bahn) modelliert bzw. als Bussystem mit eigenen Busspuren. Das Design der PT-Verbindungen deckt alle Flächen ab und nähert die Verteilung der Linien dem echten Netzwerk an. Im initialen Arbeitsmodell wird dem Parameter θ der Wert 0,01 zugewiesen; Die Matrix der C_{COPH}-Kosten wird als Verzögerungswert berechnet, der den PKW-Reisezeiten unter freien Bedingungen hinzugezählt wird (die freie Geschwindigkeit entspricht jener außerhalb der Spitzenzeit). Beide Werte werden einer weiteren Kalibration unterworfen.

Der letzte Schritt des FSM, die Verkehrsumlegung, legt den erzeugten, verteilten und modal geteilten Verkehr auf das Verkehrsnetz um. LKW werden mit einer fixen Verkehrsnachfrage ohne eine mögliche Modalwahl betrachtet – in diesem Fall das Verschieben der Fahrt auf außerhalb der Spitzenzeit. Dies kann damit argumentiert werden, dass LKW nach festen Plänen fahren und einen hohen Zeitwert des Geldes („Value of Time", VoT) haben, wodurch kaum eine Verhaltensänderung infolge Stau oder der Einführung einer Maut erfolgt. Die LKW-Nachfrage ist allerdings keine zusätzliche Nachfrage sondern parallel zur PKW-Nachfrage eine variable Verkehrsnachfrage. Damit entsteht ein Nachfragewettbewerb nach freier Kapazität auf der Straße. Die Performance der beiden Fahrzeugklassen wird mit unterschiedlichen Zeitwerten des Geldes modelliert, wodurch diese im Modell eine wichtige Rolle einnehmen. Die durchschnittlichen PKW-Fahrer mit ihren, im Vergleich zu LKW relativ geringen Zeitwerten des Geldes, sind ebenfalls der Gebühr ausgesetzt und tendieren sehr wohl dazu, ihr Verhalten (Modalwahl, Routenwahl) infolge der größeren Nachteile zu verändern.

Das Finden des Gleichgewichts der variablen Nachfrage im Netzwerk ist kein triviales Problem, es wird aber grundsätzlich unterstellt, dass eine Lösung nahe dem Gleichgewichtszustand in annehmbar kurzer Zeit gefunden werden kann. Diese Nähe zur idealen Lösung wird durch einen iterativen Prozess erreicht, der mit einem Initial-Set an Routenauswahl beginnt, der mathematisch schrittweise optimiert wird. Die Zuordnung verwendet zum Finden des Wardrop-Gleichgewichtes den linearen Approximationsalgorithmus nach Frank-Wolfe entsprechend der Einführung in Kap. 7.3.3.2. Gelangt der Algorithmus nicht „bald" zur Konvergenz, so kommt eine Endebedingung zum Einsatz – die maximale Anzahl an Iterationen, die berechnete Größe des besten relativen Abstandes oder normalisierten Abstandes. Die Anzahl an nötigen Iterationen, die zum Erreichen der Konvergenz und des Gleichgewichtes nötig sind, hängt maßgeblich vom Stauniveau im Straßennetz ab. In der Theorie benötigt ein Straßennetz ohne Stau mit einer flachen VDF-Funktion lediglich eine Iteration zum Erreichen des Netzgleichgewichtes. In diesem Fall sind die neuen Link-flüsse nach der einen Iteration sehr ähnlich zu den initialen Flüssen, mit anderen Worten, die Nachfrageverlagerung ist nahezu null. Der Ablauf des Stadtmaut-Modells ist in Abb. 8.3 dargestellt. Die Verkehrsplanungs-Software Emme/3, die dieses Modell verwendet, benutzt die folgenden Endebedingungen:

- Maximale Iterationszahl: 15
- Der relative Abstand ist 0,5 %. Dieser Wert schätzt den Unterschied der gegenwärtigen Lösung zum perfekten Gleichgewicht, in der alle Strecken für ein Quell-Ziel-Paar dieselbe Reisezeit aufweisen. Dieser Wert wird auf 0,1 % herabgesetzt um ein besseres Gleichgewicht zu erreichen.
- Der normalisierte Abstand ist 0,5 min. Dieser Wert ist der Unterschied der mittleren Reisezeit der vorangegangenen Lösung zur minimalen Reisezeit der aktuellen Lösung unter Verwendung der kürzesten Strecke.

8.1.3 Parametrisieren des Modells

In diesem Kapitel werden die praktischen Aspekte beim Parametrisieren des Modells beschrieben. Die wichtigsten Parameter sind die VDF und der VoT. Hier werden beide Konzepte auf Grundlage der bestehenden Literatur und den neuesten Ansätzen der Forschung beim Zeitwert des Geldes behandelt.

Die Volume-Delay-Funktionen (VDF) werden zum Reflektieren der Auswirkung von Stau auf die Reisezeit verwendet. Diese Funktionen beziehen sich auf empirische Erhebungen und sind in jeder Stadt einzigartig. Sowohl Stockholm als auch Stuttgart können als mittelgroße, europäische Städte mit ähnlichem Fahrzeugbestand betrachtet werden. Für dieses Modell werden die für das Stockholmer Modell empirisch ermittelten VDF angepasst [162]. Die VDF haben üblicherweise mehrere Bestandteile, die Verzögerungen an Kreuzungen, Verzögerungen unterhalb der Kapazitätsgrenze des Links und Verzögerungen oberhalb dieser Kapazitätsgrenze abbilden. Damit spielt die Kapazität als Fixpunkt, an der sich Verzögerungen dramatisch steigern, eine wichtige Rolle. Um die Kapazität der unterschiedlichen Link-Typen zu ermitteln sind normalerweise empirische Daten oder – soweit verfügbar – regionale Standardwerte erforderlich. Abschließend verfügt jeder Link in der Netzwerkdarstellung über eine VDF entsprechend ihrer Charakteristik im realen Netz (freie Fahrgeschwindigkeit, Kapazität, Anzahl an Fahrstreifen, etc.).

Vom Blickwinkel der Modellierung wird die VDF dazu verwendet, um die Stadtmaut zu modellieren. Ein konstanter negativer Nutzen – in diesem Fall ein zusätzlicher Nachteil zur Reisezeit – wird dem Link beaufschlagt. Auf diese Weise ist es einfach, die Stadtmaut in den unterschiedlichen Teilen des Wegenetzes zu modellieren um die unterschiedlichen Mautszenarien zu simulieren. Um die Kosten für die Reisezeit mit den monetären Kosten der Stadtmaut in Übereinstimmung zu bringen wird das VoT-Konzept dem Modell hinzugefügt.

Der VoT beeinflusst zahlreiche verkehrliche Aspekte, insbesondere den Motorisierungsgrad, die Verkehrsnachfrage, die Verkehrsverteilung, die benutzten Moden sowie die Routenwahl. Insbesondere reflektiert der VoT die Unterschiede der Zahlungswilligkeit der

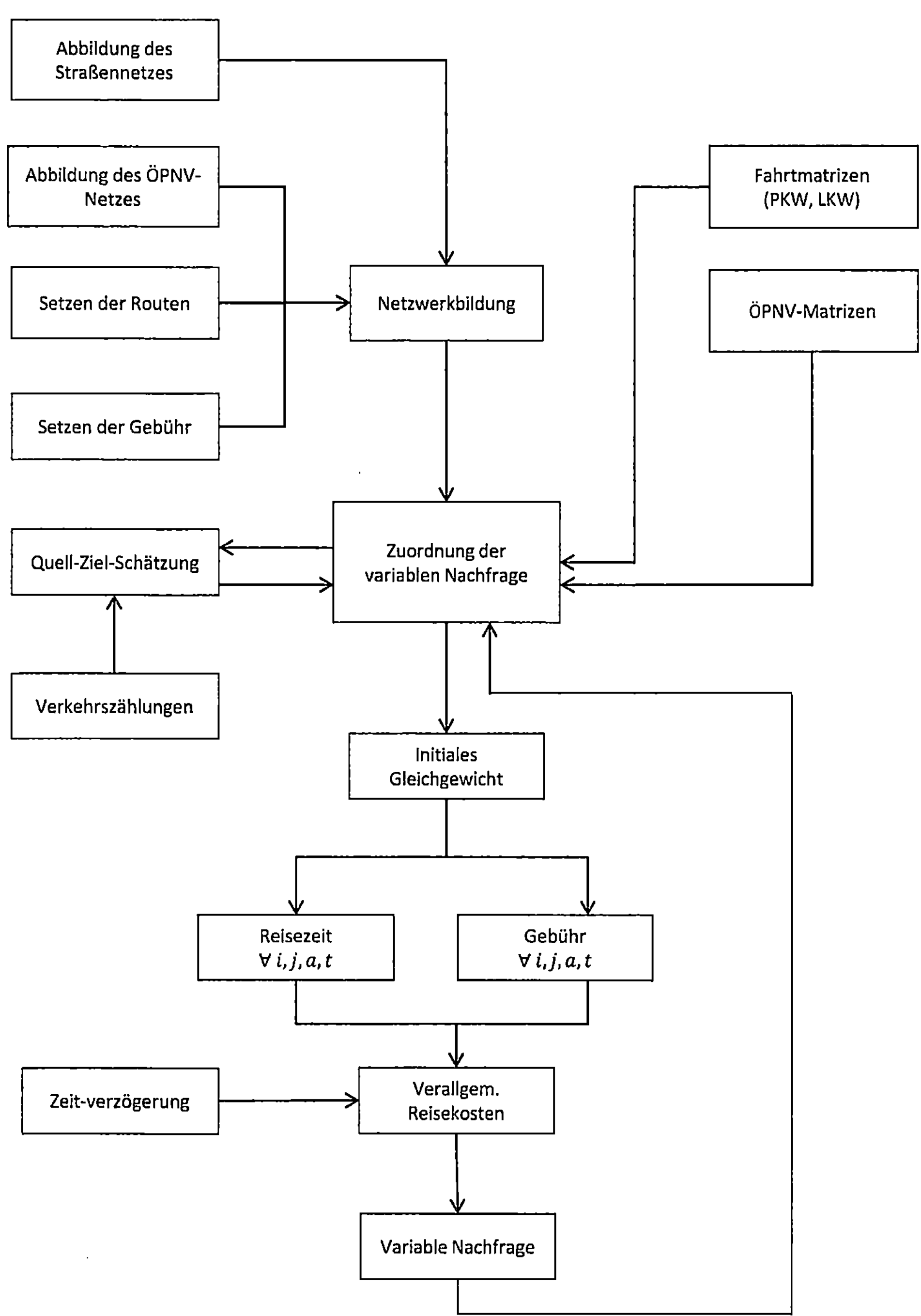

Abb. 8.3 Der Ablauf des Modells

Verkehrsteilnehmer infolge geänderter Bedingungen im Verkehrsnetz. Eine Verbesserung der Situation entsteht, wenn Verkehrsteilnehmer mit einem kleineren VoT das Verkehrsmittel wechseln, den Abfahrtszeitpunkt verändern oder überhaupt auf die Fahrt verzichten. Der VoT ist folgendermaßen definiert:

$$VoT = \frac{\beta_{time}}{\gamma_{cost}} \cdot 60 \left[Geldeinheiten/Stunde \right]$$

Sowohl Kosten als auch Zeit werden aus der allgemeinen Formulierung der Nutzenfunktion abgeleitet, die folgendermaßen definiert ist:

$$U = \alpha_i + \beta \cdot c_i + \gamma \cdot T_i$$

wobei T die Reisezeit und C die Kosten der Fahrt i sind, α, β und γ dienen zum Parametrisieren der Nutzenfunktion.

Wie im Fall der VDF unterliegt der VoT empirischen Grundlagen aus dem Modellgebiet, anhand derer die Fahrten in sieben Gruppen unterteilt werden. Die im gegenständlichen Modell vorgenommene Gruppierung unterscheidet zwischen Berufspendelverkehr, nicht beruflich bedingte Fahrten und LKW-Fahrten auf Grundlage der empirischen Erhebungen von Stockholm. Unter der Annahme von 70 % Berufspendelverkehr und 30 % nicht berufsbedingtem Verkehr während der morgendlichen Spitzenstunde ergibt sich für die durchschnittliche Autofahrt ein VoT von 13,8 €/h, LKW-Fahrten wurde mit einem VoT von 20,8 €/h modelliert. Je höher der VoT, desto unelastischer wird die Nachfrage. In diesem Modell entspricht der höhere VoT für LKW der Inelastizität von Lastfahrzeugen hinsichtlich Nachfrage und Routenwahl.

Während der Designphase der Stadtmautszenarien kann aus zahlreichen Szenarien gewählt werden. Das vielleicht am häufigsten verwendete ist das Kordon-basierte Modell, in dem die Mautzone durch einen Kordon mit Mautstationen eingeschlossen ist. Hier müssen lediglich bei eine sehr eingeschränkten Anzahl an Links die Aufschläge zur Reisezeit berechnet werden. Eine andere Möglichkeit bietet die Verwendung von Satellitenempfangsgeräten zum Einheben einer fahrleistungsabhängigen Gebühr in der Mautzone. Diese Technologie wurde bei Stadtmautsystemen bislang noch nicht eingesetzt, funktioniert aber bei LKW-Mautsystemen in Europa schon seit geraumer Zeit. In der Praxis mag eine Diskussion über die Vor- und Nachteile der beiden Konzepte geführt werden, in diesem Kapitel erfolgt lediglich eine Auseinandersetzung mit den Gegebenheiten der Modellierung der beiden Konzepten. Je nach dem gewählten Konzept wird eine Gebühr nur beim Einfahren in die Zone, beim Ein- und Ausfahren oder je nach zurückgelegter Distanz in der Zone eingehoben. Auch kann die Höhe der Gebühr von der Fahrzeugkategorie, der Anzahl an Achsen, der Tageszeit etc. abhängen. Das Modellieren der fahrleistungsabhängigen Stadtmaut ist im Vergleich zum Kordon-basierten Modell nicht komplizierter, der Unterschied liegt lediglich in der größeren Anzahl der mautpflichtigen Links beim fahrleistungsabhängigen Modell. Abbildung 8.4 zeigt zwei der vielen möglichen Szenarien;

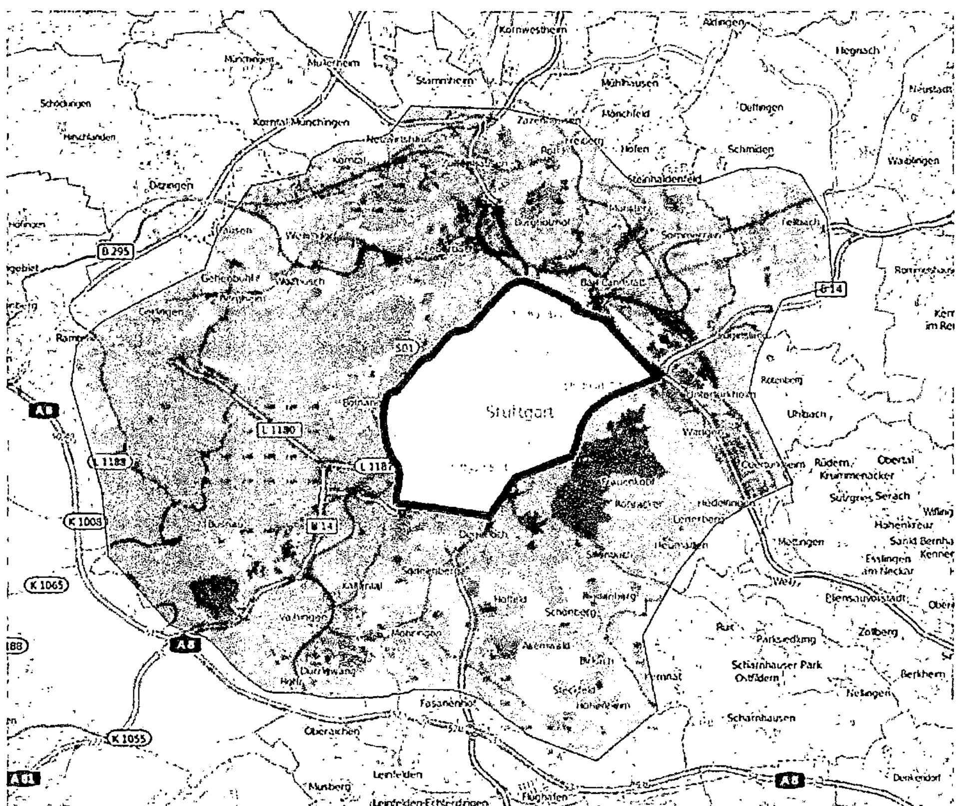

Abb. 8.4 Lage der Mautzone beim kordon-basierten Modell (*rot*) sowie beim fahrleistungsabhängigen Modell (*blau*) [174]

das rote Polygon entspricht der Zone innerhalb des Kordonrings, der hellblaue Polygon zeigt die größere Zone mit fahrleistungsabhängiger Stadtmaut.

8.1.4   Kalibrieren des Modells

Nachdem das initiale Arbeitsmodell mit allen nötigen Eingangsdaten und Parametern erstellt wurde und lauffähig ist, kann mit dem Kalibrierprozess begonnen werden. Das Kalibrieren ist ein iterativer Vorgang mit dem die optimalen Parameter ermittelt werden, die zu einem annehmbaren Ergebnis führen. Der Freiheitsgrad größerer Modelle ist gewöhnlich sehr umfassend, was tausende Parameterkombinationen mit sich bringt. Das Finden eines plausiblen Kompromisses zwischen ausreichender Präzision des Modells und Einfachheit beim Kalibrieren hat einen hohen Stellenwert. In diesem Beispiel wird das Kalibrieren der Quell-Ziel-Nachfrage mit Hilfe eines Quell-Ziel-Schätzprozesses gezeigt, bei dem die Wahl des Verkehrsmittel in Bezug auf die kostensensitiven Parameter kalibriert werden.

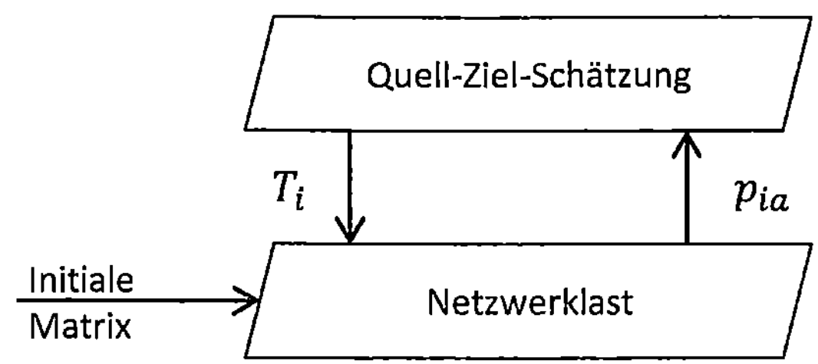

Abb. 8.5 Quell-Ziel-Schätzung als zweistufiger Problemansatz

Die initiale Quell-Ziel-Matrix aus den ersten beiden FSM-Schritten müssen soweit angepasst werden, dass sie mit den Feldmessungen und Verkehrszähldaten übereinstimmen. Bei diesem speziellen Modell waren Verkehrsdaten auf ausgewählten Links verfügbar [172]. Insgesamt deckten die Daten die Verkehrszählungen an 64 Links an typischen Tagen zwischen 6 und 10 Uhr morgens ab. Das Schätzen der Quell-Ziel-Relationen ist ein allgemeines Problem im Verkehrsingenieurwesen und kann durch getroffene Annahmen gelöst werden. Die wissenschaftliche Literatur der vergangenen 30 Jahre beschreibt unterschiedliche Herangehensweisen. In den 1990'er-Jahren wurden umfangreiche Forschungen zum Schätzen von Quell-Ziel-Matrizen durchgeführt [146, 152], die in den vergangenen Jahren erweitert wurden [168].

Die einfache Herangehensweise zum Berechnen von Quell-Ziel-Matrizen beinhaltet die Verwendung der Maximum-Entropie-Methode bzw. des Minimum-Information-Modells und nimmt an, dass die Link-Proportionen der Flüsse aus den Quell-Ziel-Paaren unabhängig von der Quell-Ziel-Nachfrage ist [167]. Allerdings berücksichtigt diese Herangehensweise nicht die Auswirkung von Stau im Netzwerk. Da dieses Modell vorwiegend in Netzen mit hoher Verkehrsbelastung eingesetzt werden soll, ist ein komplexerer Ansatz erforderlich, bei dem die Link-Proportionen von der Quell-Ziel-Matrix abhängen.

Das hier verwendete Modell wird als zweistufiger Problemansatz bezeichnet, bei dem T_i die gesamte Nachfrage bezeichnet und p_{ia} den Anteil am Link-Fluss durch Quell-Ziel-Paar i an Link a (Abb. 8.5):

Der zweistufige Ansatz wird als abhängiges Optimierungsproblem mit einer Zielfunktion formuliert, die die ursprüngliche (Referenz-) Fahrtenmatrix $\hat{t}_{ij}$, enthält [163]:

$$Max\ S\left(T_{ij}, \hat{t}_{ij}\right) = -\sum_{ij}\left(\frac{T_{ij} log T_{ij}}{\hat{t}_{ij}} - T_{ij} + \hat{t}_{ij}\right)$$

$$s.t.: V_a - \sum_{ij} T_{ij} p_{ij}^a = 0$$

$$T_{ij} \geq 0$$

wobei V_a der gemessene Fluss an einem Link als eine Untermenge an Links im Netzwerk ist. Die initiale Quell-Ziel-Matrix wird für ein erstes Gleichgewicht als Input für die initiale Netzwerklast verwendet. Dieses Gleichgewicht liefert erste Link-Proportionen, die in

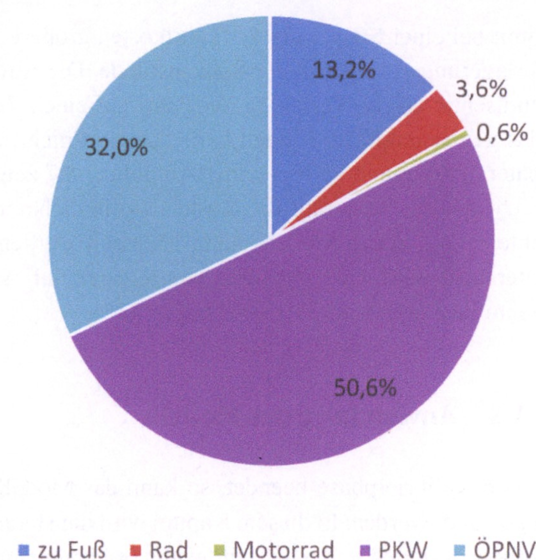

Abb. 8.6 Modal Split in Stuttgart beim morgendlichen Berufspendelverkehr. [173]

der oberen Problemstufe, der Quell-Ziel-Schätzung, zu neuen Link-Flüssen als Input für die nächste Iteration zur Berechnung der Netzwerklast verwendet werden. Diese Methode ist offensichtlich an die statischen Zähldaten gebunden und spiegelt das dynamische Verhalten des Netzes nicht wider. Da das gegenständliche Modell als statisches Verkehrsumlegungsmodell gebildet wird, wird dieses Problem nicht weiter betrachtet.

Der nächste Modellierungsschritt beinhaltet das Kalibrieren der variablen Nachfrage, oder mit anderen Worten das Kalibrieren der Verkehrsmittelwahl beim initialen Modell vor dem Einheben der Gebühr anhand empirischer Daten. Der Modal Split kann beispielsweise durch Befragungen erhoben werden. Im Fall von Stuttgart werden die verwendeten Werte in Abb. 8.6 dargestellt.

Das Modell für die Verkehrsmittelwahl ist vereinfacht und deckt nur private PKW sowie den öffentlichen Verkehr ab. Die anderen Moden aus Abb. 8.6 werden integriert, indem die langsamen Verkehrsmittel dem ÖPNV und Motorräder den PKW-Anteil erhöhen. Die so ermittelten Zahlen für die initiale variable Nachfrage sind 40 % für ÖPNV und 55 % für private PKWs und 5 % an Fahrten die infolge der höheren Kosten die Fahrt nicht mehr während der Spitzenstunde wahrnehmen. Schließlich bleibt der Anteil von 6 % für Lastfahrzeuge. Das Modell für die Verkehrsmittelwahl ist folgendermaßen formuliert:

$$p_{(CPH|C_n)} = \frac{1}{1 + e^{\theta(c_{CPH} - c_{PT})} + e^{\theta(c_{CPH} - c_{COPH})}}$$

Um die endgültige Aufteilung auf die Verkehrsmittel zu erhalten, werden der Kostenempfindlichkeitsparameter θ und der Wert für die Aufschläge für die Ankunftsverzögerung kalibriert. Je kleiner der Kostenempfindlichkeitsparameter ist, desto empfindlicher reagieren Autofahrer auf eine mögliche Änderung der Fahrtkosten. Kleinere θ bewirken somit bei einer Steigerung der Fahrtkosten größere Verschiebungen hin zum ÖPNV bzw. Verlagerungen weg von der Spitzenstunde. Die Aufschläge für die Ankunftsverzögerung repräsentieren das Verlagern der Fahrt auf einen Zeitpunkt außerhalb der Spitzenstunde (das gegenständliche Modell berücksichtigt nicht, ob die Fahrt auf einen früheren oder späteren Zeitpunkt verlegt wird). Abbildung 8.7 zeigt die Empfindlichkeit einer variablen Nachfrage in Bezug auf die Kostenempfindlichkeit und Ankunftsverzögerung. Die korrekte Funktion des Modells kann überprüft werden indem das Verhalten der Nachfrage untersucht wird: Geht der Wert von θ gegen null, so geht der Anteil der jeweiligen Elemente im Logit-Modell jeweils gegen 33 %.

8.1.5 Anwendung des Modells

Ist die Kalibrierphase beendet, so kann das Modell auf die unterschiedlichen Szenarien angewandt werden. In diesem Kapitel wird die Herangehensweise beim Modellieren einer kordon-basierten und einer fahrleistungsabhängigen Stadtmaut beschrieben. Die Szenarien sowie die Einflussfaktoren für die Wahl der Autofahrer beim Berufspendelverkehr ins Stadtzentrum während der Stoßzeit werden behandelt.

Das erste Szenario besteht aus einem Kordon um das Stadtzentrum, bestehend aus den Vierteln Stuttgart-Mitte, -Nord, -West, -Ost und -Süd. In der Realität kann es infolge der großen Anzahl an Straßen sehr kostspielig sein, einen geschlossenen Ring mit den entsprechenden Erfassungssystemen um ein bestimmtes Gebiet zu errichten. Im Fall von Stockholm ergab sich eine sehr einfache Lösung, bei der die natürlichen Grenzen ausgenützt wurden, die Mautzone ausschließlich auf einigen Inseln liegt und nur über 18 Zufahrts-

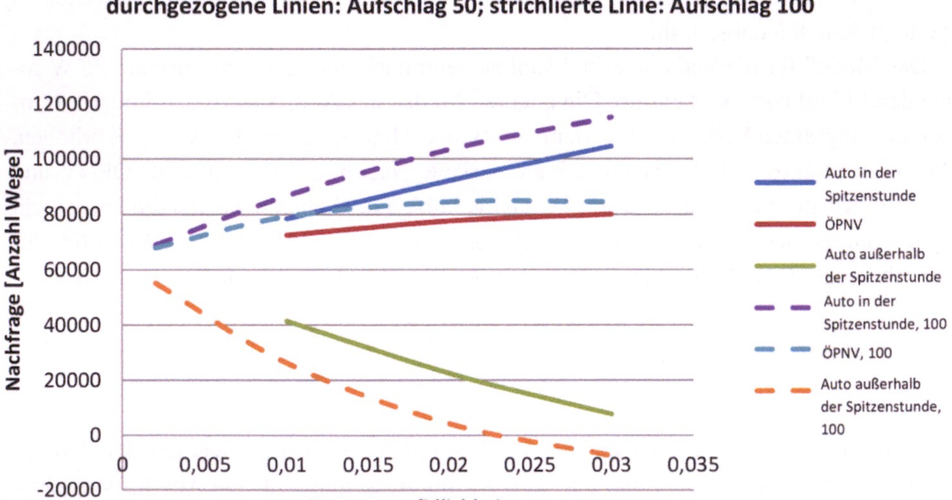

Abb. 8.7 Empfindlichkeitsanalyse der Kalibrierparameter

möglichkeiten verfügt. Im Fall von Stuttgart wäre die Anzahl an Mautstationen bedeutend höher, im gegenständlichen Modell werden allerdings lediglich 12 Links betrachtet, an denen bemautet wird. Diese Links werden in Abb. 8.8 rechts in roter Farbe angezeigt. Die Gebührenhöhe beträgt während der Spitzenstunde 2 € pro Passage für Privatfahrzeuge und 4 € pro Passage für Lastfahrzeuge. Öffentliche Verkehrsmittel sind von der Gebühr ausgenommen. Außerhalb der Spitzenstunde ist die Gebühr um 50 % für alle Fahrzeuge verringert. In diesem Szenario wird die Gebühr fällig, ungeachtet in welche Richtung die Passage stattfindet.

Vom Gesichtspunkt der Modellierung liegt der einzige Unterschied zwischen kordon-basierter und fahrleistungsabhängiger Stadtmaut in der Anzahl der gebührenpflichtigen Links, welche im zweiten Fall erheblich höher ist; ansonsten bleibt das Konzept der Aufschläge bei den gebührenpflichtigen Links dasselbe. In der Realität ist im Gegensatz zum kordon-basierten System die Zone nicht durch einen Ring mit Stationen umgeben sondern besteht eher aus einem virtuellen Ring, innerhalb dessen beispielsweise Fahrzeuge mit Satellitenortung lokalisiert werden. Dieser Ring wird den Autofahrern mit Verkehrszeichen ähnlich einem Kordon-Modell signalisiert. Es kann erwartet werden, dass die Reaktion der Autofahrer auf kordon- und fahrleistungsabhängige Gebührenmodelle substanziell unterschiedlich ist. Während sich beim Kordon-Modell die Bewegungsmuster um den Kordon am Stärksten verändern würden, achten beim fahrleistungsabhängigen Modell die Autofahrer auf die gesamt zurückgelegte Wegstrecke innerhalb der Zone.

Abbildung 8.9 zeigt die Lage der gebührenpflichtigen Zone sowie ihre Entsprechung im makroskopischen Verkehrsmodell. Die Fahrten entlang der blauen Links im Modell werden mit einer zusätzlichen Reisezeit entsprechend der kilometerabhängigen Gebühr beaufschlagt. Die Gebühr wird nicht für Transitverkehr auf der A8/A81 eingehoben, lediglich die Einfahrt nach Stuttgart ist mautpflichtig. Die Mauthöhe wird abhängig von der Länge der Links modelliert. Als Basiswert wird eine Gebühr von 0,10 €/km für private PKW und 0,20 €/km für LKW modelliert. Die fahrleistungsabhängige Gebühr soll Fahrer dazu motivieren, weniger in der Zone zu fahren. Eventuelle Nebeneffekte sind beispielsweise eine gesteigerte Bereitschaft zum Bezahlen von Parkgaragen, da auch Parksuchverkehr der Gebühr unterworfen werden.

Beinhaltet das Modell die Reisezeitaufschläge für die Stadtmaut, so kann der Verkehr auf das Netz umgelegt werden. Die Zuordnung der Nachfrage zum Ermitteln des Nutzergleichgewichts im Netzwerk erfolgt nach dem Frank-Wolfe-Algorithmus. Wurde das Gleichgewicht mit ausreichender Genauigkeit erreicht, kann die Verkehrscharakteristik einer genaueren Analyse unterzogen werden.

8.1.6   Ergebnisse

Zu Beginn der Ergebnisanalyse wird eine Performancestatistik des Szenarios ohne Citymaut als Basis für den späteren Vergleich erfasst. Die gewählten Indikatoren zum Beschreiben der Systemperformance sind die zurückgelegte Entfernung mit dem Fahrzeug

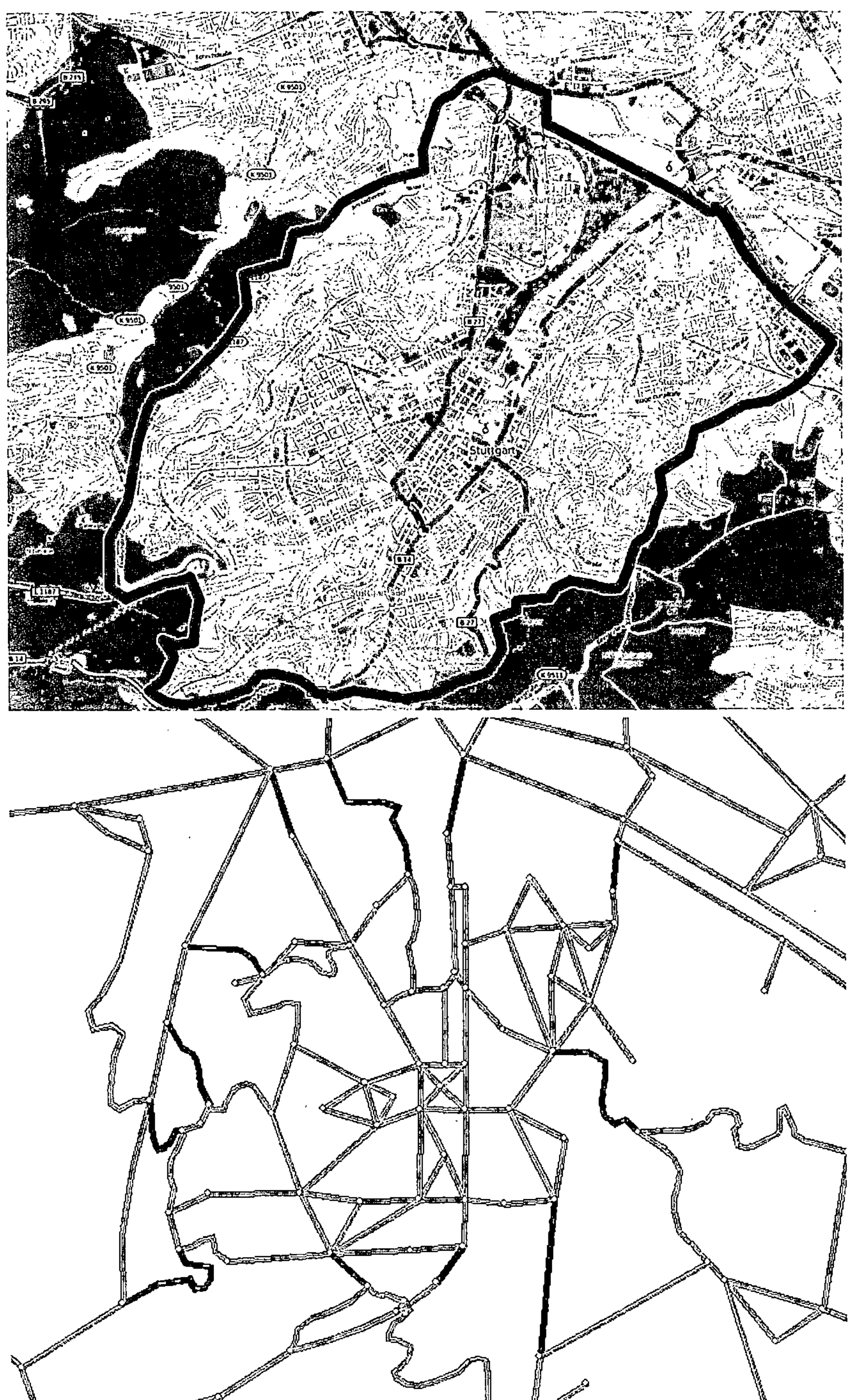

Abb. 8.8 Die Lage des gewählten Kordons (*oben*, [174])sowie die Entsprechungen im Modell (*unten*, eigene Grafik)

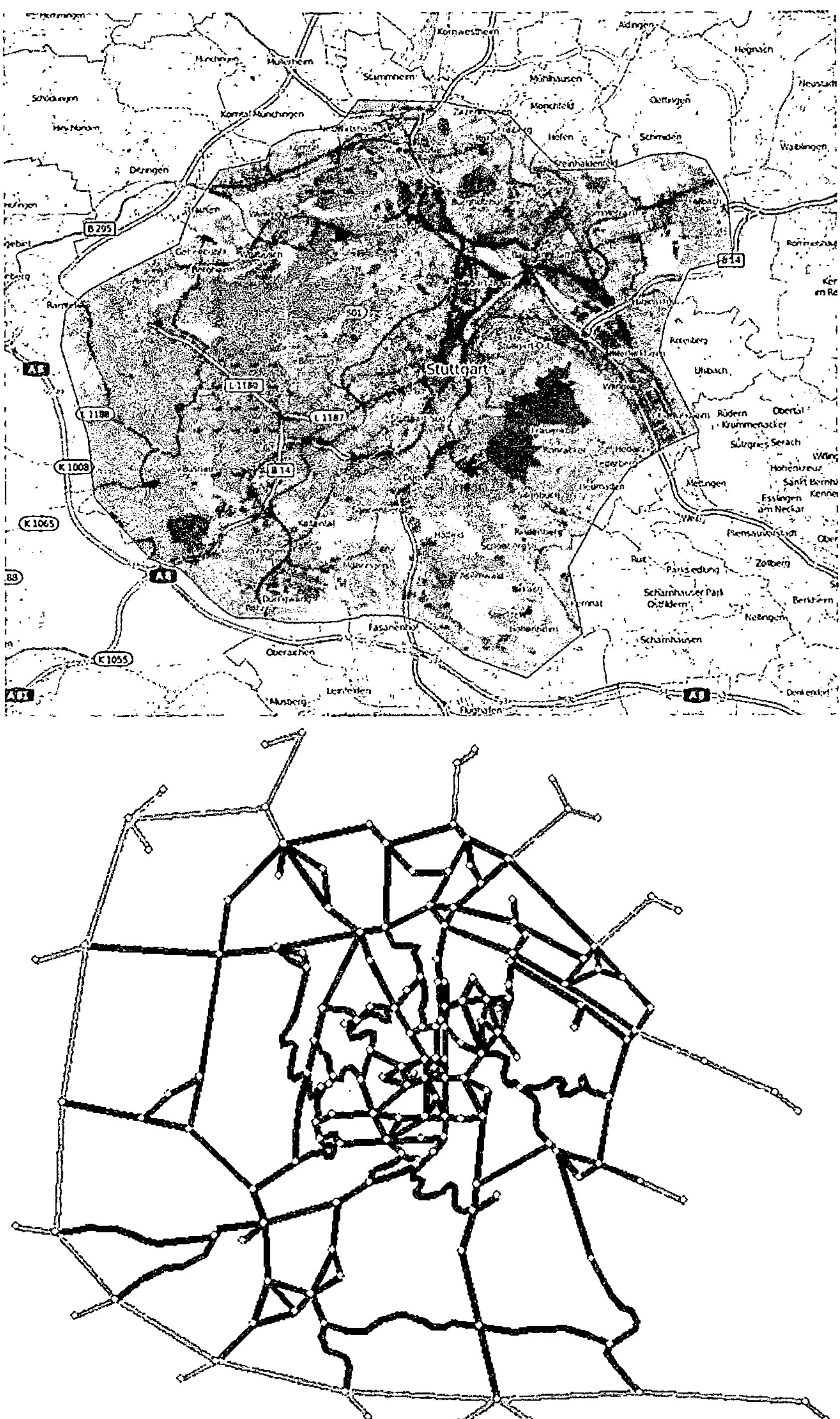

Abb. 8.9 Die Lage der Zone mit der fahrleistungsabhängigen Stadtmaut (*oben*, [174]), sowie die Entsprechungen im Modell (*unten*, eigene Grafik)

Tab. 8.3 Performance des Modells ohne Stadtmaut

Performanceindikatoren

	Nachfrage (KFZ)	VDT (km)	VHT (h)	∅ Geschw. (km/h)
Alle	104.637	732.857	22.981	43,4
Zentrum[a]	21.365	125.742	5503	29,9
Zwischen		345.248	8485	51,1
Außen		205.595	2018	103,4

Ausgewählte Performancedaten

Link	Fluss [KFZ/h]	Reisezeit [min]	∅ Geschw. [km/h]
Am Neckartor	2615	6,1	6
Talstraße	2351	4,0	5
Charlottenstr.	1955	16,8	16
∅ Entfernung/Reisezeit – im Netz	7,0 km/13,2 min		
∅ Entfernung/Reisezeit – Zentrum	3,4 km/8,7 min		

[a] Richtung Zentrum

(Vehicle Distance Travelled, VDT), die Reisezeit mit dem Fahrzeug (Vehicle Hours Travelled, VHT), die Durchschnittsgeschwindigkeit im Wegenetz und die Nachfrage. Auf der Nachfrageseite wurden die Veränderung der variablen Nachfrage im gesamten Verkehrsnetz sowie die Nachfrage am Korridor in Richtung Stadtzentrum zur Bewertung herangezogen. Die Unterteilung des Netzes in drei Unternetze erlaubt die Analyse der Effekte der Stadtmaut in jedem einzelnen der Gebiete. Die zentrale Zone entspricht dem Kordongebiet aus Abb. 8.8, die Außenzone bestehet aus allen Links, die die Autobahnen A8/A81 und die Anschlüsse an den äußeren Flächenmittelpunkte repräsentieren, und der Zwischenbereich deckt schließlich den Bereich zwischen ab und beinhaltet die größte Anzahl an Links (Tab. 8.3).

Im Fall des Kordon-Modells führt die Gebühr in Höhe von 2 € für Privat-PKW und 4 € für LKW zu einer gesteigerten Performance im Verkehrswegenetz, die Details sind in Tab. 8.4 angeführt.

Die Ergebnisse zeigen eine starke Wirkung des Kordonmodells auf der Nachfrageseite. Die Nachfrage bei privaten PKWs nimmt insgesamt um 4 % ab, von denen rund 70 % eine Fahrt außerhalb der Spitzenstunde wählten und 30 % auf öffentlichen Verkehr umsteigen. Der Verkehrsfluss über den Kordon nahm um 24 % ab, was der Größenordnung nach mit den Ergebnissen aus Stockholm nach Einführung der Stadtmaut entspricht. Tabelle 8.4 zeigt außerdem die Performance der am stärksten staugefährdeten Links im Netz sowie deren Verbesserung nach Einführung der Gebühr. Die Durchschnittsgeschwindigkeiten und Reisezeiten verbesserten sich signifikant in der Größenordnung von 10 bis 20 %. Diese Werte sind auch mit jenen von existierenden Systemen vergleichbar, im Stadtzentrum Stockholms etwa wurde die durchschnittliche Reisezeit um 25 % verringert, was eine wesentliche Verbesserung für jene Autofahrer darstellt, die sich für das Entrichten der Maut entschieden haben [164]. Die Tabellenergebnisse sind auch in Abb. 8.10 grafisch darge-

Tab. 8.4 Performance des Kordon-Modells

Performanceindikator (%-Unterschied zum Basis-Szenario)				
	Nachfrage (KFZ)	VDT (km)	VHT (h)	Ø Geschw. (km/h)
Alle	100.757 (−4)	679.632 (−7)	18.724 (−19)	44,8 (+3)
Zentrum*	12.262 (−24)	103.047 (−18)	3.709 (−33)	32,0 (+7)
Zwischen		319.233 (−8)	7.316 (−14)	52,3 (+2)
Außen		202.506 (−2)	1953 (−3)	104,2 (+1)

Ausgewählte Performancedaten			
Link	Fluss (KFZ/h)	Reisezeit (min)	Ø Geschw. (km/h)
Am Neckartor	2061 (−22)	2,7 (−125)	13 (+116)
Talstraße	2121 (−10)	2,3 (−75)	9 (+80)
Charlottenstr.	1718 (−14)	1,4 (−26)	21 (+30)
Ø Entfernung/Reisezeit − im Netz	6,7 (−5)/11,2 (−18)		
Ø Entfernung/Reisezeit − Zentrum	3,0 (−13)/6,5 (−25)		

stellt; grüne Strecken symbolisieren eine Verringerung der Verkehrsnachfrage, rote eine Steigerung.

Ein Sinken der Nachfrage ist im Großteil des Verkehrsnetzes zu verzeichnen, nicht jedoch auf den Autobahnstrecken im Westen. Die dortige Steigerung entsteht durch Ausweichverkehr, der vormals durch das Stadtzentrum führte. Es ist bekannt, dass auf der Ringautobahn um Stuttgart häufig dichter Verkehr herrscht; eine detaillierte Analyse des Verhältnisses aus Nachfrage zu Kapazität vor und nach Einführung der Maut wäre nötig um eine Verschlechterung der Situation auf den Autobahnen zu vermeiden.

Das Ergebnis der fahrleistungsabhängigen Stadtmaut ist in Tab. 8.5 dargestellt. Hier wird eine Verkehrsverringerung von 4 % beobachtet, wobei kaum ein Wechsel des Verkehrsmittels stattfindet (1 % Steigerung der ÖPNV-Nachfrage und 3,4 % Verringerung des KFZ-Verkehrs außerhalb der Spitzenstunde), die Fahrten allerdings kürzer werden − Die gesamten von PKW zurückgelegten Strecken in der Zwischenzone reduzierten sich um nahezu 30.000 km (−10 %). Die Verkehrsstärke in Richtung Stadtzentrum sank um 19 % während die zurückgelegten Entfernungen auf den äußeren Links um 6,3 % stiegen. Diese Steigerung auf den Autobahnen wird durch ein intuitives Verhalten verursacht: Die A81 und die L2255 (Solitudenstraße) sind zwei parallele Links im Westen des Netzwerks; Nachdem die L2255 der Gebühr unterzogen wurde wechselten Fahrer auf die Autobahn.

Der Unterschied der Verkehrsflüsse mit fahrleistungsabhängiger Stadtmaut zum Zustand ohne stadtmaut wird in Abb. 8.11 grafisch dargestellt. Die wichtigsten Erkenntnisse in diesem Szenario sind die große Verschiebung am Rand der Zone in Richtung Autobahn sowie die eher einheitliche Verkehrsverringerung im restlichen Netz in der Zone. Die Fahrbedingungen in Stadtzentrum verbesserten sich, die durchschnittliche Reisezeit auf den am meisten staugefährdeten Links verringerte sich um 20 bis 40 %. Außerhalb der Mautzone wird eine Steigerung der zurückgelegten Distanzen und Fahrdauer von rund 5 % bei gleichbleibender Fahrgeschwindigkeit festgestellt, eine signifikante Verschlechterung der Situation wird nicht beobachtet.

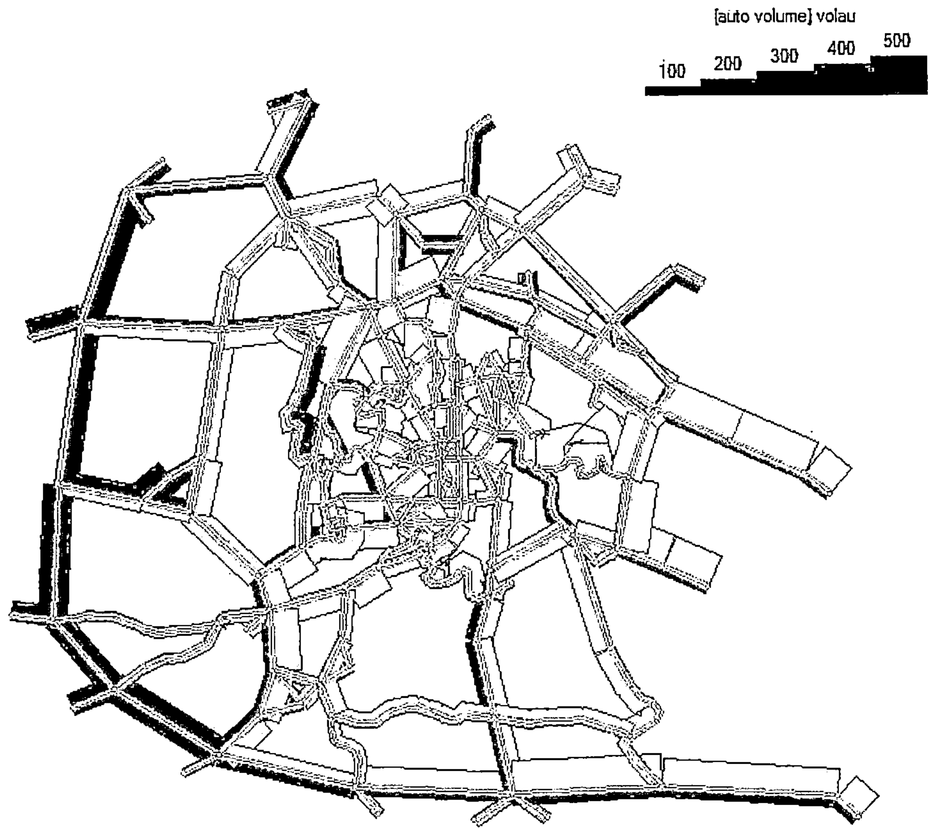

Abb. 8.10 Vergleich des Verkehrsflusses infolge des Kordonmodells (eigene Grafik)

Tab. 8.5 Performance des fahrleistungsabhängigen Modells

Performanceindikator (%-Unterschied zum Basis-Szenario)			
	Nachfrage (KFZ)	VDT (km)	VHT (h)	Ø Geschw. (km/h)
Alle	103.832 (−1)	701.188 (−5)	19.848 (−16)	44,4 (+2)
Zentrum*	17.237 (−19)	111.791 (−13)	4226 (−30)	31,2 (+4)
Zwischen		315.408 (−10)	7430 (−14)	52,2 (+2)
Außen		218.513 (+6.3)	2126 (+5)	103,5 (−)

Ausgewählte Performancedaten

Link	Fluss (KFZ/h)	Reisezeit (min)	Ø Geschw. (km/h)
Am Neckartor	2162 (−16)	3,7 (−40)	10 (+66)
Talstraße	2206 (−6.2)	2,9 (−28)	7 (+40)
Charlottenstr.	1793 (−8)	1,5 (−20)	19 (+19)
Ø Entfernung/Reisezeit − im Netz	6,8 (−3)/11,5 (−10)		
Ø Entfernung/Reisezeit − Zentrum	3,0 (−13)/6,7 (−30)		

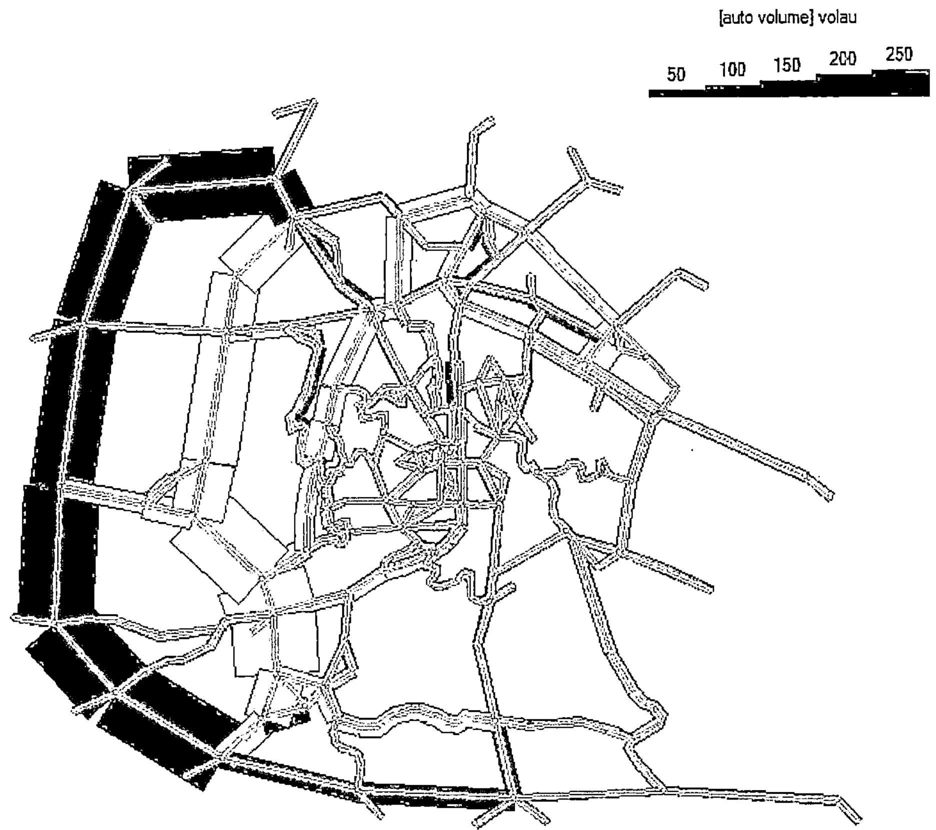

Abb. 8.11 Vergleich des Verkehrsflusses infolge der fahrleistungsabhängigen Stadtmaut (eigene Grafik)

8.1.7   Schlussfolgerungen aus dem Modellierungsbeispiel

In diesem Kapitel wird die Modellierung zum Ermitteln die Effekte zweier verschiedener Stadtmautszenarien beschrieben. Die zwei Szenarien werden entwickelt um die unterschiedliche Wirkung einer kordon-basierten und einer fahrleistungsabhängigen Maut zu untersuchen. Das Herzstück ist die Struktur der Nachfragemodellierung, die Parametrisierung des Modells sowie dessen Kalibrierung. In diesem Modell spielen die richtige Einschätzung des Wertes der Zeit sowie die der Kostenempfindlichkeit eine wichtige Rolle. Es wurde ein Logit-Modell verwendet um den Entscheidungsprozess von Einzelreisenden abzubilden. In diesem Fall haben Reisende drei Optionen, in Wirklichkeit kann allerdings aus deutlich mehr Möglichkeiten gewählt werden, was zu erheblich komplexeren Modellen führt. Die nachteiligen Faktoren wurden anhand der Reisekosten bzw. über die Reisezeit modelliert. Es ist wünschenswert, dass das Modell insoweit erweitert wird, um die Dynamik früherer Abfahrtszeiten oder späterer Ankunftszeiten sowie die Ausgaben für Treibstoff und Fahrkarten abdecken zu können. Eine einfache Möglichkeit zum Abbilden der Zeitdynamik ist durch die Wahlmöglichkeit repräsentiert, die Spitzenstunde zu verlassen und eine frühe bzw. späte Abfahrtszeit zu planen.

Die Preiselastizität der Nachfrage in Bezug auf die Reisekosten kann mit diesem Modell gemessen werden. Da die LKW-Nachfrage als fix betrachtet wird, wird lediglich die Elastizität von privaten PKW-Fahrten abgebildet. Die resultierenden Elastizitäten sind $-0{,}7$ (Punkt) und $-0{,}4$ (Bogen) sowohl für das Kordonmodell als auch für die fahrleistungsabhängige Maut. Die ermittelte Punktelastizität liegt nahe an den gemessenen Werten realer Systeme wie beispielsweise Stockholm ($-0{,}93$) [164] oder dem norwegischen Mautsystem mit $-0{,}45$ für kurze Fahrten oder $-0{,}82$ für mittel-lange Fahrten [161].

In diesem Modell arbeitet der ÖPNV ohne Kapazitätsgrenzen und verursacht daher keinerlei betriebliche Engpässe. Bei realen Systemen würde eine gesteigerte Nachfrage nach öffentlichem Verkehr zu einer geringeren Servicequalität führen. Es ist offensichtlich, dass das ÖPNV-System noch vor Einführung einer Stadtmaut verbessert werden muss um nicht Serviceeinbußen zu bewirken. Ein zusätzlicher Aspekt des Modells könnte darin liegen zu untersuchen, wo und in welchem Ausmaß die verlagerte ÖPNV-Nachfrage zu Engpässen bei bestehenden Linien bzw. deren Fahrplänen führt.

Insgesamt muss festgestellt werden, dass das kordon-basierte Modell in Hinblick auf die Verringerung der absoluten Verkehrszahlen im staugefährdeten Stadtzentrum besser wirkt als das fahrleistungsabhängige Modell. Allerdings hat das fahrleistungsabhängige Modell einen faireren Zugang beim gleichmäßigen Verringern des Verkehrsflusses in den zentralen Stadtgebieten sowie beim Verringern der zurückgelegten Entfernungen im Zwischenbereich. Das fahrleistungsabhängige Modell verursacht eine stärkere Steigerung des Verkehrs auf den nicht mautpflichtigen Strecken als das Kordon-Modell. Eine Entscheidung für oder gegen eines der beiden Szenarien hängt von einer genauen volkswirtschaftlichen Bewertung in Bezug auf die verkehrspolitische Zielsetzung ab. Die Rolle des makroskopischen Modells ist es, diese Bewertung durch das Bereitstellen von Antworten auf die bezeichneten Problemstellungen zu liefern und Lösungsvorschläge zu unterbreiten.

8.2 Makro-ökonomischer Ansatz

Die makroökonomische Untersuchung einer Stadtmaut vermag Antworten auf zwei Schlüsselfragen zu geben:

1. Mit welchem Gebührenmodell lässt sich die verkehrspolitische Zielsetzung erreichen (sofern die Zielsetzung im Verringern absoluter Verkehrszahlen bzw. von Stau besteht und eine Stadtmaut als Maßnahme infrage kommt)?
2. Überwiegt der Nutzen die Kosten der Maßnahme?

Das Beispiel in diesem Kapitel soll ebenso wie Kap. 8.1 ein kordon-basiertes Modell sowie ein fahrleistungsabhängiges Modell untersuchen, auch hier wurde Stuttgart als Modellstadt gewählt. Beim kordon-basierten Modell wird eine Gebühr beim Überschreiten der Zonengrenze entrichtet während beim fahrleistungsabhängigen Modell die Gebühr von der zurückgelegten Strecke in der Zone abhängt. Der Vergleich der beiden Modelle soll modellhaft das Beantworten auf obige Frage 1 erläutern.

Die zweite Frage betrifft die Errichtungs- und Betriebskosten eines derartigen Systems, die Einnahmen aus der Gebühreneinhebung sowie den gesellschaftlichen Nutzen aus der Verringerung von Stau. Auch hierzu wird in diesem Kapitel exemplarisch eine Antwort gegeben.

8.2.1   Wirkungsvergleich

Das makroökonomische Modell von Rémy Prud'homme der Universität Paris XII bietet eine Möglichkeit, die Auswirkungen der beiden infrage stehenden Gebührenmodelle zu untersuchen (siehe Kap. 5, [70]). Seine Herangehensweise kann bei jedem Gebiet angewendet werden. Ein wichtiger Parameter ist die in *KFZ/km* gemessene Straßennutzung q. Dieser Parameter repräsentiert die Nachfrage für die Straßennutzung (bzw. Dichte) als Funktion der Stückkosten für die Benutzung der Straße. Der wichtigste Faktor der Stückkosten sind die Kosten für die aufgewendete Zeit um einen Kilometer zurückzulegen. Weiters beinhalten sie die Individuellen Kosten $I(q)$, die als Angebotskurve betrachtet werden können, bzw. als die Pro-km-Kosten, die dem Autofahrer entstehen. Schließlich berücksichtigen sie die Gesellschaftlichen Kosten $S(q)$ die durch die Straßennutzung eines Fahrzeuges entstehen. Die Gesellschaftlichen Kosten sind gleich den Individuellen Kosten plus der Kosten für die zusätzliche Zeit, die aller Verkehrsteilnehmer deswegen zu tragen haben, weil ein zusätzliches Fahrzeug auf der Straße ist. $S(q)$ ergibt sich:

$$S(q) = I(q) + I'(q) * q$$

Entsprechend dem Modell liegt das individuelle Optimum dort, wo die Kurve für die individuellen Kosten die Nachfragekurve schneidet, und das gesellschaftliche Optimum dort, wo die Kurve für die gesellschaftlichen Kosten die Nachfragekurve schneidet. Eine Stadtmaut erhöht die individuellen Kosten und verschiebt diesen Schnittpunkt in Richtung „weniger Verkehr".

Um die Modellrechnung durchführen zu können, werden die folgenden Annahmen getroffen:

Fixkostenanteil von *I(q)* (€/km)	0,15[a]
Zeitwert des Geldes (VOT) (€/h) [70]	20,9[a]
Geschwindigkeit bei freiem Verkehr (km/h)	35[b]
Geschwindigkeit bei Stau (km/h)	12[b]
DTV einstrahlend (KFZ/Tag)	377.048[c]

[a] [70]
[b] eigene Schätzung
[c] [172]

Entsprechend [70] können die individuellen Kosten berechnet werden:

$$I(q) = 0,15 + \frac{20,9}{s(q)}$$

Die Geschwindigkeit s als Funktion der Straßennutzung bzw. Dichte q ergibt sich:

$$s = 35 - \beta * q$$

Zum Abschätzen des Zeitverlustfaktors infolge Stau (β) wird für die Straßennutzung bzw. Dichte q wird der folgende Zusammenhang herangezogen:

$$q = \frac{Anzahl\ KFZ}{Streckenlänge} = \frac{Verkehrsstärke}{Reisegeschwindigkeit}$$

Für die Berechnung der Kosten infolge Staus ist die Straßennutzung unter Staubedingungen heranzuziehen. Das DTV der Modellregion repräsentiert den gesamten einstrahlenden verkehr eines ganzen Tages. Die Stärke des einstrahlenden Verkehrs zur Spitzenstunde an Werktagen wird mit 25.000 Fahrzeugen geschätzt, somit kann für die Stausituation $\beta = 0,01104$ berechnet werden. Insgesamt ergeben sich für die Individuellen Kosten:

$$I(q) = 0,15 + \frac{20,9}{35 - 0,01104q}$$

Die individuellen Kosten $I(q)$ erhöhen sich durch die Stadtmaut. Während das Modell in Kap. 8.1 eine Gebühr während der Spitzenstunde vorsieht wird bei diesem Modell keine Zeitdynamik angewendet.

- Beim Kordon-basierten Modell wird eine Gebühr von 1,0 € pro Einfahrt in die Zone vorgesehen;
- Beim fahrleistungsabhängigen Modell eine Gebühr von 0,15 € pro gefahrenen Kilometer vorgesehen.

Die Zonengrenze entspricht etwa jener von Abb. 8.9 oben. Die in der Modellregion durchgeführten und für die Modellierung verwendeten Verkehrszählungen [172] wurden an der Zonengrenze durchgeführt. Zum Ermitteln der Straßennutzung q in KFZ * km sowie der Wirkung der fahrleistungsabhängigen Gebühr werden noch die folgenden Annahmen getroffen:

- Der DTV des Binnenverkehrs, i.e. jener Verkehr dessen Quelle und Ziel innerhalb der Zone liegt – und somit zwar die Verkehrsstärke in der Zone erhöht, nicht jedoch durch die oben erwähnten Verkehrszählungen erfasst wurde beträgt rund 10 % des einstrah-

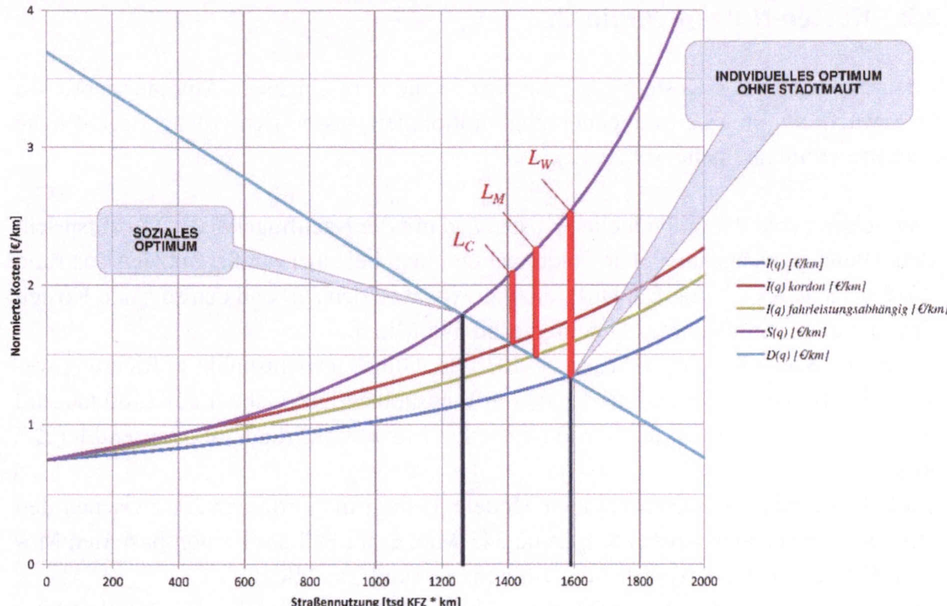

Abb. 8.12 Auswirkung unterschiedlicher Gebührenvarianten einer Stadtmaut (eigene Grafik)

lenden Verkehrs; der 100 %-DTV-Wert im Modell bestand aus einstrahlendem Verkehr und Binnenverkehr, der Binnenverkehr wurde mit 41.894 Fahrzeugen angenommen.

- Alle Fahrzeuge in der Zone, gleichgültig ob bewegt oder stillstehend, legen im Durchschnitt täglich eine Entfernung von rund 4 km zurück;

Die sozialen Kosten $S(q)$ werden aus $I(q)$ abgeleitet. Die Kostenkurven werden in Abb. 8.12 dargestellt. Die Nachfragekurve entspricht jener, die im Zuge der Londoner Stadtmaut erhoben wurde [70].

$I(q)$	Individuelle Kosten
$I(q)$ kordon	individuelle Kosten mit kordon-basierter Stadtmaut
$I(q)$ fahrleistungsabhängig	individuelle Kosten mit fahrleistungsabhängiger Stadtmaut
$S(q)$	soziale Kosten
$D(q)$	Nachfragekurve
L_w	Sozialer Verlust infolge Staus ohne Stadtmaut
L_m	Sozialer Verlust infolge Staus bei einer fahrleistungsabhängigen Stadtmaut
L_c	Sozialer Verlust infolge Staus bei einer kordon-basierten Stadtmaut

8.2.2　Kosten-Nutzen-Vergleich

Werden die normierten Kosten – i.e. die Kosten die dem einzelnen Autofahrer pro km Fahrt erwachsen – mit der Straßennutzung multipliziert, lassen sich volkswirtschaftliche Kennwerte ermitteln (siehe Abb. 8.12).

- Der Schnittpunkt der individuellen Kosten $I(q)$ mit der Nachfragekurve $D(q)$ entspricht dem Gleichgewichtspunkt ohne Stadtmaut und liegt bei einer Straßennutzung von rund 1580 tausend KFZ * km. Die Differenz Lw zwischen den $I(q)$ und den sozialen Kosten $S(q)$ bei dieser Straßennutzung beträgt rund 575 Mio. €.
- Wird eine Stadtmaut eingeführt, so wandert der Gleichgewichtspunkt in Richtung weniger Straßennutzung – im Fall der fahrleistungsabhängigen Gebühr auf 1480 tausend KFZ * km sowie im Fall des kordon-basierten Modells auf rund 1400 tausend KFZ * km.
- Im Fall des fahrleistungsabhängigen Modells beträgt die Differenz Lm zwischen den $I(q)$ und den sozialen Kosten $S(q)$ rund 345 Mio. €, im Fall des kordon-basierten Modells beträgt die die entsprechende Differenz Lc rund 214 Mio. €.
- Die Differenzwerte Lw, Lm und Lc spiegeln den Verlust wider, der der Gesellschaft – i.e. den beteiligten Autofahrern – durch Stau erwächst.

Sowohl das fahrleistungsabhängige Modell als auch das kordon-basierte Modell bewirken eine Verringerung des absoluten Verkehrs, bei den gewählten Gebühren erzielt das kordon-basierte Modell eine größere Verkehrsverringerung, auch wenn Binnenverkehre, i.e. Verkehre, die nicht die Zonengrenze überschreiten, keiner Gebühr unterworfen werden. Es ist weiters zu betonen, dass es sich bei den gewählten Gebührenmodellen keinesfalls um eine Empfehlung handelt sondern lediglich um die beispielhafte Anwendung volkswirtschaftlicher Methoden. Dieser Hinweis ist insbesondere deswegen von Bedeutung weil die dem Nutzen gegenüberstehenden Kosten lediglich die Systemkosten zum Einheben der Gebühr betrachtet, nicht jedoch begleitende Kosten wie z. B. jene die zur Optimierung des ÖPNV dienen oder zur Information der Verkehrsteilnehmer.

Die wichtigsten Parameter für die Systemkosten zum Einheben der Gebühr sind die Anzahl an Zutrittspunkten (100 Stück) und die Anzahl an registrierten Nutzern (700.000). Im Fall der kordon-basierten Gebühreneinhebung wird jede Fahrzeugpassage elektronisch erfasst und es wird ein Datensatz als Grundlage für die Verrechnung gebildet. Beim fahrleistungsabhängigen Modell befindet sich an jedem Zutrittspunkt eine Überwachungsstation, mit der geprüft werden kann ob gebührenpflichtige Fahrzeuge mit einem funktionierenden Fahrzeuggerät ausgestattet sind (es müsste nicht jeder Zutrittspunkt mit einer derartigen Überwachungsstation ausgestattet sein, wenn mit einem mobilen System ähnliche Funktionen erfüllt werden können, für das gegenständliche Modell wird allerdings der Einfachheit halber angenommen, dass jeder Zutrittspunkt eine Überwachungsstation aufweist). Auf Grundlage gegenwärtiger Technologiekosten werden die beiden Varianten in Tab. 8.6 gegenübergestellt.

Tab. 8.6 Kosten-Nutzen-Vergleich von kordon-basiertem und fahrleistungsabhängigem Einheben einer Stadtmaut

	Kordon-basiertes Modell	Fahrleistungsabhängiges Modell
Technologie	DSRC Fahrzeuggerät für häufige Nutzer (30%); ANPR Erkennung der Fahrzeuge	GNSS Fahrzeuggerät für alle Fahrzeuge; GPRS Kommunikation zur Zentrale
Investitionskosten (€)	27 Mio.	123 Mio.
Betriebskosten (€/Jahr)	9 Mio.	93 Mio.
Sozialer Nutzen (€/Jahr)	361 Mio.	231 Mio.

Der als sozialer Nutzen ausgewiesene Wert der beiden Varianten ist entspricht *Lw-Lm* bzw. *Lw-Lc*. Der wichtigste Grund für die hohen Investitionskosten beim fahrleistungsabhängigen Modell sind die signifikant höheren Kosten für die GNSS-Fahrzeuggeräte, die an alle Verkehrsteilnehmer ausgegeben werden. Auch die Betriebskosten sind in dieser Variante deutlich höher, da beim fahrleistungsabhängigen Modell Kommunikationskosten zwischen den Fahrzeuggeräten und der Zentrale anfallen.

Quellenverzeichnis

1. Algers S, Beser M (2000) SAMPERS – The New Swedish National Travel Demand Forecasting Tool, IATBR 2000 conference proceedings
2. ISIS: CIVITAS in Europe, A proven framework for progress in urban mobility, 2007
3. SCOOT: Weblink zum Internetauftritt: http://www.scoot-utc.com/
4. SWARCO: Weblink zur Vorstellung der Steuerungssoftware UTOPIA: http://www.swarco.com/de/Produkte-Services/Traffic-Management/Urbanes-Verkehrsmanagement/Systeme-f%C3%BCr-den-Stadtverkehr/UTOPIA
5. SIMTD: Weblink zum Internetauftritt: http://www.simtd.de
6. ARS Traffic & Transport Technology, Beleidsrapportage Spitsmijden in Brabant: Van praktijkproef naar nieuw gewoontegedrag, Provincie Noord-Brabant en Samenwerkingsverband Regio Eindhoven, 2013
7. ERTICO: Vorstellung des Projektes CVIS: http://www.cvisproject.org, 2009
8. EUROPÄISCHE KOMMISSION, Normungsauftrag an CEN, CENELEC und ETSI im Bereich der Informations- und Kommunikationstechnologien zur Unterstützung der Interoperabilität Kooperativer Systeme für den Intelligenten Verkehr in der Europäischen Gemeinschaft, M/453 DE, 2009
9. KAREN, Überblick über das Projekt: http://cordis.europa.eu/telematics/tap_transport/research/projects/karen.html, 2000
10. DENEMARK, Robert Allen; el al.: World System History: The Social Science of Long-Term Change. Routledge ISBN 0-415-23276-7, 2000
11. EUROPÄISCHE UNION: Richtlinie 2010/40/EU des Europäischen Parlaments und des Rates zum Rahmen für die Einführung intelligenter Verkehrssysteme im Straßenverkehr und für deren Schnittstellen zu anderen Verkehrsträgern: Amtsblatt der Europäischen Union, 2010
12. EUROPÄISCHE UNION: Richtlinie 2006/38/EG des Europäischen Parlaments und des Rates zur Änderung der Richtlinie 1999/62/EG über die Erhebung von Gebühren für die Benutzung bestimmter Verkehrswege durch schwere Nutzfahrzeuge: Amtsblatt der Europäischen Union, 2006
13. EUROPÄISCHE UNION: Richtlinie 1999/62/EG des Europäischen Parlaments und des Rates über die Erhebung von Gebühren für die Benutzung bestimmter Verkehrswege durch schwere Nutzfahrzeuge: Amtsblatt der Europäischen Union, 1999
14. EUROPÄISCHE UNION: Richtlinie 2004/52/EG des Europäischen Parlaments und des Rates über die Interoperabilität elektronischer Mautsysteme in der Gemeinschaft: Amtsblatt der Europäischen Union, 2004

© Springer Fachmedien Wiesbaden 2014
D. Leihs et al., *City-Maut*, DOI 10.1007/978-3-658-03786-4

15. EUROPÄISCHE UNION: Entscheidung 2009/750/EG der Kommission über die Festlegung der Merkmale des europäischen elektronischen Mautdienstes und seiner technischen Komponenten: Amtsblatt der Europäischen Union, 2009

16. EUROPÄISCHE KOMMISSION: Aktionsplan zur Einführung intelligenter Verkehrssysteme in Europa: KOM (2008) 886, 2008

17. EUROPÄISCHE KOMMISSION: Aktionsplan urbane Mobilität: KOM (2009) 490, 2009

18. EUROPÄISCHE KOMMISSION: Weissbuch – Fahrplan zu einem einheitlichen europäischen Verkehrsraum – Hin zu einem wettbewerbsorientierten und ressourcenschonenden Verkehrssystem: KOM (2011) 144 endgültig, 2011

19. EUROPÄISCHE KOMMISSION: Weblink zur IVS-Expertengruppe für Urbane Bereiche, http://www.scoot-utc.com/EUROPÄISCHE KOMMISSION: Weblink zu den „Guidlines for ITS deployment in Urban Areas“: http://ec.europa.eu/transport/themes/its/road/action_plan/doc/2013-urban-its-expert_group-guidelines-on-traffic-management.pdf

20. EUROPÄISCHE KOMMISSION: Weblink zu „Best Practices in Urban ITS – Collection of Projects“: http://ec.europa.eu/transport/themes/its/road/action_plan/doc/2013-urban-its-expert_group-best-practice-collection.pdf

21. COMMUNE DI BOLOGNA: Weblink zu den Modalitäten für den Erwerb eines Einfahrtstickets: http://www.comune.bologna.it/trasporti/servizi/2:3023/3246/

22. RUPPRECHT CONSULT GMBH: Weblink zum Leitfaden für nachhaltige urbane Verkehrsplanung: http://www.mobilityplans.eu/index.php?ID1=8&id=8

23. RUPPRECHT CONSULT GMBH: Pläne für die Nachhaltige urbane Mobilität: http://www.mobilityplans.eu/docs/file/sump_brochure_de_final_webversion.pdf

24. BÜRGERMEISTERKONVENT: Weblink zur Startseite: http://www.konventderbuergermeister.eu

25. BÜRGERMEISTERKONVENT: Weblink zum Referenzfall Mailand: http://www.eumayors.eu/IMG/pdf/Milan_long_approved.pdf

26. VERKEHRSCLUB ÖSTERREICH (VCÖ): City-Maut ist auch für Wien geeignet: VCÖ-Studie, 2010

27. EUROPÄISCHES KOMITEE FÜR NORMUNG (CEN): EN 12253 Straßentransport- und Verkehrstelematik (RTTT) – Nahbereichskommunikation Fahrzeug-Bake (DSRC) -Bitübertragungsschicht für die Frequenz 5,8 GHz: Europäische Norm, 2004

28. EUROPÄISCHES KOMITEE FÜR NORMUNG (CEN): EN 12795 Straßentransport- und Verkehrstelematik (RTTT) – Nahbereichskommunikation Fahrzeug-Bake (DSRC) – DSRC Datenverbindungsschicht: Zugriffsmedium und Verbindungssteuerung: Europäische Norm, 2003

29. EUROPÄISCHES KOMITEE FÜR NORMUNG (CEN): EN 12834 Straßentransport- und Verkehrstelematik (RTTT) – Nahbereichskommunikation Fahrzeug-Bake (DSRC) – Anwendungsschicht: Europäische Norm, 2003

30. EUROPÄISCHES KOMITEE FÜR NORMUNG (CEN): EN 13372 Straßentransport- und Verkehrstelematik (RTTT) – Nahbereichskommunikation Fahrzeug-Bake (DSRC) – DSRC-Profile für RTTT-Anwendungen: Europäische Norm, 2004

31. EUROPÄISCHES KOMITEE FÜR NORMUNG (CEN): EN 14906 Straßentransport- und Verkehrstelematik (RTTT) – Elektronische Gebührenerhebung – Anwendungsschnittstelle zur dezidierten Nahbereich-Kommunikation: Europäische Norm, 2011

32. EUROPÄISCHES KOMITEE FÜR NORMUNG (CEN): EN 15509 Straßentransport- und Verkehrstelematik (RTTT) – Elektronische Gebührenerhebung – Anwendungsprofil für DSRC Interoperabilität: Europäische Norm, 2007

33. EUROPÄISCHE GEMEINSCHAFTEN: Verordnung 2411/98/EG des Rates über die Anerkennung des Unterscheidungszeichens des Zulassungsmitgliedstaats von Kraftfahrzeugen und Kraftfahrzeuganhängern im innergemeinschaftlichen Verkehr: Amtsblatt der Europäischen Gemeinschaften, 1998

34. EUROPÄISCHES INSTITUT FÜR TELEKOMMUNIKATIONSNORMEN (ETSI): ES 200 674-1 Intelligent Transport Systems (ITS) – Road Transport and Traffic Telematics (RTTT) – Dedicated Short Range Communications (DSRC) – Part 1: Technical characteristics and test methods for High Data Rate (HDR) data transmission equipment operating in the 5,8 GHz Industrial, Scientific and Medical (ISM) band: Europäische Norm, 2013

35. STALLINGS, William: Data and Computer Communications. Eight Edition. New Jersey: Pearson Prentice Hall, 2007

36. DE PALMA, André; LINDSEY, Robin: Traffic Congestion pricing methodologies and technologies. In: Transportation Research Part C: Emerging Technologies (2011), Bd. 19–6, S. 1377–1399

37. RAJNOCH, Jakub: Review of different approaches to distance based charging. In: Veröffentlichungen zum 15. ITS World Congress (2008)

38. TOLEDO-MOREO, Rafael; ÚBEDA, Benito; SANTA, José; ZAMORA-IZQUIERDO, Miguel A.; GÓMEZ-SKARMETA, Antonio F.: An analysis of Positioning and Map-Matching Issues for GNSS-Based Road User Charging. In: Veröffentlichungen zur 13. internationalen IEEE Conference on Intelligent Transportation Systems (2010)

39. VONK NOORDEGRAAF, Diana; HEIJLIGERS, Bjorn; VAN DE RIET, Odette; VAN WEE, Bert: Technology Options for Distance-Based Road User Charging Schemes. In: 88th annual meeting of the Transportation Research Board (2009), Nr. 09–2477

40. STRONG, T.; TINDALL, D.; VERMAAT, P.; ROLLAFSON, D.: Research on the accuracy and reliability for distance based measurement and determination of tariff for KMP. Management Summary, 2007

41. HOFMANN-WELLENHOF, Bernhard; LICHTENEGGER, Herbert; WASLE, Elmar: GNSS – Global Navigation Satellite Systems – GPS, GLONASS, Galileo, and more. Wien: Springer, 2008

42. ZABIC, Martina: GNSS-based Road Charging Systems – Assessment of Vehicle Location Determination. PhD thesis, Technical University of Denmark, 2011

43. KLEIN, Lawrence A.: Sensor Technologies and Data Requirements for ITS. Artech House, 2001

44. KAPSCH TRAFFICCOM: Kapsch TrafficCom eröffnet TDM Protokoll. Presseaussendung, 25.04.2013

45. DELCAN: Toll Technology Assessment Final Report – The Golden Ears Bridge. Translink, 2005

46. ASSOCIATION OF RADIO INDUSTRIES AND BUSINESSES (ARIB): Dedicated Short-Range Communication System: ARIB Standard T 75, 2001

47. FEIX, Karel: Czech electronic toll collection – two and a half years of experiences. Network of National ITS Associations Workshop, 2009

48. PICKFORD, Andrew T. W.; BLYTHE, Philip T.: Road User Charging and Electronic Toll Collection. Artech House, 2006

49. DHV: Een jaar milieuzones vrachtverkeer – Effectstudie, 2008

50. BUCK CONSULTANTS INTERNATIONAL; GOUDAPPEL COFFENG: Effectstudie milieuzones vrachtverkeer – Stand van zaken 2009, 2009

51. BUCK CONSULTANTS INTERNATIONAL; GOUDAPPEL COFFENG: Landelijke effectstudie milieuzones vrachtverkeer 2010 – Effecten op de luchtkwaliteit, 2010

52. EVERS Aart Kees, VAN SCHAIK Jan-Pieter: Alternative for Congestion Charge Spitsvrij. NETLIPSE Network Meeting Helsinki, 2013

53. VAN SCHAIK Jan-Pieter; DICKE-OGENIA Matthijs: Spitsvrij reizen – van tijdelijke belonging naar duurzame gedragsverandering. In: Colloquium Vervoersplanologisch Speurwerk (2012)

54. BLIEMER Michiel C.J., DICKE-OGENIA Matthijs, ETTEMA Dick: Rewarding for Avoiding the Peak Period: A Synthesis of Four Studies in the Netherlands. In: European Transport Conference (2009)

55. PALM Henri, KOOISTRA Alinda, VAN NOORT Paulien: The peak avoidance project in Rotterdam and its behavioural impacts. In: European Transport Conference (2010)

56. PALM Henri, KOOISTRA Alinda, VAN DER MEULEN Marcel: The behavioural impacts of a rewarding scheme during two and a half years. In: European Transport Conference (2012)

57. MINISTRY OF TRANSPORT: Road Pricing: The Economic and Technical Possibilities. London: HMSO, 1964

58. CURACAO: Deliverable D3: Case Study Results Report. 2009

59. IEROMONACHOU, Petros; POTTER, Stephen; ENOCH, Marcus: Adapting Strategic Niche Management for evaluating radical transport policies—the case of the Durham Road Access Charging Scheme. In: International Journal of Transport Management (2004), Nr. 2, S. 75–87

60. THE CHARTERED INSTITUTION OF HIGHWAYS & TRANSPORTATION: Durham City Centre Road Charging Scheme. 2012.

61. UNITED KINGDOM PARLIAMENT: Greater London Authority Act 1999. London: 1999

62. UNITED KINGDOM PARLIAMENT: Transport Act 2000. London: 2000

63. ROCOL WORKING GROUP: Road Charging Options for London: A technical assessment. Government Office for London, 2000

64. TRANSPORT FOR LONDON: Central London Congestion Charging Impacts Monitoring – First Annual Report. London: 2003

65. TRANSPORT FOR LONDON: Central London Congestion Charging Impacts Monitoring – Second Annual Report. London: 2004

66. TRANSPORT FOR LONDON: Central London Congestion Charging Impacts Monitoring – Fourth Annual Report. London: 2006

67. TRANSPORT FOR LONDON: Central London Congestion Charging Impacts Monitoring – Fifth Annual Report. London: 2007

68. TRANSPORT FOR LONDON: Central London Congestion Charging Impacts Monitoring – Sixth Annual Report. London: 2008

69. DIX, Michelle: The Central London Congestion Charging Scheme – From Conception to Implementation. IMPRINT-EUROPE Thematic Network Seminar, Brussels, 2002

70. PRUD'HOMME, Remy; BOCAREJO, Juan Pablo., : The London congestion charge: a tentative economic appraisal. In: Transport Policy (2005), Volume 12 Nr. 3, S. 279–287

71. TRANSPORT FOR LONDON: Low Emission Zone Information Leaflet, London: 2012

72. TRANSPORT FOR LONDON: London Low Emission Zone Impacts Monitoring – Baseline Report. London: 2008

73. ELLISON Richard B., GREAVES Stephen; HENSHER, David A.: Medium term effects of London's low emission zone. In: Australasian Transport Research Forum (2012)

74. MCLEOD, Kenneth; HEALY, Seamus: A business management approach to transport – Some lessons learned from congestion charging in Edinburgh. In: European Transport Conference (2006)

75. WALKER, John: The acceptability of road pricing. London: RAC Foundation, 2011

76. GOODWIN, Phil: The gestation process for road pricing schemes. In: Local Transport Today (2006), Nr. 444

77. GAUNT, Martin; RYE, Tom; ALLEN, Simon: Public Acceptability of Road User Charging: The Case of Edinburgh and the 2005 Referendum. In: Transport Reviews (2007), Vol. 27, Nr. 1, S. 86–102

78. DEPARTMENT FOR TRANSPORT: The Future of Transport – a network for 2030. Cm 6234, 2004

79. WILSON, Scott: Where now for road pricing in the UK? In: International Seminar on Implemented and Envisaged Road Toll Policies in the Central-Eastern-European Countries, 2009

80. ISON, Stephen G.; HUGHES, Graham; TUCKWELL, Bob: Cambridge congestion charging: Lessons from previous experience. In: 4th Travel Demand Management Symposium, 2008

81. JOHNSON, Gordon; BRIDGE, John; LANDSHOFF, Peter; CAROLIN, Peter: 2030 Vision – For the Cambridge sub-region, 2013

82. ISON, Stephen G.: Pricing road space: back to the future? – The Cambridge experience. In: Transport Reviews (1996). Nr. 16(2), S. 109–126

83. WARSTED, Kristian: Urban Tolling in Norway – Practical experiences, social and environmental impacts and plans for future systems. In: PIARC Seminar on Road Pricing with emphasis on Financing, Regulation and Equity (2005)

84. SKULSTAD, Tore: Urban Road Charging Norway. In: International Transportation Finance Summit (2005)

85. LIAN, Jon Inge: Impact of main road investments in Bergen and Oslo. In: 45th Congress of European Regional science association (2005)

86. IEROMONACHOU, Petros; POTTER Stephen; Warren J.P.: Norway's urban toll rings: evolving towards congestion charging? In: Transport Policy (2006). Vol. 13, Nr. 5, S. 367–378

87. ODECK, James;BRÅTHEN, Svein: Toll financing of roads – the Norwegian experiences. In: 14th IRF World Congress (2001)

88. WARSTED, Kristian: Toll ring around Oslo: How car owners help paying for improved mobility, and better environment too. In: 1. internationale Fachtagung zum EU-Feinstaub-Programm (2005)

89. HAMILTON, Carl; PICKFORD, Andrew; WELDE, Morten: The Costs of Urban Road User Charging. In: 19th ITS World Congress (2012)

90. MELAND Solveig; TRETVIK, Terje, WELDE Morten: The effects of removing the Trondheim toll cordon. In: Transport Policy (2010). Vol. 17, Nr. 6, S. 475–485

91. SIEGL, Thomas; LEIHS, Dietrich; TRAPUZZANO, Adriano: Eco Traffic Management in Cities. In: 19th ITS World Congress (2012)

92. Kapsch TrafficCom AG, http://nextfromkapsch.net/pdf/Kapsch-KTC-OBU-TRP-4010-1xA-Premium_Transponder-EN-01-HR.pdf, 2012

93. HSU; Chung-Hsien: WAVE/DSRC Development and Standardization. Presentation at: Department of Computer Science and Information Engineering, National Dong Hwa University (2010)

94. ROTARIS, Lucia; DANIELIS, Romeo; MARCUCCI, Edoardo; MASSIANI, Jérôme: The urban road pricing scheme to curb pollution in Milan: a preliminary assessment. In: Working Paper of Universitá degli Studi di Trieste (2009). Nr. 122

95. COMUNE DI MILANO: Monitoraggio Ecopass – Gennaio-Diciembre 2008 – Indicatori sintetici: 2009

96. COMUNE DI MILANO: Strategy for Sustainable Mobility, Health, and Environment in Milan 2006–2011. Mailand, 2006

97. AGENZIA MOBILITÁ AMBIENTE TERRITORIO: Monitoraggio Area C – Sintesi risultati al 31 Diciembre 2012 – Traffico e composizione del parco veicolare: Mailand, 2012

98. AGENZIA MOBILITÁ AMBIENTE TERRITORIO: Monitoraggio Area C – Emissioni atmosferiche da traffic stradale in 'Area C' nel period gennaio-diciembre 2012: Mailand, 2013

99. MATTIOLI, Giulio; BOFFI, Mario; COLLEONI, Matteo: Milan's pollution charge: sustainable transport and the politics of evidence. In: Human Dimensions of Global Environmental Change – „Evidence for Sustainable Development" (2012)

100. BÖRJESSON, Maria; ELIASSON, Jonas; HUGOSSON, Muriel; BRUNDELL-FREIJ, Karin: The Stockholm congestion charges – five years on. Effects, acceptability and lessons learnt. In: Transport Policy (2012). Vol. 20, S. 1–12

101. STOCKHOLMS STAD: Facts and results from the Stockholm Trials – Final version. Stockholm: 2006

102. SLB ANALYS: The effects of the congestion tax on emissions and air quality – Evaluation until, and including, the year 2008. Stockholm: 2009

103. ELIASSON, Jonas: Lessons from the Stockholm congestion charging trial. In: Transport Policy (2008). Band 15, Ausgabe 6, S. 395–404

104. TRAFIKVERKET: The West Swedish Agreement – initiatives for a sustainable West Sweden. 2012

105. ERLANDSON, Marianne; CARLSSON, Lars: Road Tolling in Sweden. In: IBTTA Transportation Finance and Mileage-User-Based User Fee Symposium (2013)

106. VÄSTSVENSKA PAKETET: Effekter av trängselskattens införande – Redovisning 24 Oktober 2013. Göteborg, 2013

107. GÖTEBORGS STAD: Luftkvaliteten i Göteborg efter införandet av trängselskatten. Göteborg, 2013

108. SLB ANALYS: Tunga fordon i Stockholms miljözon – Resultat av kontroller år 2007. Stockholm: 2007

109. STOCKHOLMS STAD: Miljözon för tung trafik i Stockholm 1996–2007. Stockholm: 2008

110. ALGERS Staffan: The Stockholm congestion charging trial. In: Swiss Transport Research Conference (2007)

111. WIENER ZEITUNG: Parkraumüberwachung – „Blaukappler" sind Geschichte. Wiener Zeitung, 30.08.2012

112. ATTARD, Maria; ISON, Stephen G.: The implementation of road user charging and the lessons learnt: the case of Valetta, Malta. In: Journal of Transport Geography (2010), Nr. 18, S. 14–22

113. ATTARD, Maria; ENOCH, Marcus: Policy transfer and the introduction of road pricing in Valetta, Malta. In: Transport Policy (2011), Nr. 18, S. 544–553

114. TRANSPORT MALTA: Intelligent Transport Systems in Malta – Report on the implementation of the National ITS Actions 2013–2017. Malta, 2013

115. BUNDESREGIERUNG DER BUNDESREPUBLIK DEUTSCHLAND: Fünfunddreißigste Verordnung zur Durchführung des Bundes-Immissionsschutzgesetzes. 35. BimSchV, 2006

116. WICHMAN, Erich: Umweltzonen aus der Sicht des Gesundheitsschutzes. In: Pressekonferenz Deutsche Umwelthilfe (2011)

117. AGENCE DE L'ENVIRONNEMENT ET DE LA MALTRISE DE L'ENERGIE (ADEME): Rapport Final – Les Zones Zero Emission (Low Emission Zones) a travers l'Europe : Deploiement, retour d'expérience, evaluation d'impact et efficacite du systeme, 2009

118. MINISTERE DE L'ECOLOGIE, DU DEVELOPPEMENT DURABLE, DES TRANSPORTS ET DU LOGEMENT (MEDDTL): Transports et qualité de l'air. In: Les Mardi de la DGPR et de la DGEC – Agir pour une meilleure qualité de l'air (2012)

119. MINISTRY OF TRANSPORT AND COMMUNICATIONS FINLAND: The Helsinki Region Congestion Charging Study. Publications of the Ministry of Transport and Communications, Nr. 36/2009, 2009

120. MINISTRY OF TRANSPORT AND COMMUNICATIONS FINLAND: Helsingin seudun ruuhkamaksu – Jatkoselvitys. Publications of the Ministry of Transport and Communications, Nr. 5/2011, 2011

121. TRAFFIC TECHNOLOGY TODAY: Finnish politicians reject Helsinki congestion charge proposals. Traffic Technology Today, 11. Juli 2011

122. BÄCHTIGER, Christine; OTT, Ruedi: Road Pricing im Raum Zürich – Aktueller Stand der Diskussion. Zürich: Stadt Zürich Umwelt- und Gesundheitsschutz, 2010

123. ECOPLAN; MODUS: Roadpricing in der Region Bern: Verkehrliche, finanzielle und rechtliche Aspekte. Bern: 2012

124. ELTIS: Low Emission Zones (Miljøzone) in Denmark. Case Study, 2009

125. JENSEN, Steen Solvang; KETZEL, Matthias; NØJGAARD, Jacob Klenø; BECHER, Thomas: Hvad er effekten af Miljøzoner for luftkvaliteten? – Vurdering for København, Frederiksberg, Aarhus, Odense og Aalborg – Slutrapport. DMU Nr. 83, Danmarks Miljøundersøgelser-Aarhus Universitet, 2011

126. THE FORUM OF MUNICIPALITIES: Congestion charging in the Greater Copenhagen area. 2008

127. RICH, Jeppe; NIELSEN, Otto Anker: A socio-economic assessment of proposed road user charging schemes in Copenhagen. In: Transport Policy (2007), Vol. 14, S. 330–345

128. SAMUELSON, Paul A., NORDHAUS, William D.: Economics, 19. Auflage, McGraw Hill, 2010

129. PRUD'HOMME, Rémy, BOCAREJO, Juan P.: The London Congestion Charge: A tentative economic Appraisal, Elsevier, Transport Policy 12, 2004

130. REVIEW OF CHARGING OPTIONS FOR LONDON (ROCOL) WORKING GROUP: A Technical Assessment, Report for Government Office for London, 2000

131. MACKIE, Peter: The London Congestion Charge: A Tentative Economic Appraisal A Comment on the Paper by Prud'homme and Bocajero, Elsevier Transport Policy 12, 2005

132. RAUX, Charles: Comments on „The London Congestion Charge: A Tentative Economic Appraisal" (Prud'homme and Bocarejo, Elsevier Transport Policy 12, 2005

133. TRANSPORT FOR LONDON, Central London Congestion Charging, Sixth Annual Report, 2008

134. TRANSPORT FOR LONDON, Central London Congestion Charging, Fifth Annual Report, 2007

135. BÖRJESSON Maria, ELIASSON Jonas, HUGOSSON Muriel, BRUNDELL-FREIJ Karin, The Stockholm congestion charges – five years on. Effects, acceptability and lessons learnt, Elsevier Transport Policy 20, 2012

136. STOCKHOLSMFÖRSÖKET, Facts and Resultsl from the Stockholm Trials, Congestion Charge Secretariat, City of Stockholm, 2006

137. CROCI, Eduardo, Un pass per l'ecologia, Quale Energia, 2012

138. AMAT, Monitoraggio Ecopass, Gennaio – Dicembre 2008, Indicatori Sintetici, Commune di Milano, 2009

139. AMAT, Monitoraggio Ecopass, Gennaio – Dicembre 2009, Indicatori Sintetici, Commune di Milano, 2010

140. AMAT, Monitoraggio Ecopass, Gennaio – Giugno 2010, Indicatori Sintetici, Commune di Milano, 2011

141. COPERT: Webauftritt der Emissionsberechnungssoftware: http://www.emisia.com/copert

142. BUCK CONSULTANTS INTERNATIONAL, GOUDAPPEL COFFENG, Effectstudie milieuzones vrachtverkeer, stand van zaken 2009, SenterNovem, 2009

143. BUCK CONSULTANTS INTERNATIONAL, GOUDAPPEL COFFENG, Effectstudie milieuzones vrachtverkeer, stand van zaken 2009, AgentschapNL, 2010

144. TRANSPORT FOR LONDON, London Low Emission Zone, Impacts Monitoring Baseline Report, 2008

145. Barratt Ben, Carslaw David, Fuller Gary, Green David, Tremper Anja: Analysis of Air Quality Data – LEZ Year 1 (2008/09) Results, King's College London Environmental Research Group und Institute for Transport Studies, University of Leeds, 2009

146. Bell MGH (1991) The Estimation of Origin-Destination Matrices by Constrained Generalised Least Squares, Transportation Research B, Vol 25B, No. 1, pp. 13–22

147. Ben-Akiva M, Bierlaire M (1999) Discrete Choice Methods and their Applications to Short Term Travel Decisions, Chapter for the Transportation Science Book, MIT Press

148. Ben-Akiva M, Lerman SR (1985) Discrete Choice Analysis: Theory and Application of Travel Demand, MIT Press, ISBN 0-262-02217-6

149. Bierlaire M (1998) Discrete choice models. In Labbé, M., Laporte, G., Tanczos, K. and Toint, Ph. (ed) Operations Research and Decision Aid Methodologies in Traffic and Transportation Management (ISBN: 3540646523) pp. 203–227. Springer Verlag

150. Boyce D, Ralevic-Dekic B, Bar-Gera H (2004) Convergence of Traffic Assignments: How much is enough? J. Transp. Eng., 130 (1), pp 49–55

151. Cascetta E (2001) Transportation Systems Engineering: Theory and Methods (Applied Optimization), ISBN 978-1-4757-6875-6, Springer US

152. Cascetta E, Inaudi D, Marquis G (1993) Dynamic Estimators of Origin-Destination Matrices Using Traffic Counts, Transportation Science, Vol. 27, No. 4, pp. 363–373

153. Eliasson J, Börjesson M, van Amelsfort D, Brundell-Freij K, Engelson L (2012) Accuracy of congestion pricing forecasts, working paper of Centre for Transport Studies, KTH, Stockholm
154. Frank M, Wolfe P (1956) An algorithm for quadratic programming, Naval Research Logistics Quarterly 3, pp. 95–110
155. Immers LH, Stada JE (1998) Traffic Demand Modelling, course H111 learning material, Department of Civil Engineering, Catolic University of Leuven
156. Koppleman FS, Bhat C (2006) A Self Instructing Course in Mode Choice Modelling: Multinomial and Nested Logit Models, prepared for US Department of Transportation, http://www.ce.utexas.edu/prof/bhat/COURSES/LM_Draft_060131Final-060630.pdf
157. Liu XH, He X, He B (2007) Method of Successive Weighted Averages (MSWA) and Self-Regulated Averaging Schemes for Solving User Equilibrium Problem, Netw Spat Econ, Volume 9, Issue 4, pp 485–503
158. Maruyama T, Sumalee A (2007) Efficiency and equity comparison of cordon- and area-based road pricing schemes using a trip-chain equilibrium model, Transportation Research Part A: Policy and Practice, Volume 41, Issue 7, Pages 655–671, ISSN 0965–8564
159. McFadden D, Train K (2000) Mixed MNL Models for Discrete Response, Journal of Applied Econometrics, Vol. 15, No. 5, pp. 447–470
160. McNally MG, Button KJ, Hensher DA (2000) Handbook of transport modelling/edited by David A. Hensher, Kenneth J. Button Elsevier Science B.V New York, Chapter 3: The Four step model, ISBN 0080435947
161. Odeck J, Bråthen S (2008) Travel demand elasticities and users attitudes: A case study of Norwegian toll projects, Transportation Research Part A: Policy and Practice, Volume 42, Issue 1, pp. 77–94, ISSN 0965-8564
162. Olstam J, Matsoms P (2006) Nya V/D-funktioner för tätort – Revidering av TU71-funktionerna VTI, rapport 550, available at: http://www.vti.se/publikationer/
163. Otrúzar J, Willumsen LG (2011) Modelling Transport, 4th Edition, John Wiley and Sons, Ltd., Chichester, ISBN 978-0-470-76039-0
164. Prud'homme R, Kopp P (2007) The Stockholm Toll: An Economic Evaluation, Transports. N°443, pp. 175–189, 2007
165. Sheffi Y (1985) Urban Transportation Networks: Equilibrium Analysis with Mathematical Programming Methods, Prentice-Hall, Inc., New Jersey, ISBN 0-13-939729-9
166. Suvanto T, Välipirtti KL, Molanen P (2009) The Helsinki Region Congestion Charging Study, Ministry of transport and communication Finland http://www.helsinginseutu.fi/hki/HS/the+region+of+helsinki/news/helsinki_region_congestion_charging_stud
167. Van Zuylen HJ, Willumsen LG (1980) The most likely trip matrix estimated from traffic counts, Transportation Research Part B 14, pp. 281–293
168. Viti F (2008) State-of-art of O-D Matrix Estimation Problems based on traffic counts and its inverse Network Location Problem: perspectives for application and future developments. Technical report, Centre of Industrial Engineering, Katholieke Universiteit Leuve, Belgium. Working paper prepared for the BMW project. http://www.mech.kuleuven.be/cib/verkeer/dwn/pub/P2008F.pdf.
169. Wardrop JG (1952) Some theoretical aspects of road traffic research, Proceedings of the Institution of Civil Engineers, Part II 1, pp. 325–362
170. Landeshauptstadt Stuttgart: Stuttgarter Verkehrsdaten, 2012, http://statistik.stuttgart.de/statistiken/flyer/verkehrsdaten/2012/files/stuttgarterverkehrsdaten2012.pdf
171. Bundesagentur für Arbeit, 2011; Statistisches Landesamt Baden-Württemberg, 2012
172. Stuttgart, Amt für Stadtplanung und Stadterneuerung, Verkehrsanalyse Individualverkehr, http://www.landeshauptstadt-stuttgart.com/en/item/show/145805/1, 2009
173. Eurostat, Verkehr – Städte und Ballungsräume, http://epp.eurostat.ec.europa.eu/portal/page/portal/region_cities/city_urban/data_cities/database_sub1
174. www.openstreetmap.org

© Springer Fachmedien Wiesbaden 2014
D. Leihs et al., *City-Maut*, DOI 10.1007/978-3-658-03786-4